科技报告质量管理理论与实践

孙建军　裴　雷　王　铮　朱丽波◎编著

科学出版社

北　京

内 容 简 介

围绕科技报告质量管理这一核心概念，基于对科技报告内涵的系统分析，明确了科技报告质量的本质要求，借鉴质量管理、信息质量评价等相关理论成果，从理论层面奠定了科技报告质量管理的基础，构建了科技报告质量管理的理论框架。在实践层面，参考了美国科技报告职能部门和有关机构的质量管理政策、模式、技术和具体做法，从中汲取相关经验；在此基础上，立足于我国基本国情，提出了我国科技报告质量管理体系和质量分类评价体系。本书提供了宏观层面的科技报告质量管理体系建设推进策略、中观层面的科技报告各类质量管理主体的工作方法和协调机制，以及微观层面的科技报告质量管理与评价实施操作指导。

本书可作为图书馆学、情报学、档案学、科技信息管理、科技政策等专业和方向的参考用书，也可以作为科研项目管理部门、科研项目承担部门、科技报告管理部门，以及图书、情报、文献机构工作人员的实践指南。

图书在版编目（CIP）数据

科技报告质量管理理论与实践/孙建军等编著.—北京：科学出版社，2017.12

ISBN 978-7-03-056175-6

Ⅰ.①科⋯ Ⅱ.①孙⋯ Ⅲ.①科学技术–技术报告–质量管理–研究–中国 Ⅳ.①G322

中国版本图书馆 CIP 数据核字（2017）第 317742 号

责任编辑：李轶冰 / 责任校对：彭 涛
责任印制：张 伟 / 封面设计：无极书装

科学出版社 出版
北京东黄城根北街 16 号
邮政编码：100717
http://www.sciencep.com

北京建宏印刷有限公司 印刷
科学出版社发行 各地新华书店经销

*

2017 年 12 月第 一 版 开本：787×1092 1/16
2018 年 7 月第二次印刷 印张：14 3/4
字数：350 000

定价：158.00 元
（如有印装质量问题，我社负责调换）

自　序

党的十九大报告强调，创新是引领发展的第一动力，是建设现代化经济体系的战略支撑。在加快建设创新型国家的进程中，需要加强国家创新体系建设，强化战略科技力量，深化科技体制改革，促进科技成果转化。而科技报告作为国家科技战略资源的重要组成部分，也是支撑和保障国家创新体系的重要基石。自 2012 年国家出台《关于深化科技体制改革加快国家创新体系建设的意见》以来，我国的科技创新能力得到了显著提升，科技创新工作进入了全新阶段，国家在科技体制改革方面也推出了一系列战略性、全局性、系统性的奠基之策和长远之计。其中，2014 年 9 月国务院办公厅转发了科学技术部《关于加快建立国家科技报告制度的指导意见》（以下简称《意见》），该《意见》作为我国科技报告领域的重要政策文件，标志着我国科技报告制度正式成为国家科技战略的重要组成部分。《意见》要求进一步完善国家科技报告制度的政策、标准和规范，理顺组织管理架构，推进收藏共享服务，到 2020 年建成全国统一的科技报告呈交、收藏、管理、共享体系，形成科学、规范、高效的科技报告管理模式和运行机制。《意见》颁布以来，全国各类各级科研系统和各省级政府也相继启动并加快了科技报告建设工作，我国科技报告制度建设已经从早期的试点探索阶段进入了加速发展的快车道。

科技报告作为一种特殊的科技文献，是科技工作者对其所从事科学研究活动过程的详细记录，是科技活动的重要产出，也是提高科技创新能力的驱动因素。在构建和完善我国科技报告制度的进程中，一流的质量标准始终是科技报告工作的准绳，也是科技报告最终发挥价值和作用的保障。因此，科技报告质量管理应该是科技报告制度建设中的一项基础性工作。2012 年以来，我国科技报告制度建设步伐明显加快，除了颁布《关于加快建立国家科技报告制度的指导意见》作为宏观层面的指导之外，国家有关部门还相继发布了《科技报告编写规则》《科技报告编号规则》《科学技术报告保密等级代码与标识》《科技报告元数据规范》等一系列关于科技报告的标准与规范，大大提升了科技报告工作的标准化、规范化水平。但也需要看到，在科技报告提交和管理流程中，尚缺乏健全的质量管理与质量评价机制；在科技报告质量管理工作上，还缺乏全面、系统、有效的理论指导和操作规范。因此，如何有效控制与提高科技报告质量成为科技报告相关责任者与科技报告管理部门共同面对的问题。构建与我国科技报告数量规模相匹配的科技报告质量管理体系已是当务之急。

从理论视角观察，随着当今科技进步的加快和新技术影响范围的扩大，科技报告质量管理也表现出许多新变化、新趋势和新特点：首先，科技报告质量管理的重心逐步前移，由以往的注重事后追溯和事后反馈，前移到事前规范、事前预防和事中控制；其次，科技报告质量管理的周期更短，特别是伴随科研项目的规模化和高效化、研发工作的迅捷化和智能化，要求科技报告质量管理周期更加紧凑与灵活；再次，科技报告质量管理的影响力和作用面更大，随着全社会对科技报告的重视和利用率的提高，科技报告质量将对基础科学研究和应用成果转化带来越来越重大的影响。特别是在我国科技报告体系从初创建立到走向成熟健全的关键时期，就更需要科技报告质量管理理论研究关注这些新变化，发挥好理论的预测与指导作用。

从实践角度出发，在我国科技报告质量管理的关键环节中，科技报告撰写完成时缺少有效而科学的内部自查环节，而在科技报告提交时，缺少严格而权威的外部评议环节。从科技报告质量管理的流程衔接上看，从项目承担单位的内部自查到项目验收期间的外部评议，再到科技报告入藏时的科技报告管理机构审查，诸多质量控制环节之间还缺乏协调衔接，需要构建有效的反馈机制和完整闭环。健全的科技报告质量管理体系应该由科技报告撰写者的源头控制、科研项目承担单位的自控自检、科研项目管理部门的验收审查、科技报告管理部门的监督检查乃至来自全社会的监督评价共同构成，并且需要各个参与要素之间的有机融合。以上这些都是科技报告质量管理实践中需要解决的问题。

由于科技报告既具备有形化的文献表现形式，也具有无形的知识内容属性和科学研究的流程属性，这就决定了科技报告质量是一个复合概念，也加深了科技报告质量管理的复杂性。从文献产品属性上看，科技报告具有一般文献型信息产品的质量特性，具体表现为科技报告文献层面质量和撰写标准规范；从科技报告的知识属性和研究过程属性上看，科技报告质量是科技活动质量的直接反映，具体表现为科技报告专业层面质量，这方面的质量评价工作有赖于审阅者的专业审查，带有审阅者一定程度的主观感知，也增加了科技报告质量评价的难度。此外，科技报告在功能定位、产出源头、流通方式、利用方式、服务方式上的多样性决定了科技报告质量维度的立体性，在纵向上形成了文献层面质量、专业层面质量、效益层面质量等维度，在横向上形成了撰写质量、审查质量、入藏质量、采购质量、发布质量、服务质量、利用质量等维度，由此带来了不同的科技报告质量管理重点与管理路径。因此，如何构建涵盖不同质量管理维度、不同质量管理重点、不同质量管理参与者、不同质量管理标准的科技报告质量管理与评价体系，将是科技报告质量管理理论与实践需要面对和解决的问题。

本书关注科技报告质量管理理论与实践，围绕科技报告质量管理这一核心概念，基于对科技报告内涵的系统分析，明确了科技报告质量的本质要求，借鉴质量管理、信息质量评价等相关理论成果，从理论层面奠定了科技报告质量的理论基础；在实践方面，考察了美国科技报告职能部门的质量管理政策、模式、技术和具体做法，从中汲取相关经验；在此基础上，立足于我国基本国情，提出了我国科技报告质量管理体系和质量分类评价体系。本书既提供了宏观层面的科技报告质量管理体系建设推进战略，也提供了中观层面科技报告各类质量管理主体的工作方法和协调机制，还提供了微观层面的科技报告质量管理与评价实施操作细节指导，可以为我国科技报告质量管理的研究者与实践者提供参考。在本书成书过程中，剧晓红、闵超、宋歌、李阳等也做出了大量有价值的研究支撑工作，对本书的完成做出了重要贡献，在此深表感谢。限于精力和学识，书中不足之处在所难免，恳请各位专家与广大读者批评指正。

孙建军

2017 年 9 月于南京大学

目　　录

第一章 科技报告基础概念

党的十九大报告指出,在加快建设创新型国家的进程中,需要加强国家创新体系建设,强化战略科技力量。科技报告(scientific and technical reports)作为国家科技战略资源的重要组成部分,也是支撑和保障国家创新体系的重要基石。科技报告作为一种科技信息资源,是科技创新的基础原料,是科研机构的重要知识资产,是科学交流的重要传播载体,也是科技管理的重要制度安排。

综观第三次工业革命以来世界各国的科技事业发展历史,可以发现科技较为发达的国家大多建立了科技报告制度或类似的制度。发达国家依托于完善的科技报告制度,积累了丰富而优质的科技报告资源,开展了多样而有效的科技报告服务,实现了科技报告的社会经济效益,形成了对国家科技实力的有效支撑。

2012年以来,我国在科技体制改革方面推出了一系列系统性、全局性的发展战略,推动了国家创新能力的显著提升。其中,2014年国家出台的《关于加快建立国家科技报告制度的指导意见》标志着我国科技报告制度正式成为国家科技战略的重要组成部分。经过多年发展,我国科技报告制度建设已经从早期的试点探索阶段进入了发展的关键时期。

科技报告作为一种典型的科技信息文献形态,在国家科技创新进程中的价值和作用日益明显。与美国等发达国家业已成熟的科技报告制度相比,我国的科技报告制度虽然起步较晚但是发展迅速。为了更好地理解和指导日新月异的科技报告工作实践,需要首先从理论层面清晰科学地认识科技报告的内涵、特征、价值和作用,这也是进行科技报告质量管理的前提。

1.1 科技报告内涵

理解科技报告的内涵,首先需要从术语层面入手,在世界各国的语境中,对于"科技"和"报告"的理解与表述并不完全一致。在中国,"科技"与"报告"是在不同历史时期发展起来的概念,其内涵也深受时代环境发展变化的影响,这也决定了在中国"科技报告"的内涵具有复杂性、动态性和情境性。在讨论现代科技报告制度时,首先需要对这一术语进行界定和规范。在美国的科技报告制度中,科技报告服务基于最小信息原则和最低标准原则,采用了较为狭义的定义模式,使得不同机构在实践层面都对科技报告的内涵有自身特定的界定和表述,但在关于质量控制、评审、发布、服务等制度设计中,美国科技报告又常常依托于广义的"科技信息""政府信息"等范畴。在美国的国家科技信息服务体系中,经常可以看到科技报告被置于"科技信息"的概念范畴之下。

科技报告的内涵涉及"科技""报告"等相关的概念界定,而"科技""报告"作为专有名词均有丰富而模糊的内涵界限,在历史上代表了不同的内容,同时在具体的实际工作中形成了对应的标准规范和实践范畴。因此有必要对"科技""报告"的定义与范畴予以厘清。

1.1.1 科技的定义与范畴

1.1.1.1 "科技"的语法定义

"科技"是科学与技术的简称，一般泛指科学知识、技术知识与技术装备。尽管学界对于中国古代是否存在科学还存在争议，但是可以肯定的是，"科学"一词古已有之，在古代汉语典籍中偶有出现。只是从唐代到近代以前，"科学"都是作为"科举之学"的缩略语，与现代意义上科学所指代的内涵并无直接关系。现代意义的"科学"来自西方语言中的"science"，而英文中"science"的对应词汇在清末曾被译为"格致"，后来日本学者把"science"译为"科学"，20 世纪初开始引入中国并流行起来。

从哲学角度看，科学是人类长期以来在认识、改造自然与社会的进程中逐步沉淀下来的认知、经验的总和。在知识分类学中，科学一般不包括人文科学和社会科学，而主要是指自然科学、工程技术、数学和医学等，即教育和出版领域经常提到的 STEM（science、technology、engineering、mathematics）。在一些英语国家，对"科学"（science）一词的理解取决于它是否与"社会科学"（social science）、"人文科学"（humanities）并列使用，与"社会科学"并列时，它通常仅指自然科学，与"人文科学"并列时，它通常指自然科学和社会科学，有时它也可能指包括人文科学在内的整个人类知识体系（于良芝，2003）。尽管存在分类上的区分，但不可否认的是，在当代语境中，"科学"都是严谨、精确、规律的象征。

"技术"一词的希腊文词根是"tech"，早期是指个人的手艺、技巧，家庭世代相传的工艺制作方法和配方。后来随着科学的不断发展，"技术"的涵盖范围也有所扩大（马强，2011），其内涵演变为人类根据生产实践经验和应用科学原理，发展形成的各种工艺操作方法、技能，以及物化的各种生产手段和物质装备。

1.1.1.2 "科技"的操作定义

由于"科学"和"技术"都具有非常丰富的内涵与外延，其组合而成的"科学技术工作"与"科学技术活动"也涵盖了相当广泛的活动类型，发挥了多样化的社会功能。随着当代世界科技发展与经济发展的关系日益密切，各国各地区科技活动的交流、合作日益加强，这就需要产生规范、统一、兼容的"科学技术"概念。因此，从 20 世纪 60 年代以来，在一些国际组织的推动下，"科学技术"及相关概念内涵开始走向明确化、标准化和可测量化。

较早开始对科技活动内容进行规范定义的是科技统计与科技评价领域。由于科技统计与评价的结果常常用于政府的科学决策支持，由此产生的对科技活动的定义也逐步被世界各国的政府决策部门所接受，并得到自上而下的推广。在科技统计的视野下，"科技"的内涵与范围表现为一系列可测量、可评估的指标。

当前国际上在科技统计领域典型的标准和规范有经济合作与发展组织（Organization for Economic Co-operation and Development，OECD）的《弗拉斯卡蒂手册》（*Frascati Manual*），联合国教育、科学及文化组织（United Nations Educational，Scientific and Cultural Organization，UNESCO，中文简称联合国教科文组织）的《科学技术统计工作手册》，美国国家科学基金会（National Science Foundation，NSF）的相关标准等。

（1）OECD 科技统计手册对"科技"内涵的认定

OECD 是由主要市场经济国家组成的政府间国际经济组织，其成员以发达国家为主，该组织定期发布各类指数来对主要经济体的各方面发展状况做出评估和预测，它也是最早系统收集科技统计数据的国际组织之一，在世界科技统计领域居领先地位，对科技统计的国际标准化和规范化做出了重要的贡献（成邦文，2002）。OECD 下设的科技政策委员会（CSTP）、科技与产业理事会（DSTI）以及技术创新政策工作组（TIP）是设计起草科技创新政策、制定科技统计指标的主要职能机构。早在 1963 年，当欧洲经济开始进入经济发展的黄金时代，为了更为全面准确地把握各国（主要是 20 世纪 50 年代之后迅速崛起的西欧地区经济集团）的经济水平与科技水平，同时便于不同对象之间的比较，有关专家在意大利中部小镇弗拉斯卡蒂（Frascati）进行磋商和研讨，以谋求统计经济体研发情况的具体方法和措施，《弗拉斯卡蒂手册》就是这次会商的产物。《弗拉斯卡蒂手册》将科技活动主要分为基础研究（basic research）、应用研究（applied research）、研究与开发（research and development）（以下简称研发）活动，同时界定了上述活动的参与人员如研究者（researchers）、技术人员（technicians）和辅助人员（auxiliary personnel）等。

《弗拉斯卡蒂手册》的重要作用在于：给出了科技与创新活动统一标准的定义、范畴、指标与分类，并在日后被世界各国政府和国际组织（如联合国、欧盟等）广为接受，大大增强了科技政策语言表述的规范性、通用性和统一性。从 1963 年至今的 50 余年间，《弗拉斯卡蒂手册》已经更新了数个版本（截至 2015 年，已更新至第七版），并且衍生出各类细分领域的科技统计指导文件，包括著名的《奥斯陆手册》（即《技术创新手册》，主要关注创新领域）、《堪培拉手册》（即《科技人力资源手册》，主要关注人力资源领域）、《TBP 手册》（即《技术国际收支手册》）等（王子琛，2013），形成了《弗拉斯卡蒂手册》"系列"。

根据《弗拉斯卡蒂手册》的界定，科技活动主要是指为了增加知识储量而在系统研究的基础上进行的创造性工作，包括有关人类、文化和社会的知识，以及利用这些知识储备来设计新的应用。具体又可以分为以下三种类型。

1）基础研究：主要指基于观察到的现象和事实，通过基础试验或基础理论工作，获得新的知识，而不是直接面向特定的应用或使用目的；

2）应用研究：指获取新知识的活动是直接以特定应用目的为驱动的；

3）试验研发：指根据已有研究、已有经验和已有知识，通过系统性工作以生成新的材料、产品、设备、程序、系统或服务。

以上定义将科技活动与人类社会生活中的其他活动明显区分开来，只有具备创新性、解决了不确定性、创造了新知识或基于已有知识创造了新应用才可以称作科技活动。

在《弗拉斯卡蒂手册》中，还进一步根据统计口径的不同，对科技活动做出了两种划分：首先是按照科技活动的实施机构或资助机构进行分类，如政府部门、企业部门、私人非营利部门、高等教育部门和国外机构；其次是按照科技活动的性质、功能进行分类，如以活动类型分类（包括基础研究、应用研究、试验发展）、以产品领域分类、以科学技术领域分类（包括自然科学、工程与技术科学、医学、农业科学、社会科学、人文科学以及多学科综合等）、以活动目标分类（包括地球探测与开发、基础设施和土地利用总体规划、环境治理和保护、农业生产与技术、能源生产、人类健康、国防等）（王文静，2014）。

（2）UNESCO 的《科技活动统计手册》对"科技"内涵的认定

除了 OECD 的科技统计标准，当代世界各国主要参考的另一项权威标准定义是来自 UNESCO 的《科技活动统计手册》。UNESCO 同样是从 20 世纪 60 年代开始，着手对科技活动数据进行收集和分析。UNESCO 于 1978 年通过了《关于科学技术统计国际标准化的建议》，又于 1984 年发布了《科技活动统计手册》。在《科技活动统计手册》中，UNESCO 将科技活动定义为"与所有科学技术领域（即自然科学、工程和技术、医学、农业科学、社会科学及人文科学）中科技知识的产生、发展、传播和应用密切相关的系统性活动"。具体又可以分为以下三种类型：科学研究与试验发展活动、科技教育与培训活动和科技服务活动（陈爱香，2009）。

UNESCO 对于研究与开发活动的定义与 OECD 基本一致，这有助于推动全球采取统一的概念定义和测度方法。

科技教育与培训活动主要是指非大学学历教育的科技领域高等教育和培训、面向大学学历的高等教育和培训、研究生教育和其他继续教育形式、面向科技领域的终身学习活动等。

科学技术服务活动是指和基础研究、试验研发相关的旨在产生、传播和应用科学技术知识的活动。它包括：①由图书馆、档案馆、文献情报中心、信息资料中心、参考咨询部门、资料储存系统和其他各类信息处理机构提供的服务；②由各类科学博物馆、科技馆、各类动植物园及其他科学技术知识（如人类学、考古学、地质学等领域）收藏和展示机构提供的服务；③编辑或编译关于科学技术知识的图书和期刊；④地理、地质和水文调查、常规天文观测、气象观测与预测、地震观测与预测、野生动植物资源的调查；⑤对土壤、大气、水质的常规监测；⑥对于辐射水平的常规监测；⑦勘察土地和矿产资源；⑧收集关于人类、社会、经济与文化现象的信息，用于编制常规统计数据（如人口数据、生产总值数据、消耗和消费数据、社会文化数据等）；⑨科技领域的测试、标准化、计量和质量控制服务；⑩建立和维护科技领域的衡量指标，通过检测方法、材料、产品、设备和操作过程，对科技活动进行分析、检查和测试；⑪提供科技领域的咨询服务，确保用户充分利用科学技术/管理领域的知识；⑫与科技专利、使用授权相关的服务。

（3）美国国家科学基金会（NSF）对"科技"内涵的认定

NSF 是美国政府为发展科学科技教育事业而设立的科研资助机构。从 20 世纪 50 年代成立之初，NSF 就开始进行美国科技发展活动的统计，并在 1969 年开始编撰《科学技术年度报告》（阎波等，2010）；同时，也针对美国科技宏观发展情况进行统计和研究，1973 年开始发布美国《科学指标》，1987 年后更名为《科学与工程指标》（*Science & Engineering Indicators*），对美国当年科技发展综合态势进行分析评价。《科学与工程指标》既是政策性文件也可以作为参考资料，已经被很多科技统计与评价系统所采纳和借鉴，作为专家评价的补充工具，用来提升科技统计的全面性和科学性（党亚茹等，2007）。《科学与工程指标》提供了对科学范畴的一种实践标准。

由于 NSF 承担了资助者、评估者等多重角色，因而可以从 NSF 工作的关注重点中了解其对于科技活动的倾向与侧重。NSF 机构年度报告的统计范畴主要是其资助的学科范畴，目前 NSF 的资助计划分为基础研究计划、科学教育计划、应用研究计划、有关科学政策的计划、国际合作计划等几个大类，涵盖的主要研究领域包括生物科学（biological sciences，BIO）、计算机/信息科学与工程（computer and information science and engineering，CISE）、教育和人力资源（education and human resources，EHR）、工程技术（engineering，ENG）、环境研究与教育（environmental research and education，ERE）、地球科学（geosciences，GEO）、数学和物理科学（mathematical and physical sciences，MPS）。可见在 NSF 的科技框架体系中，更加偏重基础研究，而医学研究、应用研究相对较少。2007 年以来，NSF 在进行科研项目资助决策与评估时，开始重视"变革性研究"，即能够彻底改变现有科学或工程的概念或教育实践，或能够通向创造新的范式或科学/工程/教育的新领域的研究想法、科学发现和研究工作（胡明晖，2016）。

而在 NSF 发布的《科学与工程指标》中，关于科技活动的指标更为广泛，包括了国家层面从事科学与工程的劳动力状况、劳动力中国外出生的科学家和工程师、国家的科技竞争力、国家的工业研发、科技人力资源和科研产出、知识技术密集型产业和研发投入、高技术制造业和知识密集型服务业等（侯国清，2002）。

（4）中国科技统计工作中对"科技"内涵的认定

在我国，科技统计是科技管理中一项重要的基础性工作。我国科技统计工作体系是按照科技活动的执行部门设置的。科技主管部门负责独立研究与开发机构的统计，经济统计部门负责企业科技活动的统计，教育主管部门负责全日制高等学校科技活动的统计，国家统计局负责进行全国数据的综合汇总（张永林和王辉，2008）。

科技系统的科技统计具体工作中，由科学技术部统一组织开展全国范围内的科技统计调查工作，调查的内容包括了综合科技统计调查和专项科技统计调查两大部分。其中，综合科技统计调查包括：①科学研究和技术服务业非企业单位科技活动统计调查（包括科学研究与技术开发机构、科学技术信息和文献机构、县属研究与开发机构统计调查，科学研究和技术服务业其他非企业单位的科技活动统计调查，专职研究机构科技活动统计调查）；②国家级科技计划项目跟踪调查[包括国家重点基础研究发展计划（973 计划）、国家重大科学研究计划、国家高技术研究发展计划（863 计划）、国家科技支撑计划、国家科技重大专项项目跟踪调查等]。专项科技统计调查包括：全国科普统计调查、国际科技合作与交流项目统计调查、国家高新技术产业开发区综合统计调查、国家高新技术产业开发区企业统计调查、创新创业类服务机构统计调查、技术市场统计调查、海峡两岸科技交流统计调查、全国创业风险投资机构统计调查、全国科技成果统计调查等。

从历史上看，我国的科技统计工作在 20 世纪 80 年代起步之初就考虑了与国际通行标准的接轨。1985 年，由当时的国家科学技术委员会、国家教育委员会、国家统计局组织实施的"全国科技普查"，成为我国科技统计工作的先声，这也是首次将 UNESCO《科技活动统计手册》引入我国。为使统计数据具有最大的可比性，我国的科技统计范围与核心总量指标均严格对标了 UNESCO《科技活动统计手册》中所确定的国际标准，根据《科技活动统计手册》将科技统计指标进行指标定义和标准分类，结合我国实际情况和统计目标，初步构建了一套科技统计指标体系。国家统计局于 1991 年首次发布了科技综合年报，并且将"科技研发活动（研究与开发）"纳入到统计范畴中，进一步规范了科技活动的内涵与指标。

在我国科技统计的指标要素中，不仅考量科研投入，也日益重视科研工作的产出，如产生的学术论文、专利、科研成果、技术交易等。进入 21 世纪以来，对于"科技创新"指标的重视成为新的趋势。2013 年，为配合国家创新制度调查，科学技术部发展计划司与中国科技指标研究会以《奥斯陆手册》为依据，组织编写出版了《创新的基本概念与案例》，对科技创新活动的概念定义加以界定，并对产品创新、工艺创新、组织创新和营销创新四种基本类型进行了说明。科技创新活动主要是指对原创性的科学研究和技术创新，包括创造和应用新知识、新技术和新工艺，采用新的生产方式和经营管理模式，开发新产品，提高产品质量，提供新服务的过程。

由上述分析可见，"科技"在操作层面的内涵主要由科技统计工作加以明确界定，与科技管理主体的管辖范围、科技管理客体的作用范围、科技政策的目的等社会性因素息息相关。

1.1.1.3 科技报告体系中的"科技"范畴

现代科技报告制度诞生于第二次世界大战后的美国，是美国当时为了加快科技成果流通，加快科技创新速度，促进科技成果转化而建立的科技信息服务体系。这一体系发端于美国的军事情报系统和政府文书系统，特别是第二次世界大战后期由于美国缴获了敌方大量科技文件、自身也产生了大量战时科技文献，从而催生了建立科技文献管理和发布机制的迫切需求。到了 20 世纪 60 年代，随着美国经济和科技实力主导地位的形成，美国的科技报告制度也逐渐进入成熟期。从美国科技报告制度的发展历史可见，科技报告中"科技"的范畴是在长期的实践工作中"自下而上"内生而成的，其内涵经历了长期发展演化的过程。

（1）美国科技报告制度萌芽时期（NDRC/OSRD 时期）科技报告中的"科技"范畴

回顾历史，美国科技报告的雏形是国防体系内的国防军事报告，其代表是 1916 年威尔逊总统在任时期的国防委员会报告（CND 报告），其内容以军事技术/军工技术研究为主（William，1984）。第二次世界大战期间尤其是 20 世纪 40 年代各兵种的军事情报机构开始主动收集敌方的军事技术和战时情报，并且相互协调配合，形成了庞大的军事/技术情报报告体系，典型的如美国陆军联合情报署（U.S. Army's Field Information Agency；Technical，FIAT）报告、空中力量资源控制办公室（Aircraft Resource Control Office，ARCO）情报保障报告、联合情报署（Joint Intelligence Objective Agency，JIOA）报告。作为美国的重要盟友，英国的军事情报系统也形成了类似的报告体系，典型的如英国情报目标小组委员会（British Intelligence Objectives Sub-Committee，BIOS）报告、联合情报目标小组委员会（Combined Intelligence Objectives Sub-Committee，CIOS）报告以及战后初期的 BIGS 报告（英国针对德国专家的谈判报告）等。这些报告的内容主要集中于军事或与军工技术相关的工程科技领域。

1940 年 6 月 27 日，罗斯福总统将军事系统的情报资源整合，成立了国防研究委员会，其报告体系成为国防研究委员会报告，即 NDRC 报告，提出"致力于协作、预测和实施研究，以解决在开发、生产以及利用武器或机器中潜在问题"（OSRD，1946）。国防研究委员会由国防部、大学和私营工业代表组成，旨在对用于战争的技术/装备研发制造予以协调和指导，解决相关的科学技术问题。尤其值得一提的是，NDRC 的成立是受到了日后被誉为情报学奠基人的万尼瓦尔·布什（Vannevar Bush）的大力推动，布什本人也在1941年担任了NDRC所衍生的规模更大的国家科学研究与发展办公室（Office of Scientific Research and Development，OSRD）的主管。

NDRC报告是第二次世界大战期间同盟国科技合作的产物。根据美国国会图书馆的NDRC馆藏显示，NDRC报告包括了解密的或公开的科技报告、手稿、备忘录、医学研究结论以及其他资料。在NDRC报告体系中，涉及雷达技术、空气动力学、分析数学、模糊数学等专业技术领域，可见这些内容都与军事或战争应用息息相关，比如首期科学报告选择了六个领域：空中侦察及其结果分析、枪支控制、近似模糊学、反潜装置、放射与气体、铀。NDRC在成立1年后的1941年与其他机构合并为科学研究与发展办公室（OSRD）。虽然NDRC报告存在的时间仅有1年，但对科技报告范畴的拓展具有重要意义，当时海军研究所报告、国家实验室报告都纳入了NDRC报告体系的范畴，构成了现代美国科技报告工作体系的初步框架。

作为NDRC的"升级版"，OSRD可以说是美国科技报告工作真正的鼻祖。从1941年6月28日～1947年12月31日，OSRD总共存在了7年时间，期间产生并保存了35 000～40 000份研究报告，多为政府委托国家实验室提供的研究数据和报告（Stewart，1948）。这些报告在第二次世界大战结束之后，整体移交给美国商务部出版署成为PB报告的重要组成部分。从1949年美国国会图书馆编写的OSRD编目体系中可以发现，OSRD报告不仅学科领域涵盖广泛，而且包含了多种形式的文本资料。在美国国家档案馆公开的14卷OSRD报告中，显示OSRD做出了大量现代科技活动的奠基性工作。

值得一提的是，举世瞩目的曼哈顿计划科技报告体系也是OSRD科技报告的一部分。在第二次世界大战期间的原子弹研制进程中，科技报告曾起到了至关重要的作用。早在第二次世界大战初期，盟国就已经得到情报，获知纳粹德国正在研制核武器，但是这一情报却没有得到美国政府和科学界的重视，他们认为原子弹真正投入实战还需要克服大量的技术限制，甚至当时NDRC的一份报告就声称德国的原子弹研制无法取得成功。就在此时，另一份名为《莫德报告》（*Maud Report*）的科技报告被递交到NDRC的主管布什手中，该报告显示德国可能赶在美国之前制造出原子弹。报告同时指出，制造原子弹已经具备了可行性，并且可能会对战争造成决定性的影响。1942年3月9日，布什（Bush）和科南特（Conant）将这份报告迅速传递给政府高层和罗斯福总统。后来的历史研究表明，《莫德报告》与其他报告、情报一起推动罗斯福总统很快同意了正式开启原子弹研制计划，其中3100万美元用于OSRD的科技攻关，盟国研制核武器的进度也因此迅速加快，最终生产出投放到广岛与长崎的原子弹，对结束第二次世界大战进程、改变人类历史起到重要作用。而《莫德报告》也因这一历史事件成为著名的文件，其实质就可以视为一份影响历史进程的科技报告。这一事实也从侧面反映出了科技报告的重要性。

（2）美国科技报告制度初步形成时期（OTS/OSI时期）科技报告中的"科技"范畴

1945年6月8日，杜鲁门总统签署了9568号总统指令，该指令是科技报告制度发展历史上的重要文件，宣告了科技报告制度的正式诞生。9568号总统指令的主要内容是推动战时用于军事目的的各类科学技术情报向公众公开，使其得到充分传播和利用。其实早在1944年底，当盟军在诺曼底登陆开辟第二战场，胜利的天平已经向同盟国倾斜，罗斯福总统就要求 OSRD 的主管布什就"如何把战时取得的经验和教训运用到未来的和平时期"提出意见，特别是如何将 OSRD 以及大学和私人工业中数以千计科学家开发出来的资料、技术和研究经验在未来的和平时期用于增进国民健康、创办新的企业以增加新的就业机会、提高国民的生活水平（王大明，2002）。9568 号总统指令可以视为对这一思想的继承。在 9568 号总统指令的推动下，出版委员会（Publication Board，PB）、PB 报告等科技报告制度相继成立和创立，美国的科技报告制度开始形成。

除了美国自身在战争中产生的各种技术情报，美国在战后对德国和日本的技术资料进行缴获、翻译和整理，也产生了大量的科技报告资源，这些资源包括了技术专利、技术文本、关键科学家与管理者的访谈，以及相关的科学和技术资料等。比如 FIAT 提供的《FIAT 德国科学评论》报告，空军也在赖特–帕特逊空军基地成立了联合空军文献办公室（Combined Air Document Office，CADO），集中处理其收集缴获的大约 40 吨的德国科技资料。

以上这两种来源（缴获敌方科技情报、解密国内科技情报）造成了战后科技情报的急剧增多。为此，美国于战争结束后的 1946 年成立了技术服务办公室（Office of Technology Services，OTS）。OTS 负责有组织地开发和利用收缴科技情报，并先后开发了目录周刊《科学和产业报告目录》（每期公布约 1500 份科技报告文摘）、《OTS 印刷报告分类列表》等。这一时期科技报告服务的范畴已经有所拓展，但仍以技术报告为主，基础研究报告并不普遍。

20 世纪 50 年代，随着科技活动的重点从战时需要转变为服务于社会经济民生发展，以及美国国家科学基金会（NSF）的成立、商业情报收集利用活动的兴起，科技报告的内容范畴从单纯的军工技术扩展到基础研究报告和经济产业报告。1954 年，当冷战阴影开始笼罩世界时，美国意识到苏联正在通过国家科技情报局有意识地搜集美国的科技、经济和军事情报，因此也相应加强了本国的情报工作。其中的一项重要措施就是在美国商务部成立了战略信息办公室（Office of Strategic Information，OSI）。OSI 的一项职能就是促进商业机构之间科技信息、产业信息、经济信息的交换与交流，但是由于这种信息交流是自愿而非强制的，因此 OSI 的工作效果并不理想，在 1957 年该机构被撤销，但是也遗留下来了大量涉及商业领域的科技报告。从 20 世纪 50～60 年代，随着美国委托科研项目的增多，在美国国家科学基金会、美国国家航空航天局、国防部、能源部、原子能署、农业部、商务部相继成立了独立的科技顾问委员会和研究机构，形成了大量的科技报告，其范畴既包括科研项目报告，也包括基础研究报告。这些职能机构报告后来就逐渐形成了 PB 报告、AD 报告、DE 报告和 NACA（NASA 前身）报告四大科技报告体系。

20 世纪 60 年代是美国科技报告制度走向成熟的时期，这期间的标志性事件包括了 1963 年的 Weinberg 报告和 1964 年美国联邦科技信息交换局（Clearinghouse for Federal Scientific and Technical Information，CFSTI）成立，1966 年美国《信息自由法》（The Freedom of Information Act）发布。同时在 20 世纪 60 年代中期，美国在国防、航空、航天、核能等领域的技术信息中心逐步实现了计算机化，建立起各种计算机文献数据库和书目数据库，也推动科技报告服务进入了计算机处理时代。在这期间，美国科技报告的流通、共享和交换体系建设基本完成。科技报告的内容范畴已经比较接近于当前的科技活动内容。

（3）美国科技报告制度成熟时期（NTIS 时期）的"科技"范畴

在 20 世纪 70 年代，美国商务部将原有相关职能机构整合升级为国家技术信息服务局（National Technical Information Service，NTIS），成为统一的科技信息服务平台，并且存续至今。尽管经历了 20 世纪末期的关停风波，但是 NTIS 至今仍是全球最大的科技报告目录和全文提供机构。

值得注意的是，从 20 世纪 90 年代以后，NTIS 的服务范畴已经扩展到医学、自然科学、计算机科学及相关社会科学，能够汇集和协调 13 个联邦机构的科技信息资源，内容涵盖 350 个学科领域，总量约 300 万篇科技报告。通过购买、交换等资源建设模式，NTIS 已经收录大多数美国政府立项研究及开发的项目报告，以及少量欧洲国家、日本及其他国家（包括中国）的科学研究报告，包括项目进展过程中所做的一些早期报告、中期报告和最终报告等，从而能够全方位地反映项目进展。从 21 世纪初 NTIS 收录的资源类型来看，其中 75% 的文献是科技报告，其他文献类型有专利、会议论文、期刊论文、翻译资料；从收录资源的语种和地域分布上看，其中 90% 的文献是英文文献，25% 的文献来自国外（何青芳和陆琪青，2005）。

通过回顾美国科技报告制度的形成和发展历史，可以发现美国科技报告制度对于"科技"内容范畴的认定在不断扩大，科技报告也不断超越机构属性，不断突破原有的文献形态，拓展为高价值的、可重复利用的科技信息。

1.1.2 报告的定义与范畴

1.1.2.1 报告的语法定义

在中国《汉语大辞典》中，"报告"一词主要包含三层意义：第一，主要指宣告、告诉的功能，强调信息或消息传递的发生，是一种语言行为，如《宋书·张永传》中"永即夜彻围退军，不报告诸军，众军惊扰"；第二，强调对上级有所陈请或汇报时所做的口头或书面的陈述，如检讨报告、打报告等，是一种规范化的信息正式交流形式；第三，是向公众的公告与正式陈述，比如在会议上向群众所做的正式陈述，如宣讲报告、做报告等，强调正式的信息传播。

从西方词源上看，"报告"（report）来源自拉丁词"reportare"，其中前缀"re-"意味着"back"，即回转、返回之意；后半部分"portare"意味着"carry"，合在一起就意味着"捎带""转而告知"，并引申有"不加修饰的告知"的意思。此时，报告强调真实性、信息的原始性。

在 19 世纪中期"report"形成了"强调某人展示信息的权威性"的语义概念，在 19 世纪末期则引申形成了"监管部门的评价"的含义，强调告知的渠道和形式以及告知主体的权威性。在《牛津字典》中，"报告"（report）也包含动词和名词两种词性。用于动词时，报告主要有三种意思。一是指将观察到、听说到、实践得出的以及调查得出的事物采用口头或书面形式的表述，包括指出已有信息中的内涵，不论是否知晓其真实意义；向权威机关做出正式声明或者建议；议员或政府官员宣告某一具体事情的处置情况以及因法定义务或职责公开信息。二是正式地陈述和表达。三是基于监管履行职责（与 to 合用时）。用作名词时，强调通过调查、仔细考量而由合适的人针对特定事物的评论，尤其是采用正式官方文本形式。在新闻媒体中，强调对事件或情况的整体描述；在教育学中，强调对学生的评估和评价；在法律领域，是指包含细节的正式文本。在一些科技应用文献的写作教程中，认为"报告"是指为了特定意图，依托大量可靠信息开展的信息性工作，包括文稿、讲演、电视或电影等形态。

从语言学角度看，中西方对"报告"一词具有几点共识：第一，均包含正式表达的意义；第二，具有一定的权威性或官方背景；第三，强调对初始信息的再加工和处理后的信息传递。

1.1.2.2　报告的操作定义

"报告"一词广泛应用于政府公文和科技研究领域，作为一种专业的特种文献形式存在，具有标准的格式规范和内容要求。

（1）中国的报告文体

中国语境中的"报告"，一般是指公务行文，是指向上级机关汇报工作、反映情况、提出意见或者建议，答复上级机关的询问时使用的公文（陈晓莉，2004）。在我国公文文体系规范中，主要有 20 世纪 90 年代中期先后发布的《中国共产党机关公文处理条例》《人大机关公文处理办法（试行）》《国家行政机关公文处理办法》《中国人民解放军机关公文处理条例》等文件，这些文件都对报告做出了明确的定义和规范，如表 1-1 所示。

表 1-1　有关文件对报告的定义

文件	对报告的定义
《中国共产党机关公文处理条例》	报告用于向上级机关汇报工作、反映情况、提出建议，答复上级机关的询问
《人大机关公文处理办法（试行）》	报告适用于报告工作、反映情况、提出建议或答复询问
《国家行政机关公文处理办法》	报告适用于向上级机关汇报工作，反映情况，答复上级机关的询问
《中国人民解放军机关公文处理条例》	向上级机关汇报工作、反映情况和意见建议、询问用"报告"
《党政机关公文处理工作条例》	报告适用于向上级机关汇报工作、反映情况，回复上级机关的询问

从以上定义可以发现，报告主要作为文书工作中的上行公文存在，并且一般具有三项用途：汇报工作、反映情况以及答复上级机关询问。从文书学和公文写作的角度看，报告的格式一般包括标题、上款、正文、结尾（结语）等部分；报告的内容需要标题明确、情况确凿、观点鲜明、理念明确、口吻得体，最后还要写明发文机关与日期。

从文体上看，与报告类似的文体还有公告、公报等形式，不过公告主要是下行公文，而公报主要分为会议公报、事项公报和联合公报等，因其具体类型的不同而具有不同的发布方向；从具体过程看，报告的类型还可以分为呈报性报告、呈转性报告、例行报告、专题报告和综合报告等类型。

在我国国内长期以来的具体实践中，主要形成两类报告类型：一类是政府系统中的报告文体，主要表现为上行公文，即下级机关向更高级的机关总结汇报工作，陈述情况，回答质询等；另一类是科学研究交流系统中的报告文体，由于我国的科研系统中既有类似政府部门的科研管理部门层级结构，也有科研同行之间的平行结构，使得科研领域的报告有的具有上行公文的作用，例如向科研管理机构或赞助者提交的申请、审核、进度和成果报告，有的则充当了平行交流的材料，是反映科研进展与成果的一种灰色文献，具有信息通报和知识交流的功能。

（2）美国的报告文体

在美国对报告文体的界定中，比较注重对报告生产过程和产品质量的要求。在美国的政府体系中，报告文体最初是依托政府官僚体系所形成的，发展到现代已经成为一种加强流程管理与业务监控的公文体系。

1789 年，美国政府要求联邦各个职能部门提交相应报告，包括指令、财务汇报或政府服务汇报。此后在美国法律体系和文书管理体系中，出台了大量关于政府记录和报告的法案与制度，比如，1889 年《通用记录处置法》（General Records Disposal Act）、1942 年《联邦报告法》（Federal Reports Act）、1946 年《美国原子能法》（Atomic Energy Act of 1946）、1945 年的 9568 号总统指令，以及《技术卓越法》等，这些法规制度虽然没有对报告本身进行明确定义，但是针对报告的特征、属性和管理过程都进行了严格的界定和描述。例如，1889 年的《通用记录处置法》旨在提高政府公文处置效率（商宪丽，2012），其中正式认可政府记录为国家资产，并纳入政府资产管理范畴，需要向指定的存储图书馆呈交相关记录。1921 年的《预算和审计法》（Budget Accounting Act）要求政府控制产生记录的数量，并对政府文书管理设置独立预算（裴雷和王宪磊，2007）。1942 年的《联邦报告法》是专门以报告命名的法案，其中对报告的流程、范畴和处置方法进行了规范，提出了最小化报告负担的政策目标。该法案的重要目标就是减少文书负担，清减和整理冗余的文书，这对于日后的政府流程改造、政府文书削减、信息质量保障等工作打下了基础。1946 年的《美国原子能法》规定了美国政府应该如何控制和管理关于原子能的技术，其基本思想是核能技术发展应该优先以民用为目的，不应因军事用途而严格保密控制，该法案一定程度上推动了战时军工技术向民用领域的开放和转移，特别是通过对"受限数据"和信息传播的界定，广泛阐述了科技信息的可公开范畴和可用性问题，这对日后围绕信息保密与公开的《信息自由法》《阳光政府法》，以及信息安全、信息发布与交流政策提供了借鉴。1974 年的《美国联邦采购条例》（Federal Acquisition Regulations，FAR）奠定了美国政府采购体系的基础，也为政府采购科技信息产品提供了法律依据。

在 20 世纪前期的美国政策指令中，相关表述主要涉及政府产生文书、记录，以及政府资助活动所产生的信息内容，报告是其中的一种类型。随着 9568 号总统指令的实施以及科技报告制度的形成，在相关政策指令中逐渐出现了科技报告、活动报告、推荐报告、评估报告等多种对于报告的表述，并形成了不同系列的报告规范体系。

（3）报告的核心内涵

报告的界定注重报告的产生过程和加工质量要求。在一些科技应用文献写作规范和政府机构的报告写作指南中，"报告"一般包括如下特征：① 为了特定目的，依托大量可靠信息开展的信息处理加工工作，其内容形式可以包括文稿、讲演或影音视频等；②是事实、会议或其他各类活动的官方声明或正式声明，主要用于评价、关联、陈述或传达信息；③一种特殊文献，是基于事实、事件或调查的确定性的文书；④是面向特定受众或者为了特定目的，采用规范的格式来表述信息的文本，其中一种典型的格式规范包括四要素：引言（introduction）、方法（methods）、结论（results）和讨论（discussion）。

从上述诸多定义来看，虽然定义的角度不同，但基本强调了三点属性：首先，报告强调目的性或实用性，是因特定目的或为特定受众而组织和发起的撰写发布活动；其次，报告强调客观性或技术性，主要基于事实或信息的陈述与表达，在专业领域的报告通常应用专门的分析工具和运用科学的分析过程；再次，报告的形式一般具有规范化的格式要求和特定的结构框架。

1.1.2.3 报告的本质与构成要素

报告的本质是表达与传递的载体。这一本质决定了报告具有两种基本属性，即文献属性和信息属性。

从文献属性上看，报告作为一种规范并完整的应用文体，强调严肃性、技术性和完整性。所谓严肃性，是指报告的写作目的明确，写作素材依托事实信息或数据，具有责任归属或署名特征；所谓技术性，是强调标准和规范，报告一般具有特定的报告结构或内容要求，采用的研究方法和撰写方法是为专业领域所采纳、社会公众所接受的方法。科技报告强调方法的科学性，包括分析过程、结论、讨论和建议的科学性；所谓完整性，是强调报告内容不是原始数据或信息片段，而是能够完整地表达报告撰写者的意图或思想，能够被阅读者所理解。

从信息属性上看，报告是一种高价值信息的文献，其中信息的价值包括"可用性"和"有用性"两个特征。所谓可用性，是指报告具有实质的内容，内容对管理决策、科学研究或参考咨询具有实际应用价值，或者能够满足公众或特定信息请求人的需求与目的；所谓有用性，是指报告写作目的明确，指向特定事件或情形，能够为报告阅读者带来收益或满足其需求。

总之，报告可以理解为是一类规范并具有特定目的的技术性文档，其信息或数据可靠实用，具有较高的利用价值。表 1-2 反映了报告的构成要素和类型。

表 1-2 报告的主要构成要素与类型

报告生产者	报告类型	报告功能	报告利用
政府	政府报告 科技报告 工作报告	业务监督 业务公开	公开信息 保密信息
政府资助机构		决策支持 专业信息	
政府审查机构		专业技术信息	
企业	商业报告 技术报告	市场预测与分析	商业信息
科研机构	技术报告 研究报告	研究展示	可利用信息
军事机构	技术报告 军事报告	测试、调查与分析	多为保密信息

1.1.3 科技报告的定义与范畴

1.1.3.1 科技报告的概念

在厘清"科技"和"报告"各自的范畴之后，就更便于在术语层面理解科技报告。作为"科技"和"报告"两个上位概念重合部分的产物，"科技报告"可以理解为报告文体在科技活动中的应用，是科技活动中产生的一类特种文献，体现了科技活动的直接成果与贡献。科技报告的主要作者是科技人员，其内容主要描述了研究、设计、工程、实验和鉴定等活动的过程、进展和结果，在撰写和编辑上遵循了标准格式规定。科技报告的主要作用在于帮助科研工作者和更广范围的用户获取和利用有关的科研成果。

1.1.3.2 科技报告内涵的共性

由于"科技"与"报告"的范畴伴随社会发展不断演变，因此对科技报告的理论认识和操作定义也会由于历史阶段、发展现状、具体国情有别而产生不同。在界定"科技报告"的概念时，需要在理解现实差异的基础上寻求理论共性。

《美国科学技术报告编写标准》（ANSI/NISOZ39.18）和我国的国家标准《科技报告编写规则》（GB/T 7713.3-2014）均认为科技报告是科研活动的产物，是科研活动中产生的反映科学技术研究结果或评价的记录或文件。

《美国科学技术报告编写标准》将科技报告的功能界定为传递基础或应用研究的结果，并支撑基于这些结果所产生的决定的一种科技文献。科技报告包括了用来阐述应用或者重现相关研究结果的必要信息，主要是为了扩大科学技术研究成果的影响和传播，以及提出相关改善意见。

我国国家标准《科学技术报告、学位论文和学术论文的编写格式》（GB7713-87）中指出，科学报告是描述相关科研项目结果、研究进程、科研试验的结果，或者是阐述某科学技术领域的研究发展状况的文件。国家标准《科技报告编写规则》（GB/T7713.3-2014）中指出科技报告是科研人员为了描述其从事的科研、设计、工程、试验和鉴定等活动的过程、进展和结果，按照规定的标准格式编写而成的文献。

科技报告从产生和来源来看，形式多样。科技报告是融合了一定科技功能，并按一定格式标准表述的科技文献，它对科学研究的活动过程中成功和失败的经验都完整记录、保存，起到科技资源积累、传播、再利用的作用，有利于科研人员依据科技报告中的详细记录了解相关科研情况。

科技报告也可以作为一种科技信息处理加工机制和科技管理制度安排。从科技报告的产生和来源看，科技报告包括：反映科研全程的规范性报告、技术性报告，呈现数据分析结果和研究发现的研究性报告，反映研究详细过程的试验记录报告，反映研究价值的评估鉴定报告；从科技报告的面向对象看，科技报告包括：面向特定专业用户的技术性报告、可行性报告，面向更大范围用户群体的技术手册、操作规范，用于信息交流的通报、快报。

综上所述，"科技报告"内涵的要素主要包括（图1-1）：①输入性要素，即对于科研活动的记录。对于科研活动及其蕴含内隐性知识的显性化、编码化，体现了科技报告的工具价值和载体价值。②输出性要素，即科技报告需要传播、传递和提供充分的服务和利用，以体现其信息价值和增值作用，这也是科技报告和传统科技档案的重要区别。

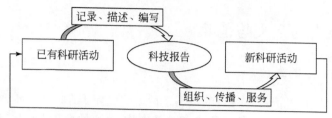

图 1-1 "科技报告"内涵的要素

1.1.3.3 科技报告内涵的差异

除了共性之外，国内外不同时期对于科技报告定义的界定也表现出一些差异，主要表现在以下方面。

（1）概念层面的差异

如前文所述，"科技活动"的内涵界定与科技政策目的、科技管理主体的管辖范围、科技管理客体的实践范围密切相关。例如，OECD《弗拉斯卡蒂手册》将科研活动划分为基础研究、应用研究和试验发展；UNESCO《科技活动统计手册》将科研活动界定为与各科学技术领域中科技知识的产生、发展、传播和应用密切相关的系统活动，包括研发、科技教育培训、科技服务等。就"报告"的内涵而言，强调了正式表达、权威背景、对初始信息进行加工处理和传递等要素。在我国，报告文体已经广泛存在和应用于政府公文领域。科技领域的报告作为一种灰色文献，因其形态的多样性和复杂性，长期以来国内科研领域的报告文献缺乏统一的管理机制和规范。

（2）实际操作场景的差异

科技报告来源于科研活动实践，因此从产生环节和来源场景来看，具有多样化形式：既有反映科研过程的规范性报告、技术性报告，也有反映研究结果和数据的研究性报告；既有研发实施阶段的组织管理报告和研究进展报告，也有成果转化阶段的工程生产报告和市场评估报告；既有适用于信息交流的通报、快报，也有反映研究细节和详细过程的试验记录、鉴定评价和总体报告。科技报告由于需要反映科研活动的全过程及各个环节，并发挥不同的科技功能，因此会在科研活动的不同阶段产生不同的样式形态。

（3）国别和发展程度方面的差异

科技报告是宏观科学研究发展状况的反映和缩影，其内涵随着时代变迁和社会环境发展变化表现出差异性和动态性。美国于 20 世纪后半叶形成了 PB 报告、AD 报告、DE 报告和 NASA 报告四大科技报告体系，同时建立起统一权威的科技报告管理和交流机构，帮助美国提升和巩固了其科技竞争力。我国早在 20 世纪 60 年代，钱学森等多位科学家就呼吁建立自己的国家科技报告体系。而在长期的历史阶段中，我国的科技报告保存在各种科学研究机构内部的文献情报中心、信息中心、图书馆、资料室之中，除了保存收藏地点不同，不同类型单位机构的科技报告撰写、加工、审查流程机制也存在差异，从而大大制约了科技报告的流通和共享，限制了科技成果的转化，也影响了科技报告管理工作的标准化和规范化。进入 21 世纪以来，随着我国科技发展水平的整体提升，科技报告的数量和质量得到了较大的提升，但一些制约科技报告发展的体制、机制限制仍然没有得到有效解决。2012年以来，我国科技报告体系建设开始全面启动，从制度建设、标准规范、组织管理和共享交流平台渠道等方面拓展和健全了科技报告的内涵。

（4）科技报告内涵的层次

从科技报告事业的发展进程可以看出，科技报告的内涵是随着时代发展不断丰富和拓展的。科技报告的内涵从一种单纯的科技文献资料形态，发展到一种信息治理机制和制度安排（图 1-2）。

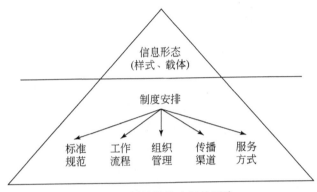

图 1-2　科技报告内涵的层次

科技报告所包含的制度安排包括：科技报告是国家采取一定的行政手段强制形成，由承担国家科技项目的科研人员撰写，由科研人员所在的法人单位负责审核。项目承担人员应该在研发实施转移、转化阶段提交科技报告（贺德方和曾建勋，2014）。

1.2　科技报告属性

1.2.1　科技报告的特征

科技报告是科技信息的呈现形式之一，相较于其他类型的科技信息文献形式，科技报告具有以下六个方面的核心特征。

（1）完整性

科技报告翔实记载了项目研究工作的全过程，既包括成功的经验，也包括失败的教训。它没有篇幅限制，内容比一般的科技论文更为详细，一般都说明了研究背景与目的、研究方法和研究过程、数据收集和分析情况、研究发现与研究结论，另外还附有图表等。

（2）及时性

科技报告不需要像科技论文一样经过少则数月多则上年的评审过程，所以更新及时，内容新颖，往往披露了最新的研究进展和研究发现。通过科技报告形式发表的科技成果一般要比发表的科技论文早面世 1 年左右。

（3）实用性

由于更新及时、内容详尽，科技报告往往提供了第一手的科技信息，也更具有实用价值。例如，美国科技报告的编写要求能够用于详细解释或完整重复一项研究结果或研究方法，并且要求数据首次发布或首次使用，这使得科技报告相对其他科技文献的实用性大大增强。

（4）保密性

科技报告中可能包含国家秘密、商业秘密和个人不愿公开的知识劳动成果，涉及国家安全、组织和个人的知识产权，因此必须依法划定不同的密级和使用范围限制，在合理的规定范围内交流共享。

（5）规范性

科技报告的评审流程和科技论文的同行评议具有显著区别，但并不意味着科技报告不需要审查评议，相反科技报告较之于科技论文具有更为严格的编写格式要求。我国对科技报告的编写格式做出了详细的规定，这些规定是科技报告有效呈交和合理利用的保证。

（6）共享性

科技报告一般用于在规定范围内快速交流共享研究结果，对科技信息的传播和共享是科技报告存在的意义。科技报告通过公开和共享能够实现更大的经济和社会价值。

1.2.2 科技报告的价值

科技报告具有双重价值属性（图 1-3）。识别和认定科技报告的价值，是进行科技报告质量管理和评价的基础依据。科技报告的价值一般来源于科技报告活动利益相关者的认定。科技报告的利益相关者涉及科研人员、项目承担机构和广义的科研机构、项目管理部门和科技管理部门、政府决策者、科研资金提供者、各类企业和社会组织、社会公众等。虽然不同利益相关者之间表现出多元交叉的价值取向，但是不同利益诉求可以归结到两类基本价值的认定，即对于科技报告工具价值和信息价值的认定。

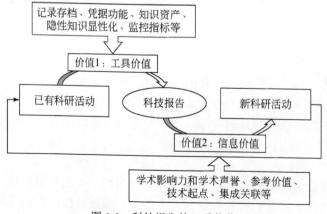

图 1-3　科技报告的双重价值

在科技报告的双重价值体系中，工具价值主要是指科技报告作为文献实体的凭据和记录功能，信息价值主要体现为蕴含在科技报告中的知识内容及其所负载的隐含价值和增值效应。随着时间的推移，科技报告的价值逐渐从工具价值向信息价值转移和过渡。

同时，科技报告的价值特性也嵌入在科技报告的内涵当中。基于双重价值属性（图1-3），从错综复杂的利益诉求和价值认定中，可以将科技报告的价值理解为科技报告文献资源现状、科技报告所依附的科研活动价值以及科技报告社会作用效应的综合。

1.2.3 科技报告的作用

科技报告是科技管理部门科学决策的依据之一，是事关国家科技安全、信息安全的战略性储备。生产高价值的科技报告，促进科技报告资源的积累、开发和利用，将会在科研工作者个人层面、科研团队层面、科研院所层面、科技管理部门层面和国家层面产生积极而深远的影响，带来良好而广泛的效益。

从知识管理的角度看，科技报告是科研院所和个人的有效知识储备，能够影响科研组织、机构、个人从事科技创新活动的能力、潜力和竞争力（李顺才等，2001）。作为知识储备，科技报告的效力发挥主要来自于两方面的推动：一方面是科技报告所承载科技信息的积累；另一方面是科技报告所承载科技信息的流动。只有这两个方面共同作用，科技报告才能够发挥出应有的价值。需要看到，长期以来我国的科技报告工作还处在重视积累量的阶段，只有通过健全流通渠道、完善服务手段，才能够提升科技报告流动量，同时激活科技报告存量的价值。另外，从科技报告的积累到流通再到发挥作用，并不能在短时间内一蹴而就，而是需要一定的周期，同时原有的科技报告存量的价值也存在价值衰退，这些都是在考察科技报告作用时需要综合考虑的因素。

科技报告在不同层面的作用表现如下。

1）在科研工作者个人和团队层面上，生产科技报告的过程其实也是将个人和科研团队的隐性知识进行沉淀、编码和显性化的过程，同时能够促进团队内部的知识共享与知识集聚。在科研活动中，不可避免地存在人员流动的现象，有时人才的流动也意味着隐性知识的流动或流失，甚至出现"人走课题亡"的现象。而新人增加知识储备往往会消耗一定的时间成本、智力成本和物力成本，这些成本在很多情况下都是可以避免的。科技报告作为及时的总结，将科研人员头脑中的经验教训外化和固化下来，不仅促进了科研信息在科研院所内部的传播和传承，避免了重复研究，节约了人力物力，而且推动了科研院所和科研人员自身的可持续发展（刘洁，2004）。

2）在科研院所层面上，科技报告是机构知识库的重要组成部分，有助于打造机构的核心知识资产和核心竞争力。科技报告是各类科研院所工作的重要交付物，是工作价值的彰显和证明，也是考评科研院所工作质量的重要依据和指标要件。根据内生增长理论，科研院所通过科技报告的积累，可以不断巩固自身知识存量，而知识存量是机构技术水平的体现，知识存量能够对未来的知识产出起正向的促进作用，从而形成良性的循环（严成樑和沈超，2011）。

3）在科技管理部门层面上，科技报告为管理部门提供了促进科技信息积累、传播、成果转化的途径，同时也为管理部门提供了科学决策的依据。科技报告的产生和扩散过程也是知识的积累、继承、创新过程，因此对科技报告的管理从一定程度上实现了对科技知识的系统管理，有利于从宏观层面实现对科技知识在全社会的优化配置，提高科技活动的效率；由于科技报告具有共享性，科技管理部门可以通过科技报告实现先进经验、先进技术的快速大规模复制与推广，加快科研产出和成果转化的速率。

科技报告积累到一定程度之后，对于科技管理部门来说，可以成为有效的管理工具。其一，科技报告可以作为一种查新工具，通过科技报告查新，可以避免和减少科研项目的重复立项、重复投资和资源浪费（邹大挺等，2005）；其二，科技报告可以作为一种查重工具，通过建立科技报告数据库和查重系统，可以有效识别和发现科技报告中的不规范行为，间接推动科技报告所依托科研项目的质量提升；其三，科技报告可以作为一种评价工具，通过对科研项目所产生的科技报告进行评审验收，可以对项目的整体质量进行评估，通过对科研院所、科研团队所产生科技报告情况进行分析，可以对科研实力、研究特点进行把握，通过对科研工作者个人领导和参与科技报告撰写情况进行分析，可以对个人的研究专长、项目投入情况、学术地位等进行评价；其四，科技报告可以作为一种项目管理工具，通过将科技报告作为项目不同阶段的交付物，可以有效监督和控制科研项目的进度，并且确定项目管理的指标；其五，科技报告可以作为一种统计工具，科技报告的积累、流通和利用情况可以反映某一单位、系统、领域、地域的科技活动情况，科技报告可以和专利产出、论文产出等一起作为科技活动的统计指标；其六，科技报告可以作为一种决策工具，科技报告内容可以为决策者提供有价值的战略信息与情报，科技报告资源作为整体反映出的各项指标可以帮助决策者把握科技活动发展整体态势，从而提升决策的科学性。

4）在国家层面上，科技报告是保存和积累国家科技成果、反映和评价国家科技投入效果、推动和促进国家科技创新、调整和优化国家科技资源配置的重要工具。强化科技资源开放共享与服务平台建设已经成为我国科技创新战略中的重要内容，科技报告资源有助于形成对基础科学研究、前沿科学研究、生产部门技术创新、"大众创业、万众创新"等活动的有力支撑。科技报告作为一种高价值的科技信息传播载体，由于其内容的完整性、规范性、可操作性、可复制性，能够快速地弥补科研机构、科研团队或企业的知识缺口，从而实现科技资源的优化配置。在国际竞争与合作的层面，高质量的科技报告资源储备是国家科技实力的体现，也是进行国际科技信息交流与信息交换的重要筹码（刘顺利等，2015）。

1.3 科技报告分类

从科技报告质量管理的要求出发，科技报告的类型差异较大，应整体上把握分类评价和管理的基本原则。而掌握科技报告的不同类型有助于因地制宜、有针对性地设计科技报告质量标准和评价指标，确保科技报告质量保障体系的系统性、完整性和全面性。在科技报告实践工作中，产生了数量繁多、种类庞杂的报告形态，由于我国科技报告在历史上缺乏统一的制度规范，导致对科技报告类型缺乏科学认定，进而造成了对质量管理与评价对象的认识模糊，成为制约科技报告质量的重大障碍。因此科学识别和认定科技报告类型是科技报告质量管理与评价工作的基础环节。

目前，国内外在科技报告实际工作中应用了大量的分类体系，具有不同的划分维度。

1.3.1 基于外部特征的科技报告类型划分

科技报告作为一种特殊的文献类型，具有特定的文献外部特征属性。按文献特征进行分类是最为常见的一种科技报告类型划分方法。

1.3.1.1 科技报告序列号分类

在现有的科技报告分类与序列号编号标准中（如国际上的 ANSI/NISO Z39.23-1990、ANSI/NISO Z39.18-1995、ANSI/NISO Z39.23-1997、ISO 10444：1994 以及国内的 GB/T 7713-2009、GB/T15416-1994 等）都采用了由科学技术报告的创建者标识、记录号以及附加记录号之后的后缀三个标识功能区域构成的基层编号体系。科技报告的类型主要依托科技报告所属机构、所属项目以及科技报告完成时间等外部特征界定。

比较典型的科技报告序号分类是 NASA 科技报告的分类方法。NASA 的科技信息报告序列包括六种报告类型：技术性出版物（technical publication，TP）、技术性备忘录（technical memorandum，TM）、合同报告（contractor report，CR）、会议出版物（conference publication，CP）、特种出版物（special publication，SP）和技术性译文（technical translation，TT）。NASA 报告类型主要根据出版者的文献内容特征和具体需求，由下属机构的出版办公室运用快速参考工具书进行识别和标引，这类工具书包括快速分类卡工具、出版物快速审查项等。根据 NASA 的规定，每一类科技信息只能赋予一个唯一的报告序列号。NASA 的各类科技报告序列号所指代的具体内容如下。

（1）TP

TP 是指技术性出版物，一般是完整的研究报告，或者是当前研究阶段的显著结果。TP 一般包括基于大范围数据的分析或理论性分析成果，也包括显著的科学技术数据或者具有持续参照价值的资料汇编。NASA 比较重视具有同行评审的正式专业文献，但是对文稿的长度和展示图片的格式则并没有严格限制。

除了研究报告文本，TP 的类型还包括：

1）科技信息文献目录，包括摘要或较多的注释。

2）技术手册、关键表格或数据汇编。

3）设计标准和技术标准。

4）科学和技术教材与手册。

5）最新技术发展水平摘要，包括科技文献的重要评论或调查。

6）技术报告或专著，是相对完整的研究，相较之已有研究具有创新性，或是对于过往研究的评价。

（2）TM

TM 是指技术性备忘录，一般是和科技活动相关的原始数据或者是针对特殊研究兴趣的文献，如快报、工作论文、带有基本注释的书目。这类科技文献包括：

1）原始数据（快报）。

2）同行评议或者外部专家审查的工作论文。

3）个人论文，用于演示、专业会议或论坛的预印本，或者即将发表的会议论文或者期刊论文。

4）用于 NASA 专业会议的原始会议论文。这些论文一般属于进展论文，较之于正式论文比较简单，有时仅包括摘要或者仅具有概要图。

5）由与机构工作相关的人员或者由 NASA 雇员撰写的论文。

6）由 NASA 雇员、合同供应商或承包商撰写的文献。

7）计算机程序应用文档。

8）有限使用的数据汇编。

9）其他机构的报告，或者并未标明 NASA 资助的研究结果。

（3）CR

CR 是指 NASA 资助或者签订合同方的履约报告，比如合同方的展示文本、说明文档等。

（4）CP

CP 是指 NASA 资助的科技会议、论坛、研讨会等产生的文献和记录，包括预印本和会议论文集。此外，会议展示文件（PPT）以及会议录音、多媒体记录也纳入 CP 范畴。

（5）SP

SP 是指特种出版物，一般是指与 NASA 项目、工程或机构使命相关的科学、技术或历史信息。典型 SP 文献包括：

1）通用信息序列号（序号小于 3000 系列），如 NASA/SP-2005-2009。

2）手册和数据汇编（序号为 3000 系列），如 NASA/SP-2005-3000。

3）经验或年鉴系列（序号为 4000 系列）。

4000：参考书籍；

4100：管理经验；

4200：项目经验；

4300：中心经验；

4400：通用经验；

4500：太空史的专著；

4600：电子媒体；

4700：历史会议录。

4）技术商业性信息（序号为 5000-5999 系列）。

5）管理事务类出版物系列（序号为 6000-6999 系列），包括请求、计划、理论或管理技术、NASA 赞助的科技工作以及 NASA 项目管理文件。

6）书目系列（序号为 7000-7999 系列），如正式出版的文摘、连续书目、索引、出版指南和公告性刊物。

（6）TT

TT 是指技术译文，主要是非英语语种的科技资料，这些资料通过版权交易等合法途径获取，经过翻译以后由 NASA 保存。

除此之外，美国其他不同机构的科技报告也都具有不同类型的序列代号。比如 NDRC 报告主要按解密的或公开的科技报告、手稿、备忘录、医学研究结论以及其他资料进行划分；NTIS 按美国政府报告、科学研究报告、专利、会议论文、期刊论文、翻译文献等进行划分。

1.3.1.2　科技报告机构分类

科技报告按照机构分类最典型的案例是美国政府四大科技报告，即商务部 PB 报告、国防部 AD 报告、能源部 DE 报告、国家航空航天局 NASA 报告。此外，类似以机构划分的还有欧洲的英国航空委员会 ARC 报告、英国原子能局 UKAEA 报告，法国原子能委员会 CEA 报告，以及日本的原子能研究所报告、东京大学原子核研究所报告、三菱技术通报，中国的国防科工委科技报告等。上述报告在大类上主要按照科技报告产生的机构维度进行划分。

1.3.1.3　科技报告揭示程度分类

根据对文献特征的揭示程度，科技报告还可以进一步区分为文摘型科技报告和全文型科技报告。全文型科技报告包括不同格式的科技报告信息，如纸质文本、缩微胶片（早期报告）、数字文本、图片、数据、多媒体记录、程序代码、软件工具等；文摘型科技报告包括科技报告目录、科技报告索引、科技报告文摘等指示性文献工具。这类指示性信息还包括科技报告的存储信息和服务信息。随着科技报告数字化程度的加深，数字科技报告的永久保存和长期获取技术推动科技报告的指示性信息向元数据、管理系统数据和检索工具信息转化，也产生了大量的管理性元数据，提高了文摘型科技报告的揭示程度。

1.3.2　基于内容特征的科技报告类型划分

科技报告的内容涵盖十分广泛，包括研究过程和方法的描述、科研进展的总结、研制或试验结果的分析、科学技术考察经过、某项科学技术问题的现状和发展论述、科研成果记录等。而不同的内容对应着不同的保密等级和可见权限，并且具有不同的内容主题揭示方法。这些也构成基于内容特征对科技报告进行分类的依据。

1.3.2.1　按照科技报告密级进行分类

我国按密级将科技报告划分为公开、限制、秘密、机密、绝密五个等级。在美国的科技报告审查体系中，具有受限信息审查一项，即对敏感信息和不宜公开信息进行审查。

以 NASA 科技报告的 NF1676 安全审查机制为例，科技报告作者和管理者需要填写 NF1676 表格以供审查，确保在国际会议、工作论坛以及其他涉及国外参与的科技报告发布场合，安全信息、敏感信息及不宜公开信息不被泄露。具体而言，这类涉密信息被规定如下。

1）安全审查信息。根据有关规定，如果需要向外国政府出版、发布或展示科技报告内容，而内容涉及国防部事务，例如航空项目、航天发射或空间管制时间等，不论何种材料都必须接受审查。

2）出口控制审查信息。出口控制受限的信息主要参照武器出口控制法案、出口管制法案、国际军火交易条例、出口管制条例等法律法规，这些法规提供了出口控制的技术数据和信息判断依据。

3）专有信息或敏感信息，包括有限权利数据、创新研发数据、贸易秘密和产权商业信息等。其中，有限权利数据是指数据基于私人投入开发，因合同关系而交付美国政府使用或者内置于设备中的信息。

1.3.2.2　按照科技报告分类索引进行分类

对科技报告进行有效检索获取利用的前提是对科技报告进行科学的组织整理，而这就需要用到信息组织方法。当前一些典型的信息组织方法如分类法、主题法、索引法等都在科技报告的划分中有所体现。

典型的科技报告主题分类以 NTIS 为代表。在 NTIS 的报告高级检索服务中，提供了学科分类目录，涉及 39 个学科大类，300 多个二级学科分类，便于用户根据内容特征对科技报告进行定位（表 1-3）。

表 1-3　NTIS 学科分类表

· Administration & Management 行政、管理	· Industrial & Mechanical Engineering 工业与机械工程
· Aeronautics & Aerodynamics 航空、空气动力学	· Library & Information Sciences 图书馆与信息科学
· Agriculture & Food 农业、食品	· Manufacturing Technology 制造技术
· Astronomy & Astrophysics 天文学、天体物理学	· Materials Sciences 材料科学
· Energy 能源	· Mathematical Sciences 数学
· Atmospheric Sciences 大气科学	· Medicine & Biology 医学与生物学
· Behavior & Society 行为、社会	· Military Sciences 军事科学
· Biomedical Technology & Human Factors Engineering 生物医学技术、人因工程	· Missile Technology 导弹技术
· Building Industry Technology 建筑业技术	· Natural Resources 自然资源
· Business & Economics 商业与经济学	· Navigation 导航
· Chemistry 化学	· Nuclear Science 原子能科学
· Civil Engineering 土木工程	· Ocean Sciences 海洋科学
· Combustion, Engine & Propellant 燃烧、发动机和推进剂	· Ordnance 军械和军用器材
· Communications 通信	· Photography 摄影摄像技术
· Computers, Control & Info. Theory 计算机，控制与信息理论	· Physics 物理学
· Detection & Countermeasures 侦测与对抗	· Problem Solving Information 问题解决信息
· Electrotechnology 电子工程	· Space Technology 空间技术
· Environmental Pollution & Control 环境污染与控制	· Transportation 交通运输
· Government Inventions for Licensing 政府发明许可	· Urban & Regional Tech. Development 城市和地区技术开发
· Health Care 健康护理	

典型的科技报告主题索引以 NASA 报告为代表。目前 NASA 主要有 NASA Thesaurus 叙词表、NASA 范畴和主题分类指南（NASA Scope and Subject Category Guide）和 NASA Thesaurus 机器辅助索引（Machine Aided Indexing，MAI）三套索引工具。NASA 叙词表最早编制于 1967 年，目前已经修订过多次，最新版本厚达 1107 页，包括 18 400 个主题术语、4300 个定义和 52 000 多个款目。主题分类指南涵盖 10 个学科分类和 76 个专题领域，并建立了主题分类和专业术语之间的索引表，共涵盖近 3000 个主题词。此外，美国国防技术信息中心（Defense Technical Information Center，DTIC）也开发了国防技术集成服务 DTIS 来

源机构列表、DTIS 叙词表和主题分类指南（SCG）用于科技报告资源的信息组织。

1.3.3　基于管理特征的科技报告类型划分

科技报告来源于科技活动，而科技活动本身具有内容的丰富性、人员的多样性、过程的阶段性、管理的复杂性，因此科研活动的项目运营特征、工作流程特征等管理特征也可以成为科技报告分类的依据。

在 NTIS 的报告体系中，结合内容维度和管理维度将科技报告划分为专题技术报告、技术进展报告、最终报告和组织管理报告四大类型（周杰，2013）：①专题技术报告包括考察报告、研究报告、设计报告、分析报告、实验（试验）报告、工程报告、生产报告等；②技术进展报告分为技术节点报告和时间节点报告，包括阶段报告、进展报告、中期报告、年度报告等，也包含大量技术内容；③最终报告产生于项目验收阶段，主要包括最终总结报告、最终技术报告、成果验收报告等；④组织管理报告包括项目工作报告、项目组织情况报告等，主要服务于科技管理部门。

从实用的角度看，这四大类型又可以简单地划分为两种类型：技术类报告（专题技术报告、技术进展报告、最终报告）和管理类报告（组织管理报告）。中国科学技术信息研究所曾经对收藏的美国政府科技报告进行初步统计，结果显示专题技术报告约占 50.4%、最终报告约占 34%、技术进展报告约占 13.8%、组织管理报告约占 1.8%。由此可见，美国科技报告中技术类报告占到 98.2%，占绝对优势（国家科技报告服务系统，2014）。

在我国，按照科技报告的管理归属特征，可以将科技报告划分为国防科技报告和非国防系统的政府资助科研项目报告。后者主要涉及基础研究、应用研究，以及关系到国计民生的重大问题研究，政府财政投入是这些科技项目经费的最主要来源。

1.4　科技报告制度建设

科技报告不仅是一种科技信息文献形态，也是一种科技信息管理制度安排。科技报告制度是指在科技报告工作中形成的各类参与主体共同遵守的活动规范和行动准则。科技报告制度的形成依赖于"自上而下"和"自下而上"两种路径，"自下而上"路径是指在长期的科技报告日常活动中形成的约定俗成的行为模式，而"自上而下"则是上级管理机构以权威命令的形式推行和贯彻某种工作方式。一般制度的形成是以上这两种方式综合作用的结果，往往后者是对前者的确认。具体到我国科技报告制度的建设实践，一方面是我国科技系统内具有长期以来形成的科技情报工作、科技档案工作传统，另一方面我国从顶层设计层面也在充分学习吸收和借鉴国外发达国家的科技报告制度，所以这种"底层涌现"和"顶层设计"的制度形成模式在我国也更加明显。总之，科技报告制度以法定形式将科技报告工作纳入科研管理程序，强化了科技报告相关部门和人员的职责，保证了科技报告工作的质量，规范了科技报告的管理和交流。只有得到制度的保障，科技报告的作用和价值才能得到充分的展现。

1.4.1　美国科技报告制度

在美国科技报告制度的历史发展进程中，20 世纪 40 年代与 60 年代是两个比较重要的时期，前者是美国科技报告制度形成的时期，后者是美国科技报告制度最终确立定型的时期。在这两个时期内，分别产生了两份重要的文件，影响了美国科技报告制度的发展，标记了美国科技报告制度的历史刻度，这两份文件就是 1945 年的 9568 号总统指令和 1963 年的 Weinberg 报告。

如前文所述，9568 号总统指令是 1945 年杜鲁门总统签署的旨在刺激和促进战后经济发展、推进战后重建的政策指令。从某种程度上说，9568 号总统指令是对战时信息政策的矫正和改革。第二次世界大战期间，美国出于国家安全和战时宣传的需要，对于国内出版物和政府信息实施了严格的审查制度和限定流通制度。随着第二次世界大战的结束，全世界大部分国家都面临着战后重建的巨大挑战，也亟待释放战时累积的科技信息资源的潜力。此时美国政府判断在战后的和平时期，信息的对抗性将会减弱，而信息对于社会经济发展、民生福祉的作用将会大大增强。为了推动国家科技信息资源在刺激经济增长方面发挥作用、推进军事科技信息的民用化、实用化和成果转化，9568 号总统指令推动成立了 PB，也直接催生了美国科技报告制度的诞生。

Weinberg 报告的全称是《科学、政府和信息：技术团体的责任和政府的信息传递》（*Science，Government，and Information：The Responsibilities of the Technical Community and the Government in the Transfer of Information*）（Weinberg et al.，1963），由美国总统科学顾问委员会的 Weinberg 等起草，于 1963 年 1 月正式提交。Weinberg 报告的核心观点认为科研中产生的科技信息的传递工作是科研过程完整而不可分割的一部分，因此政府有责任确保这种信息易于获取。该报告系统阐述了加强科技信息交流的思想，并构建了可行的科技交流理念，这些内容直接推动了 1964 年科技报告工作的重大改革。Weinberg 报告也被认为是现代科技政策和信息政策的里程碑式文件。

在 Weinberg 报告中，提出了科技信息危机问题。该报告认为，如果每一位科学家都能与同行或者前辈进行充分的科学交流，则可以大大提升科学的效率。从这个角度看，由于科技文献中蕴含的最本质内容是创意和数据，因此所有的科技文献都应该进行一元化和标准化处理，从而推动科学理念的传播和科技数据的共享。但是，随着科技文献的迅速增长，要在同行或者跨学科之间形成科学交流变得越来越困难，这就形成了所谓的科学断层。科学断层的存在会给科学研究事业带来巨大的危害，因为它使得科学文献大量重复已有的研究，甚至使前后研究发生冲突。这就是科技信息危机的本质。

因此，Weinberg 报告提出科技信息的充分交流传播是科学研究与科技研发不可分割的一部分。不论是科学家与工程师个人、企业、学术研究机构、科学技术团体还是政府机构，都应该承担信息传播的责任，这同科学研究职责本身一样重要。通过发展科技实力而壮大国力是一个国家的重要需求，而充分的科技信息交流则是提升科技实力的前提。尤其是对于政府来说，要特别关注科技信息交流系统的健康性。此外，由于政府机构内部的信息系统与非政府信息系统具有密切的关系，所以政府应该同样关注政府外的信息资源，并同政府内的信息资源进行整合和统一管理。

需要注意的是，Weinberg 报告还提出了科技报告制度早期存在的问题和改进思想。Weinberg 报告提出科技信息管理与服务应该坚持的一系列基本原则，包括：①无用不采纳原则（what is useless must be kept out）：并非所有的文档纳入文献收藏服务体系。②有用必采纳原则（what is useful must be located and kept）：提出了报告存取和报告流的管理，同时提出需要逐渐消除产权归属的机构障碍、国家安全的审查障碍等阻碍科技信息传播流通的因素；完善项目管理制度，提供专项报告保障资金；指出供应商（合同服务商）倾向于优先保留对自身有用的信息流，呼吁对有用信息的产权保护。③技术评论与通告原则（technical reviews of report literature will help）：指出为防止科技报告的内容无法为用户知晓，需要通过专业文摘和杂志选录推介高质量的科技报告。④集中出售原则（the agency depositories should be document wholesalers）：指出所有的报告均由少数机构存储，但由某一家集中出售，其收益在内部传递；不通过发行渠道，尽可能减少成本。⑤机构信息化原则（agencies must become information-minded）：指出科技机构需要加强培训，需要建立配套的信息和报告审查组织与管理部门；要求机构主动提供科技信息，将科技档案转化为科技信息资产。从美国科技报告制度的发展实践来看，可以说这些原则与理念已经深深浸透在具体的实践活动中。

时至今日，美国在科技报告的产生、管理和安全使用方面已经形成了一整套完善的制度体系，涉及科研管理、信息安全、信息资源管理等领域，并形成联邦政策与法律、部门/行业级规章制度，以及基层单位规章制度三个层次（图 1-4）。

图 1-4　美国科技报告制度三级架构

1）联邦政策与法律：美国全国范围内的科技报告呈交、入藏、流通、利用活动以及相关参与机构的职能是由国家层级的政策法规制度所规定的。这些制度可以是由国家层面统一发布的法律或行政命令，也可以是多个部门共同制定和遵守的准则。例如《美国法典》第 15 篇 23 章 1151～1157 节赋予 NTIS 作为美国科技信息的传播交流中心和管理中心的地位。美国的《信息自由法》《政府阳光法》等法律确定了科技信息公开的基本框架和基本法理依据；美国《版权法》禁止联邦机构对自身部门产生的工作成果拥有版权，从版权制度上保障了社会公众对政府机构产生科技信息的获取利用；美国《联邦采购条例》规定政府机构需要最大限度地保证所管辖资产在政府系统中的重复利用；《美国技术卓越法》规定由美国商务部下属的 NTIS 收集、整理科技报告，并向社会公众提供免费检索、浏览和获取文摘或全文的渠道。

2）部门/行业级规章制度：基于国家层面的政策法规制度，美国各个行业、各个领域、各个部门也针对自身实际情况制定了有针对性的科技报告规章制度，明确了本部门科技报告的提交范围、程序、方法和相关机构人员的职责。相对于国家级制度，部门/行业级规章制度更加具体，规范更为严密。部门/行业级规章制度可以细分为两个方面的内容（邹大挺等，2005）：其一是在计划管理、合同管理、项目管理制度中提出明确的科技报告提交和审查要求，将科技报告制度纳入科技管理制度中，确保科技报告的产生和提交；其二是制定专门的科技信息管理制度，有针对性地规定科技报告提交范围、方式、程序、安全管理以及相关部门和人员的职责。例如，国防部《联邦采办条例国防部补充条例》明确规定了国防部研究项目需要提交科技报告的内容、程序和方法;《国防部信息安全计划》对国防部科技报告的密级做出了规定;国家航空航天局《NASA 科技信息管理》《NASA 科学技术信息的记录、审批和传播要求》为 NASA 报告的制作和发布提供了依据;能源部的《科技信息管理导则》则对 OSTI 的职责做出了明确要求,指导了能源部科技报告的开展。

3)基层单位规章制度。在两级法规制度的指导下,各基层单位部门根据本单位的具体情况,也普遍制定了本单位内部科技报告实施细则。如美国圣地亚哥国家实验室制定的 SAND 报告准备指南详细规定了该实验室科技报告的提交方式、类型、撰写格式等(邹大挺等,2005)。

通过分析美国科技报告制度的成熟形态,可以看到科技报告制度包含了从国家到部门/行业再到基层的一整套政策、法规、指令、标准、规范、规章。这套制度体系规定了科技报告各类参与主体的工作职责和工作机制,规范了科技报告从产生、审查、提交、整理、加工、传播到利用的管理服务流程,塑造了有序运转的科技报告生态。

1.4.2 欧洲联盟科技报告制度

欧洲联盟是全球范围内规模较大的区域性经济合作国际组织(以下简称欧盟),在欧盟覆盖区域内,存在法国、德国等传统科技强国,具有雄厚的科技实力和科技资源积累,同时也存在一系列凭借科技发展而快速兴起的创新型国家,在传统多边框架和一体化进程共同作用下,欧盟形成了具有特色的科技管理体制,其中科技报告制度是重要的组成部分之一。

在欧洲科技管理体系中,欧盟委员会、欧盟理事会和欧洲议会分别承担执行职能、决策职能和立法职能,制定和实施欧盟科研与创新政策、协调和支持国家和地区层面的科研与创新计划并通过支持科研人员和知识的自由流动推动欧洲科技事业(陈敬全,2014)。在欧盟委员会下设科学研究委员会(Commissioner for Science and Research),为欧盟委员会及其他专业委员会提供科技建议。科学研究委员会管辖两个负责科学研究的专门机构,分别是研究总司(Directorate General for Research)和联合研究中心(Joint Research Center)。其中研究总司主要负责欧盟的科技政策制定,提升欧盟的科技竞争力,协调欧盟各个成员国的科技活动,为欧盟成员国在环境、健康、能源和经济发展方面提供政策建议和科技建议,促进欧盟成员国社会民众对于科技议题的关注、讨论和参与。联合研究中心作为一个执行机构,主要负责执行欧盟科技政策,同时参与制定欧盟的科技法规。据统计欧盟有 25% 以上的科技法规是由联合研究中心制定的,领域涉及食品、化学、环境、能源、卫生、安全等。除此之外,为了适应创新环境,实施创新战略,欧盟委员会还下设了直属机构研究和创新总司,主要负责执行欧盟创新政策,落实欧盟主要的创新项目和研究计划。广为人知的"欧洲2020战略""地平线2020计划"就是研究和创新总司参与下的产物,这些项目强化了欧盟的知识创新基础设施,整合了欧盟各成员国原本分散的科技资源,协调了欧盟各成员国在科技活动中各自为战、各行其是的局面,推动了创新思维、创新理念、创新模式在欧盟各成员国的落地生根。

欧盟的科技报告资源主要依托于科技项目形成,例如上述的"地平线2020计划"就形成了地平线2020系列科技报告。在欧盟科技报告的类型上,按照管理特征可以将科技报告分为不同的类型,如定期科技报告和终期科技报告,这两种报告又分别包含科技报告和财务报告，并具有统一模板，需要统一提交，这样有利于通过科技报告全方位地把握项目运行情况。定期科技报告需要在项目的某个阶段结束后 60 天内提交，其中需要说明项目的进展情况和已取得成就，是否有阶段性的交付物，需要对没有完成的工作目标做出解释，对项目阶段性的成果的传播利用情况做出描述，需要就以上内容撰写摘要并进行发布。定期科技报告具体还可以细分为定期活动报告、定期管理报告、资金分配报告等（周萍和刘海航，2007）。终期科技报告需要在项目整体完成后 60 天内提交，其中需要说明项目最终成果、成果的开发利用情况、经济社会效益等（许燕和杜薇薇，2016）。终期科技报告具体还可以分为最终活动报告、最终管理报告以及合同附件要求的任何补充报告、资金分配报告等。

在欧盟科技报告的具体呈交和验收方式上，科技报告的最终呈交在最初的科技项目合同上就有明确规定。欧盟科技项目的承担机构需要与欧盟有关机构签订详细的合同，合同中明确规定了科技报告提交的时间期间。在时间安排上，以"地平线 2020 计划"为例，项目规定一般以 18 个月为一个报告期间，可依据子项目的具体情况进行调整。在一个阶段结束后的 45～60 天内需要提交科技报告。项目管理单位依据由科技项目承担者定期提交的科技报告质量决定是否让承担者继续该项目以及是否续约。具体来说，如果科技报告通过了科技管理部门的审核，所在科技项目就可以继续，如果科技项目管理单位认为科技项目承担单位提交的报告不能达到要求，可以驳回报告让承担单位修改完善，并可以暂缓项目的执行。如果项目承担单位修改后的科技报告仍无法满足合同要求，科技项目管理单位可以终止合同。

欧盟的项目科技报告管理机制中，最值得借鉴的是项目协调员的作用。项目协调员是科技项目承担单位和科技项目管理单位之间的沟通桥梁，同时也是项目科技报告的检查和管理人员。项目科技报告的提交工作主要由项目协调员来执行，其负责检查科技报告的质量，包括内容结构的准确性和完整性，以及确定科技报告的密级。可以说项目协调员是科技报告质量保障的第一关。此外，项目协调员还要和科技报告的撰写者深入合作，确定科技报告的撰写进度，并对撰写过程进行监督。

1.4.3　中国科技报告制度

与美国和欧盟相比，在我国作为全国层面正式制度的科技报告工作起步较晚，但是带有科技报告性质、符合科技报告内涵的实践工作很早就已经开展，并且融合在我国科技系统的科技情报、科技档案工作中。此外，在我国的国防科工领域，经过长期探索和实践，也已经形成了自成体系的国防科技报告制度。

1964 年，钱学森等提出要建立中国的国家科技报告，我国科技报告工作进入探索阶段。20 世纪 80 年代，在"抢救"政策支持下，1984 年原国防科学技术工业委员会开始初步建立国防科技报告体系，并制定了一系列科技报告制度，如《国防科技报告编写规则》国家军用标准（GJB567-88）、《中国国防科学技术报告编写规则》（GJB 567A-97）、《中国国防科学技术报告管理规定》、《中国国防科学技术报告密级、期限变更办法》等（熊三炉，2008）。1998 年总装备部成立后，国防科技报告工作纳入《中国人民解放军装备条例》，授权总装备部来管理国防科技报告。2000 年我国国防科技报告体系纳入《中国人民解放军装备条例》管理，迄今共收集了十余万份科技报告。

与我国国防科技报告制度相比，我国民口的科技报告制度正处在"发展中"的阶段，主要问题集中在：很长一段时期内缺乏统一的管理机构、管理法规和管理规范，科研项目中产生的科研成果和科技资料处在零散、分散、搁置或流失的状态，科技报告的资源共享在深度和广度上尚未达到理想的状态（贺德方和曾建勋，2014）。

面对这种情况，我国科技领域的很多有识之士都在呼吁和探索建立我国的科技报告制度。2012 年在中共中央、国务院印发的《关于深化科技体制改革加快国家创新体系建设的意见》中，明确提出了加快建立统一的科技报告制度并依法向社会开放，推进了我国科技报告制度建设的进程。因此，2012 年可以作为一个节点，在此之前，我国的科技报告建设处在探索和起步阶段。从 2012 年以后，我国科技报告制度建设开始进入试点和全面开展的阶段。

自 2012 年 8 月起，科学技术部牵头部署实施国家科技报告体系建设工作，成立国家科技报告制度建设办公室，开展深入调研，制定科技报告体系建设工作方案，在科学技术部主管的科技计划中开展试点工作。2013 年 4 月科学技术部开始正式启动科技报告试点工作，颁布了《国家科技计划科技报告管理办法》，确定了在科技重大专项、973 计划、863 计划、科技支撑计划、国际科技合作计划等科技计划中全面推行科技报告撰写、呈交工作试点（张新民，2013）。按照试点方案要求，2006 年以来立项并已通过验收的科技计划项目，2013年底完成科技报告的追溯呈交工作；对于在研项目，承担单位需要将在项目实施年度进展报告、中期检查报告和项目验收报告提交过程中一并呈交科技报告；对于以后立项项目在任务合同书中载明科技报告呈交条款，结合年度进展报告、中期检查报告和验收报告一并呈交。到 2013 年底，呈交的科技报告已经达到 1 万份以上。2014 年 9 月，国务院办公厅转发科学技术部关于《加快建立国家科技报告制度的指导意见》，从宏观层面有效阐明了构建国家科技报告体系的总体要求和主要任务，明确到 2020 年建成全国统一的科技报告呈交、收藏、管理、共享体系，形成科学、规范、高效的科技报告管理模式和运行机制。2014 年以来，国家已经陆续发布了《科技报告编写规则》《科技报告编号规则》《科学技术报告保密等级代码与标识》《科技报告元数据规范》等一系列关于科技报告的标准与规范，大大提升了科技报告工作的标准化、规范化水平。

在《加快建立国家科技报告制度的指导意见》中，从横向上明确了完善国家科技报告制度的政策法规、标准规范，理顺组织管理架构，推进收藏共享服务等几方面的目标，从纵向上明确了加强国家科技报告工作统筹管理、建立地方和部门科技报告管理机制、强化项目承担单位科技报告管理责任、明确科研人员撰写和使用科技报告的责任权利等不同层次参与主体的任务。国家科技报告制度体系分为多级保障体系，在横向上由四个方面组成，如图 1-5 所示。

1）政策法规体系。政策法规是发展科技报告事业的国家意志和国家战略的体现。美国的科技报告制度发展历程显示，完善的政策法规体系是科技报告工作的重要保障。针对科技报告，不仅需要单一的专门性法规条文，而且需要科技政策、创新政策、信息政策、公共资源配置政策等多维度的综合施力。构建我国的科技报告政策体系，要考虑我国的基本国情，循序渐进开展，同时要发挥我国科技系统整合资源能力强、统一管理的优势，在涉及科技发展的政策法规、发展战略中充分体现科技报告的内容。

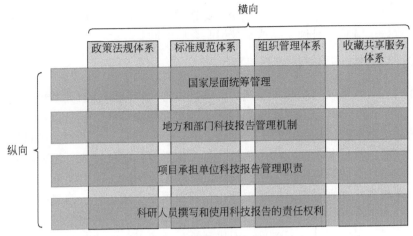

图 1-5 科技报告体系示意图

2）标准规范体系。我国科技报告工作在快速发展阶段急需建立标准规范体系，从而实现科技报告工作的标准化。标准化可以使科技报告工作形成最佳秩序，为现实问题或潜在问题提供解决方案，同时为科技报告的质量管理与评价提供依据。标准规范体系应该覆盖科技报告工作的全流程，包括技术标准规范、管理标准规范、服务标准规范、平台标准规范。考虑到我国科技报告制度建立阶段发展不平衡、不充分的状况，标准规范体系应首先确定达到质量标准的底线尺度，再以此为基准提供推荐标准和进阶标准。

3）组织管理体系。组织管理体系可以大体分为三级体系，分别为国家科技报告管理机构、部门/地方科技报告管理机构、基层单位科技报告管理机构。三级体系要明确各级各部门的相关职责，并加强级别之间的联系。建立规范的科技报告生成、提交、审核、利用机制。在每个步骤中都有相关责任主体对科技报告的质量负责。

4）收藏共享服务体系。建立科技报告体系的最终目的是推动科技报告的持续积累和共享。这主要是依靠科技报告收藏服务体系和科技报告开放共享体系来完成。在收藏服务体系中，需要做好对于科技报告存量的回溯和增量的呈交工作，并由科学技术部及其委托机构进行集中收藏和统一管理。在开放共享体系中，需要对"公开、受限、涉密"科技报告进行分类管理，需要在做好安全保密工作和知识产权保护工作的基础上，推动科技报告的共享使用，同时开展科技报告的增值服务。

1.5 科技报告与相关概念比较

科技报告是科技信息文献的一种类型，具备科技信息的复合属性和领域差异性，具有多样化的媒介形式和文本格式。从科技报告背后的制度安排看，科技报告也应纳入政府出版物和政府信息资源范畴，应维护政府信息的权威性，非保密、非敏感和非受控信息应符合政府信息公开要求，应能通过政府信息定位系统或政府信息门户便捷获取；从科技报告的利用方式来看，科技报告也具有灰色文献的特征属性，其公开范围、流转速度和利用方式与图书期刊和科技专利都有显著差别；从科技报告的产生过程来看，科技报告与科技档案具有天然联系，但在科技活动管理中承担了不同的角色，具有不同的加工与流通体系、不同的质量评价标准。此外，科技报告还可以作为一种"政府采购"产品而独立存在。这些特征与一般科技信息、科技文献或科技档案有所不同。

1.5.1 科技报告与科技信息

在国外的科技政策或信息政策表述中，科技报告和科技信息的关系较为密切，常常一同出现。20世纪60年代以前是美国科技报告制度的形成阶段，科技报告工作在总体上是纳入美国的科技政策或科技信息政策进行设计的。90年代以后，随着美国科技报告工作数字化和网络化的趋势日益明显，作为科技报告上位类概念的科技信息越来越多地与信息自由、信息安全和信息质量等概念关联出现在信息政策及相关法案和政策中。

因此，在国外特别是美国的政策表述中，科技报告一般是科技信息的一种类型。从立法和政策制定的角度看，科技报告的政策授权和法律渊源主要来源于与信息相关的政策与法律，独立的科技报告制度并不多见，而以科技信息为对象的政策和法律则非常多。在科技报告制度的研究中，有必要理解科技信息的相关法律制度。

在1945年9568号总统指令中，采用的术语是科学信息（scientific information），是指由美国政府部门或机构基金资助的，或为美国政府或机构而开发的科技信息。该指令特别提到了可发布的科技信息应该能够促进私营企业或社会经济的发展，不属于保密、受限或其他法律限制的范畴。1946年的《美国原子能法》最早给出了科技信息的近似定义，并在1954年的原子能法案修正案中得到确认。在《美国原子能法》中，科技信息在《信息控制工作》一章里被提到时，使用术语为"与原子能相关的科技信息"，是指对科技发展相关的关键思想和批评意见（ideas and criticisms），包括检测（inspections）、记录（record）和报告（report）等。

后来在美国科技报告制度中，科技信息被广泛使用，并在某种程度上指代"科技报告"作为政策的主题词使用。在美国商务部、能源部、国防部和国家航空航天局的报告制度中，都采用了科技信息（scientific and technical information，STI）术语来描述，但定义角度有所不同（表1-4）。

表1-4 美国不同机构的科技信息定义

机构	科技信息定义
国家航空航天局	主要指联邦机构的基础性科学研究、应用性科学研究、技术开发、工程研究中产生的结果，包括事实、分析和结论。STI还包括与研究相关的管理、产业和经济信息。在体裁上包括技术论文和技术报告、期刊论文、会议记录、工作论坛、会议文献和预印本、会议论文集、原始信息或者未出版的科技信息、已经或即将在公共网络上公开的信息
能源部	主要指从科学和技术研究工作以及与研究、开发或者某些特别议题（如环境和卫生保护、垃圾管理等）的调查中获得的各种信息，包括各种格式和各种媒介的信息。保密信息、解密信息和敏感信息均纳入到能源部的科技信息范畴
国防部	主要指从R&E（research and engineering）工作以及科学家、研究人员和工程师的科学技术研究工作中获得的发现和技术创新（findings and technological innovations），不论这些工作是由国防部的合同履约人、责任人还是联邦雇员完成。同时，STI也包括调查性/商业性应用活动的结果，比如实验、观测报告、模拟、研究和分析
商务部	主要是指科学家或工程师创造的基础研究或应用研究的结果，同样也包括商业或产业信息，比如经济信息、市场信息等

STI在美国政府的科技政策与电子政务表述中比较常见，而在欧美的科技文献服务体

系和专业出版商的产品体系中，科学技术与医学（scientific，technical and medical，STM）信息是一个使用更加广泛的专有名词。在科学出版领域，有时候 STM 的使用范畴超出了一般的字面意义，也包含了艺术、人文和社会科学领域。

需要注意的是，美国科技信息政策还创造了众多与科技信息相关的细分概念。如《美国原子能法》中的受限数据（restricted data）、信息公开和信息发布相关政策中的敏感但非加密科技信息（sensitive but unclassified information）、信息质量法案中的高影响力科技信息（influential scientific information）以及国家技术信息服务局服务体系中的科技信息产品等。

综上所述，在科技报告制度较为发达的美国，从一开始就是从科技信息层面来考虑科技报告的。科技报告属于科技信息的下位类和具象化，一般科技信息的相关政策制度也大都适用于科技报告。

1.5.2 科技报告与灰色文献

1976 年，《图书馆与情报学文摘》（*Library and Information Science Abstracts*）首次提出了"灰色文献"（grey literature）的概念（加小双和张斌，2016）。灰色文献概念随后在 1978 年于英国召开的灰色文献学术研讨会上被正式接受和认可，并逐渐被欧洲主要图书馆与文献机构所应用。特别是从 20 世纪 70 年代末开始，欧洲主要国家联合制定了一套面向灰色文献识别、采集、传播和利用的实施方案，并建立了欧洲灰色文献利用协会（European Association for Gray Literature Exploitation，EAGLE）和灰色文献联机数据库（严丽，2005）。此后大英图书馆、法国核能研究中心和德国的科技文献服务相关机构共同建立了欧洲灰色文献情报系统（The System for Information on Gray Literature in Europe，SIGLE），其工作对象范围与科技报告有很大重合。

相较于公开发行的"白色文献"和不公开发行的"黑色文献"，"灰色文献"介于"黑白之间"，最初被认定为既不公开发行也不是秘密的文献（花田岳美，1991），后来通常被定义为未经正常出版渠道发行的非传统文献（刘海航等，2003），是不经由常规商业渠道流通、获取难度较大的一类资料。灰色文献的读者数量相对有限，往往只是在领域内的专家之间交流，印刷总体数量也相对较少。

科技报告在一定程度上符合灰色文献的特征，因此在传统上也常被认为是灰色文献。比如美国国会图书馆将科技报告与工作论文、预印本统一作为灰色文献门类加以规范和管理，并提供统一的科技报告与标准文献的参考服务。国内一些学者还专门将"政府委托出版的科技报告"作为灰色文献的重要类型（姜振儒等，1997）。

但是，随着科技报告工作的日益规范化，以及人们对于科技报告重视程度和利用程度的提升，科技报告正在突破灰色文献的一些传统属性，可以说作为"灰色文献"的科技报告正在越来越向"白色文献"转变。比如传统定义中的灰色文献不受任何出版条例的限制，没有固定的格式，编辑不规范，书目也不完备（姜振儒等，1997），而这正是当前科技报告文献层面质量控制工作需要解决的问题；传统灰色文献的典型特征是流动面窄、难以获取，而科技报告作为科技信息资源的一种类型，为了取得更好的社会经济效益，也需要改善流通的质量；还有观点认为灰色文献具有"受控边缘性"，属于传统图书情报控制系统的边缘，容易产生无序状态（张锦，1999），但是随着科技报告制度和体系的完善，对于科技报告工作的有效控制被证明是可行和有效的。

值得一提的是，在运行 20 余年之后，EAGLE 在 2005 年决定停止运行，SIGLE 失去了其作为在线数据的主机支持（加小双和张斌，2016），但是随后兴起的开放获取运动为 SIGLE 注入了新的生机。SIGLE 转变为 OpenSIGLE，成了一个科技文献的开放获取平台。2011 年 OpenSIGLE 更名为 OpenGrey（开放灰色文献），以供公众免费获取文献及索引。欧洲灰色文献系统的这段发展历史也说明了灰色文献正从"灰色"走向"透明"。

1.5.3 科技报告与科技档案

科技报告与科技档案是内涵上重叠、属性上相似的两类科技信息文献形态，既需要相互区分，也可以互相借鉴。

相较之于科技报告，我国的科技档案工作起步更早一些。早在 1959 年我国的科研工作者和档案工作者就在技术档案工作大连会议上明确了科技档案的概念，制定了《技术档案室工作暂行通则》，统一了全国科技档案的管理思想。改革开放后，国家多个部委联合国家档案局于 1980 年召开了全国科技档案工作会议，并出台了《科学技术档案工作条例》。1987 年全国人民代表大会常务委员会第二十二次会议通过了《中华人民共和国档案法》，并在之后进行了多次修订。这些措施有力地推动了新时期我国科技档案事业的发展。由于科技档案在我国的发展相对成熟，而且拥有较为完善的实践体系、学科专业理论做支撑，因此更适合科技报告工作从中吸收营养和借鉴经验。

鉴于科技报告与科技档案的相似性，国内档案学界常常将二者置于同一范畴中论述，例如霍振礼（2005）认为美国科技档案多以科技报告形式存在，美国政府四大科技报告虽然以科技资料形式存在，但从其内容、范围、标准和管理利用方式来看也是美国最为集中和统一管理的科技档案。除此之外，美国科技报告工作在实质上与我国科技档案工作有很多相似性（加小双和张斌，2016）。

具体来说，科技报告与科技档案的区别与联系表现在以下几个方面。

1）从概念表述上看，科技档案的概念属于档案概念的下位类。档案是人们在各种社会活动中直接形成的各类具有保存价值且已归档保存的原始记录，既是历史事件的真实记录，也是经验知识的外化，因此具有重要的参考意义和凭据价值；科技档案则是人们在科技活动（如试验、研发、生产、应用、管理）形成的真实完整记录，可以反映科学研究的完整过程和全部活动，是科技信息资源的重要组成部分，同时具有科技情报价值，较普通档案能够产生更好的社会效益和经济效益（张卫东等，2012）。而科技报告是一种特殊的科技文献，它是科学研究活动的重要科学技术产物，是科技工作者对其所从事的科学研究工作过程详细记录的一种特定文献。

从二者的定义来看，科技档案和科技报告都强调了对于科研活动全过程的记录，都强调真实性和全面性，不仅记录和揭示科技活动所取得的成果，也包含取得这些成果的具体工作环节与工作细节等背景信息，同时也要包括失败的教训。当然，为了如实反映科技活动，科技档案需要收录的内容会更加全面，在内涵上超出科技报告的范畴，科技报告可以视为科技档案记录功能的重要载体之一。

2）从功能和目标上看，虽然科技档案和科技报告都实现了完整记录科技活动全过程的功能，但是长期以来，特别是在我国科技管理体系中，科技档案工作的目标主要还是关注于归档保存，发挥凭证功能；而科技报告工作的目标不仅在于保存记录，还在于报道、交流、开放和利用，这从"报告"一词的定义与范畴中就可以显现。我国档案学界的一些研究者认为，美国等西方国家并没有专门的"科技档案"表述，也没有"科技档案工作"的概念，但是美国在实际意义上是存在科技档案工作的（霍振礼，2005）。

3）从价值定位上看，科技档案和科技报告都具有双重价值属性，也就是工具价值与信息价值的统一，而且两种价值之间伴随时间发展存在着转化关系。

不论是科技档案还是科技报告，在形成之初二者的信息价值都大于工具价值。因为科技档案和科技报告中记录着最新的研究成果和进展，可以为相关研究带来参考借鉴，具有很大的情报或信息价值。随着科技档案和科技报告中涉及技术内容时效性、新颖性的减退，科技档案和科技报告的科学应用价值和内容价值逐渐降低，相反其作为历史记录的工具价值逐步增高。

从科技报告的内容属性来看，双重价值之间的转化在科技报告上表现也更为明显，因为科技报告在内容上表现出较高的技术水平，所以其受技术更新换代、效用衰退的影响也就更大。可以认为，科技报告在形成之初具有更高的情报和信息属性，而随着时间的推移，内容价值逐渐降低，逐步趋向于档案属性，其档案价值和历史价值逐步升高。

4）从内容范畴上看，科技档案的工作对象范围比科技报告更大。通过界定操作对象，可以发现科技报告更类似于狭义的科技档案，而广义科技档案中包含的日常性、事务性记录，由于科学价值较低，并不是科技报告涵盖的范畴，在科技报告的加工整理工作中，可能需要剔除这一类的无关内容，从而突出科技报告的专业价值。当然，完整科技档案可以作为科技报告的基础和补充，科技报告中的一些存疑和待查之处可以从科技档案中寻找凭证、线索或者答案。

5）从信息载体上看，档案工作的要求和广义的科技档案操作对象都决定了科技档案的信息载体更为广泛。科技档案的信息载体既有传统的文字记录，还包括了照片、音频、视频、奖章、奖杯、标本、样本、采样、仪器、设备等载体或实物。一般认为，能够反映某一阶段科技活动的信息载体，都可能纳入科技档案收集的范畴。因此我们可以看到类似于航天员的宇航服、宇宙飞船的返回舱等可能是科技档案的收录范围，但是不可能作为科技报告的载体形式。但是，在多媒体、富媒体环境下，科技报告也可在传统的纸质版、电子版基础之上，探索融入音频、视频乃至 AR、VR 技术的多样化记录、呈现和表达形式。

6）从加工编辑方法上看，科技档案和科技报告的区别在于对修订、修改的态度。从档案工作的角度出发，档案强调原始性、真实性、自然性，因此科技档案一旦形成，不能够随意修改。而科技报告的情况正好相反，从形成到呈交乃至传播的全过程中，需要经过多轮的审核和修订，以使其达到科技报告的规范要求。

当然，这并不意味着科技档案就不进行修订，相反科技档案工作在编辑加工方面仍有很多值得科技报告工作移植和借鉴之处。科技档案的研编、修订、加工主要是指科技档案管理部门对档案进行载体层面的规范化处理，这样可以确保科技档案的有序性、完备性、规范性（霍振礼和李碧清，2001）。科技信息的有效检索、获取和利用是以有效组织为前提的，因此科技报告工作可以学习科技档案在这方面的经验。

7）从对质量管理的关注点上看，科技档案主要关注的是档案的案卷质量，而科技报告在此基础之上同时关注文献层面、专业层面和效益层面的质量。科技档案管理部门一般不对档案涉及的具体内容进行评价和质量控制，但是科技报告质量管理需要关注科技报告所记载科研活动的技术水平，以及数据资料的完整性、可靠性、准确性和创新性等。

8）从形成周期和形成时机上看，科技档案和科技报告的形成周期都与科研项目的生命周期相吻合。一般小型项目的科技档案和科技报告的形成时间是 1～3 年，中型项目为 3～5 年，大型项目可长达数十年。

尽管形成周期相似，但是科技档案和科技报告的形成机制却有较大差别。科技档案是在科研项目周期中日积月累形成的，尽管最后的归档工作发生在项目结项的时间点上，但是科技档案的积累发生在日常工作中，诸多元数据项在形成过程中已完成采集。而科技报告的形成主要发生在科研项目的几个关键的时间节点上，例如项目开题阶段、中期检查阶段、阶段性任务完成阶段和最终结项阶段。因此科技档案工作主要是一个线性的连续性过程，而科技报告工作则是点线结合。

9）从管理主体和服务主体上看，科技档案管理机制并不能完全适用于科技报告的管理。首先，撰写科技报告通常不是科技档案管理人员的职责，而是需要由具有专业背景、直接参与科研项目的研究人员承担；其次，科技报告在形成和提交阶段需要经由专业层面的质量审核，而这也不是传统科技档案管理部门的职责，档案管理主要负责对文献层面的案卷质量进行控制；再次，科研单位的档案室在传统的档案管理机制设计上，主要职能是归档和保存，而传播交流职能有限，档案室也缺乏进行开放服务的资源，一般是档案室将档案呈交给更高一级的档案馆或信息管理机构之后，由档案馆或信息管理机构负责档案服务工作。而科技报告从其形成之初就要考虑其易于传播和流通的属性；最后，从服务对象上看，科技档案工作主要服务的还是科研院所和科技管理机构的内部用户，但是科技报告除了服务科技系统内的上述对象以外，还要面向社会公众提供开放服务。

综上所述，尽管科技档案和科技报告存在诸多的差异，但是在现阶段，科技报告工作可以引入科技档案管理的原理，而科技档案管理工作可以进一步承接和优化科技报告管理职能。

首先，科技报告工作可以充分学习和借鉴科技档案工作中归档的思想和原理。科技档案管理中的归档工作确保了科技活动中科研成果的"颗粒归仓"，实现了科技成果以及成功经验和失败教训的确认、入库，将一个科技项目中零散的、隐性的、碎片化的信息有序化、显性化、集中化，以免科技项目中蕴含的有价值信息随着项目的完结而丢失、遗散和遗忘。

其次，科技报告工作可以学习科技档案工作在资料组织保管方面的工作经验。我国长期以来的科技档案管理工作实践形成了许多优秀的工作传统，特别是在档案组织保管方面形成了许多有效的经验和做法。例如，设立档案室和档案归档制度，对单位内的档案资料集中保管，消除了多头保管、零散无序的问题；设计和运用科学合理的档案分类与信息组织方法，形成对资料的有效分类与聚合，从而为利用打下基础；设计和运用完善的保密制度和保管措施，确保资料的保密性、安全性，同时通过设置责任人将资料管理的职责落实到人。

再次，科技报告工作可以考虑依托于已有的科技档案管理制度开展，或是与档案管理职能机构进行充分合作。相比科技报告制度，我国的科技档案制度经过长期发展和实践检验，已经卓有成效。我国科技档案工作的优势在于国家的统一领导和统一管理，并且形成了国家规模的科技档案事业，在国家科技信息管理体系中扮演了重要角色。由于长久以来各类科研院所都普遍设立了科技档案管理职能部门，因此科技档案在科研人员中也有较强的感召力，方便工作的开展。

在制度上，科技档案工作作为科研项目管理工作的一部分，已具有一定的制度基础。例如科研单位将科技档案归档作为科研项目结项的必要环节，规定科技档案如果没有归档，则该科研项目不能结项，项目负责人也不允许申请新的项目，另外也将科技档案的归档质量与单位内科研人员考评、定级、奖惩挂钩（霍振礼和李碧清，2001），较好地实现了科技档案的质量控制。此外，档案工作普遍执行的"三纳入"制度（将档案工作纳入单位工作计划、将档案工作纳入人员职责、将档案工作纳入工作程序）都值得科技报告工作借鉴和学习。

在对于科技档案信息资源的开发利用方面，科技档案工作也具有更多经验。早在1988年国家档案局和财政部就联合发布了《开发利用科学技术档案信息资源暂行办法》，其中指出开发利用科技档案信息资源是档案提供利用工作的拓展和深化，各有关档案部门应面向科研、设计、生产和管理，面向引进技术的消化吸收及我国产品、技术的出口，积极参与技术市场和信息市场，促进横向经济联系及对外经济交流；为各级领导的计划、规划、预测、决策及可行性研究提供必要的科技档案信息。另外对于科技档案信息资源的开发利用方式、科技档案开发利用与保密、专利的关系也都有相关的规定。

正因为科技档案工作具有以上良好的基础，当前在科技系统内部推进科技报告建设时，可考虑依托或联合科技档案工作的现有机构设置和工作机制，实现科技报告制度的快速发展。

最后，通过回顾我国科技档案工作的发展历程和发展规律，可以发现科技报告制度的完善也是我国科技档案工作发展的内生倾向。从20世纪80年代以来，美国的科技报告制度一直是我国科技档案理论研究与实践工作学习的重要对象之一，在一些科研系统内部甚至直接移植美国科技报告制度，希望实现科技档案工作的转型升级。由此可见，在科技档案管理领域，具有发展科技报告制度的动力和意愿，这使得科技档案和科技报告在未来有很大的合作与整合空间。

1.5.4 科技报告与科技论文

科技论文是特定科研项目或科研工作在实验性、理论性或预测性方面取得进展与成果的记录，是在原有知识基础之上产生新突破、新应用的总结。科技论文的内容包含了科研人员对研究成果或试验探索过程的描述，并含有可信的调查数据或调研资料作为证据，还包括基于数据资料的分析验证，对于结果的总结和讨论等（刘志壮，2009）。科技论文主要用于学术会议上宣读、交流、讨论或在科技期刊上发表。

科技报告与科技论文存在一些差别：在篇幅上，由于科技期刊载体的限制，科技论文通常有一定的字数限制，而科技报告一般不受篇幅限制，可以完整详实地记录科研活动的全过程；在公开范围上，不像科技论文的完全开放，科技报告具有一定的保密限制；在评审方式上，科技论文需要遵循所发表期刊的格式要求，主要由期刊组织编审专家进行同行评议，而科技报告则需要遵循统一的撰写格式要求，并且需要经过由项目承担单位、项目管理单位、科技报告管理单位所实施的多轮评审验收；在发表时限上，科技论文要受到期刊出版周期的制约，科技报告不受出版周期制约，但是却受到项目进度的影响。科技报告与科技论文的差异如表1-5所示。

表 1-5　科技报告与科技论文的区别

项目	科技论文	科技报告
写作目的	阐述学术见解	报告研究结果
内容要求	选取与论证有关的数据，要形成观点	叙述研究工作的全过程，不要求得出结论
资料引用	可在正文中引用他人的数据	在结果中只能如实地叙述本课题的观测所得
撰写格式	无固定格式，遵循期刊要求	有固定格式
保密性	保密性较弱	保密性较强
发表时差	较长	较短

资料来源：陈信东.1990。

在科技报告与科技论文的联系方面，科技论文的内容和科技报告有一定重叠，科技论文可以衍生自科技报告，科技论文是对科技报告内容的选择、提炼、压缩、加工和报道，或是对科技报告中某一部分的抽取、细化和放大。从这一层面理解，科技论文可以视为科技报告的二次文献，而科技报告是对科技论文内容的重要补充。当然，对于同一个项目产生的科技报告和科技论文来说，科技报告并不是多篇科技论文的简单叠加，而是对于科研项目全过程的综合性、整体性记录。

1.5.5　科技报告与科技智库报告

自 2015 年《关于加强中国特色新型智库建设的意见》发布以来，科技智库作为新型智库体系的重要组成部分，在国家科技战略、规划、布局和政策等方面开始发挥重要作用（白春礼，2015），正成为我国高质量科技信息产品的重要提供者。智库工作的本质就是在应用情境中产生知识（Gibbons et al.，1994），输出专业知识产品与思想（Rich，2004）。这与科技报告来源于科研活动场景的特征类似。而智库的知识产品类型多样，包括报告和书籍、刊物、文章和简报、备忘录、证词、新闻报道和评论、多媒体内容以及各类活动等，其中各类出版物占到了很大比重。国外很多顶尖的科技智库都具有高质量的科技报告产品，如日本科学技术政策研究所的 NISTEP 报告，欧洲联合研究中心的年度报告等。在我国，由科技智库产出的科技报告产品属于刚刚起步的新生事物，但是可以预测科技智库报告将有助于拓展科技报告的内涵、丰富和充实国家科技体系、提升科技报告的档次和影响力。

在实践层面，科技智库报告与传统科技报告具有相似之处，包括研究议题和研究内容的知识密集性、研究分析的科学性和专业性、撰写人员以科研人员为主、运用专业知识和科学工具等。

而当前科技智库出版物与科技报告的主要区别在于：相对于科技报告完整、系统记录科研全过程，科技智库出版物强调对已有数据信息的高度加工和提炼，提供具有洞察力的成果发现；科技报告的服务对象主要是科研群体、科研管理部门，而科技智库出版物面向社会公众起到教育和宣传的作用。更重要的是，科技智库产品具有更强的政策指向，期望面向决策层施加影响力，影响政策制定和政策走向。因此，由科技智库产出的科技报告更多的是充当科技信息与科技政策之间的桥梁。

需要注意的是，智库报告在各类信息产品中质量较高，得益于各类智库具有一系列完善的信息产品质量保障与控制机制，这也可以为科技报告质量管理特别是专业层面的质量控制提供参考。如美国兰德公司从 1997 年开始就公开发布了其知名智库"高质量研究和分析标准",并经过 1999 年、2003 年、2009 年、2015 年的多轮修订,形成现在的版本(表 1-6)。

表 1-6　兰德公司"高质量研究和分析标准"

序号	标准
1	详细规划,明确研究目的
2	详细设计并执行研究方案
3	对相关研究进行调研分析
4	数据和信息应该具有时效性
5	假设应当明确合理
6	研究结果应当包含对知识的整合,并与重要政治事件相关
7	启示和建议应当具有逻辑性、合理性,分析深入并包含适当说明
8	文档应当准确可理解,并具有清晰的结构和适当的语气
9	研究应当具有说服力和可用性,并影响决策者和利益相关者
10	研究应当客观、独立、公正

资料来源:肖舒文等,2016。

　　国内有学者对当今世界典型智库的产品质量控制方式进行了研究,认为智库产品的质量控制手段体现在以下几个方面(宋忠惠等,2017):①在选题阶段,需要根据现实问题和现实需求出发,以问题为导向,展开有针对性的研究;②在团队组织阶段,需要注重团队成员的研究能力和实践经验,同时考虑学科背景、学历、年龄等因素的合理配置;③在研究实施阶段,需要注重数据资料的准确性和全面性、确定研究计划和研究方法、明确研究项目的节点。以上的质量控制手段主要和项目管理有关。而智库产品评议阶段的评价标准更值得科技报告借鉴,包括智库输出产品是否通俗易懂、结构清晰、表达明确,研究方法、研究过程、数据是否可靠,研究结果是否经得起验证等。

第二章 科技报告质量总论

本章内容从介绍科技报告质量的上位类概念入手，分析了质量、科技信息质量的内涵。在此基础上提出了科技报告质量的三个组成部分，即文献层面质量、专业层面质量和效益层面质量。在我国初步建成科技报告体系的关键时期，更需要严格控制科技报告质量，建立相关的保障制度和配套措施，从而为后续建设打下坚实基础。为此在分析科技报告质量内涵的基础上，本章还概述了科技报告质量保障的两个关键问题：科技报告质量管理和质量评价，分别论述了其内涵、基本框架、组成部分和实施过程等，从而形成对科技报告质量工作的基本认识。

2.1 科技报告质量内涵

2.1.1 质量的内涵

（1）质量的定义

"质量"是事物的本质特征之一，是质量管理的主要对象。从不同的角度出发，质量具有不同的描述方式：20 世纪著名的质量管理专家朱兰（Joseph Juran）从用户的角度出发，认为产品质量就是产品的适用性，也就是用户在使用产品时感受到需求被满足的程度（Juran，1967）；被誉为"零缺陷之父"的质量管理专家克劳斯比（Philip Crosby）从生产者的角度出发，认为质量可概括为产品符合规定要求的程度（Crosby，1989）；管理学大师德鲁克（Peter Drucker）认为质量就是满足需要；菲根堡姆（Armand Vallin Feigenbaum）认为产品或服务质量是指研发、制造、市场、维修活动中各种特性的综合体（Feigenbaum，1961）。国际标准化组织制订的国际标准《质量管理和质量保障：术语》（ISO8402：1994）将产品质量定义为产品反映实体满足明确和隐含需要的能力和特性的总和。我国国家标准（GB/T19000-2008/ISO9000：2005）将质量定义为一组固有特性满足要求的程度。

上述定义尽管表述不同，但是都体现了质量内涵的两大标准：其一，使用要求；其二，满足程度。人们使用产品或服务，会对结果表现出一定的期望，而这些期望往往受到使用时间、使用地点、使用对象、社会环境和市场竞争等因素的影响，从而使人们对同一产品或服务提出不同的质量要求。因此，质量不是一个固定不变的概念，而是具有动态性、相对性、可比性。动态性是指质量要求随着科学技术的发展和用户要求而改变；相对性是指为了适应环境，质量往往具有一定的达标要求；可比性则是指质量往往具有等级性与可评估性。

（2）从产品或服务本身理解质量

从产品或服务本身的特性角度来理解质量，主要是考察产品或服务载体本身的技术性或物理化特征，需要依靠客观标准，如对精度、准确性的测量等。有时还需要考察产品或服务作用于心理方面的质量特征，尤其涉及艺术、知识、时尚、体验时，质量具有相对的个性，比如心理感觉、审美价值、适用性体验等；有时质量还涉及时间维度，及时性、稳定性、可复原性、成本费用等用于描述质量。当涉及安全与风险时，规避成本、风险以及维护成本用于描述质量属性；当产品或服务涉及社会公共特征时，描述属性则更加隐蔽和定性，如法律法规的适用性、环保倾向、社会伦理规范等。

此外，产品或服务的一项重要质量描述标准就是"满足要求的程度"，要求将产品或服务的固有特性与用户要求进行比较。这里的"要求"可以是明示的或表达的，也可以是隐含的或可感知的，或者是默认必须履行的需求或期望，如组织惯例、社会习俗、法律法规或行业规则等。

从产品或服务本身特性维度出发，典型的质量描述方式为层级式描述体系。例如，产品质量可分为性能、可信性、安全性、适应性和经济性六个维度；服务质量可分为功能性、经济性、安全性、时间性、舒适性和文明性；软件质量可分为性能、安全性、可靠性、保密性、专用性和经济性等。

（3）从产品或服务使用者/感知者角度理解质量

从产品或服务使用者/感知者的角度看，质量是用户对产品或服务满足需求程度的度量。这一视角跳出了有形产品质量的概念模式，从用户角度理解质量，认为质量是一个主观概念，它取决于用户对质量的期望设想同实际体验到的产品或服务质量水平的比较。如果用户感知到的质量水平高于期待的质量水平，那么用户会获得较高的满意度，从而认为产品或服务具有较高的质量。

产品或服务使用者/感知者通常从可靠性、回应性、保证性、关怀性、有形性等方面对质量进行主观评价：①可靠性包括了可信度和一致性，即生产者或服务人员能可靠且正确地提供所承诺的产品或服务；②回应性是指生产者或服务人员能够帮助用户并及时提供产品或服务的意愿；③保证性是指生产者或服务人员具有专业知识、有能力并获得用户的信赖；④关怀性是指生产者或服务人员能给用户提供关怀与个性化的照顾；⑤有形性包括产品实体、服务人员的形象与提供服务的工具和设备（刘耘，2006）。

（4）从产品或服务提供者角度理解质量

从产品或服务提供者的角度看，质量的宗旨就是要经过不懈努力来尽可能好地满足用户的期望。这其中涉及三方面的要素：①"不懈努力"代表持续改进观念，即质量评判具有一定的相对性，一般不存在绝对质量标准或最高质量标准，但具有最低质量要求；②"尽可能好"代表零缺陷、预防观念和标准化观念，即最大努力原则，在现有能力或资源约束条件下能够达到的最佳的水平，或应该规避的明显失误，既体现产品或服务的努力方向，也体现产品生成或服务实施过程中的努力水平；③"满足用户的期望"涉及用户观念与用户目标的满足，体现了产品或服务的效益水平。

因此，从产品或服务提供者角度，质量内涵释义如图 2-1 所示，包含了质量标准、过程最优与效益最大化三大要素，既包含对属性或产出进行评估的结果，也包含对状态或过程优劣的评判。

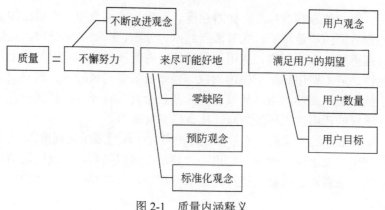

图 2-1　质量内涵释义

2.1.2　科技信息质量的内涵

科技报告属于科技信息资源的一种，是科技信息的重要表现形式。长期以来，许多科技报告质量指南均以信息质量要求作为参照，而信息质量特别是科技信息质量判定指标已经具有明确的法律政策规范做约束。

以美国为例，1995 年美国国会修订的《文书削减法》（Paperwork Reduction Act）提出，首席信息官(chief information officers，CIO)需要向美国白宫管理与预算委员会办公室（The Office of Management and Budget，OMB）说明其组织为保证信息质量，怎样运用新的信息技术使成本最小化并确保信息具有较高的质量（Noe et al.，2003）。从 2001 年开始，美国对政府发布的信息质量明确立法，要求联邦机构各部门建立各自的信息质量评估指标和原则，并报 OMB 备案。此后美国于 2001 年发布了《信息质量法》515 条款保障和提高联邦机构发布信息的质量。随后美国又于 2002 年发布了《确保和最大化联邦机构发布信息质量的客观性、有用性和完整性的指南》，作为《文书削减法》的附则，将信息质量保障提升到战略高度，并对各指标进行了详细解读和操作性定义。

根据美国《信息质量法》对信息的质量要求，公开发布的信息需要符合客观性（objectivity）、有用性（utility）和完整性（integrity）三项质量要求，其具体内涵如表 2-1 所示。

表 2-1　美国《信息质量法》三项指标

一级指标	二级指标		指标说明
客观性	表达形式	准确、清晰、完整、公正、合适形式	准确、清晰和完整；是否具有偏见和歧视；信息是否在一个恰当的背景下传播
	实质内容	准确、可信、公正	数据源和支撑信息必须标明来源；分析结果是利用可靠的统计和研究方法推理而来；当合适时，数据应该有充分的，准确的，透明的说明；应该有数据说明过程；如果数据和分析结果已受到正式的、独立的外部同行审查，则信息推定为是可接受的客观性；向有授权的第三方展示资料是否有重复性、高透明度；确定大部分分析结果能够被再现

续表

一级指标	二级指标		指标说明
有用性	直接有用性	—	有帮助的、有益的、对于潜在用户可服务的
	间接有用性	评估、说明和解释性报告	作为过程信息对于传播有用信息具有显著作用，使得它们更加易读、易理解或易于获取
完整性	信息安全	—	主要指对来自未被授权的数据录入、使用或者修正的信息的保护，保证信息没有受到伪造行为的危害

1）客观性。它涉及两个方面的内容：表达形式和实质内容。表达形式包括是否以准确、清晰、完整、公正的方式和合适的形式传播信息。这涉及信息是否是在一个恰当的背景下传播的。内容层面则关注信息是否准确、可信和公正（宋立荣和彭洁，2012）。在科技信息中，数据源和支撑信息必须标明来源，并且分析结果应该是利用可靠的统计研究方法推理而来。因此，公众能够评估所获取的开放信息是否具有客观性。如有可能，应尽可能提供充分的、准确的、透明的数据文件，并告知公众影响数据质量的相关因素。客观是一种相对标准，美国《信息质量法》要求信息在可接受范围内是可靠的和准确的，但同时也要考虑的信息的重要性、目标用户、时间敏感性、持久性期望、与机构使命的关系、信息发布的情境、资源需求等因素之间的平衡。

2）有用性。主要指信息对于用户来说是有用的、有帮助的、有益的和可服务的，能够满足用户的需求。信息的透明性将大大增强信息的有用性，应该确保能获取更丰富的背景和细节信息，以达到信息利用的最大化。

3）完整性。主要指对来自未被授权的数据录入、使用或者修正的信息的保护，确保信息没有受到伪造行为的危害。

除上述三项基本指标外，对于科技信息的质量判定来说，可复性和透明性也是重要的指标。可复性（reproducibility），是指信息依据其重要性和误差的可接受程度能够被大幅转载，且意味着该信息能够独立于原始数据或支撑数据而存在；同时，能够使用完全不同的研究方法得到相似的分析结果，且该结果在信息误差容错范围之内。透明度（transparency）是可复性的核心。如果在每一个研究过程信息足够透明，那么研究结果就满足可复性标准。透明性和完全可复性是展示科研结果的重要因素。

2.1.3　科技报告质量的内涵

关于科技报告质量的概念，有观点基于用户满意度视角，认为"科技报告质量"是科技报告满足相关项目任务的需求，达到项目目标的程度。也有观点从信息的客观属性如完整性、准确性、及时性等角度评判科技报告质量。同时，也有观点从质量控制过程的角度来审查科技报告质量。科技报告质量目前没有特定的质量评判标准，不同的项目特征与报告类型会有不同的质量要求，需要从不同的层次及维度加以考虑。

科技报告的多元价值决定了科技报告具有复合属性：既具有报告文献的有形载体属性，也具有知识和技术的内容属性，还具有服务和利用的感知和效用属性。这也决定了科技报告质量的内涵至少由三个层面构成：①对于有形载体属性：可建立类似产品质量体系的描述性的、具体而清晰的质量评价指标（产品属性的质量描述），主要由报告生产者控制、管理部门监督，可以称为文献层面质量；②对于内容属性：主要依靠学术标准规范和同行评议，可以称为专业层面质量；③对于感知和效用属性：需要事后分析，主要由科技报告管理和服务部门评估，可以称为效益层面质量（图 2-2）。

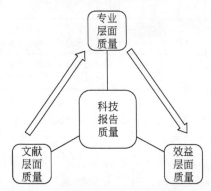

图 2-2　科技报告质量内涵示意图

在具体评价时，文献层面主要评价科技报告的格式、技术标准及文本规范；专业层面主要评价科技报告的专业层次的质量，包括创新性、准确性及客观性等维度；效益层面主要评价科技报告的经济效益及社会效益。

2.1.4　科技报告质量的作用

科技报告是国家重要的基础战略性资源要素，其质量的高低不仅能够影响相关科学研究工作，同时对国家科技资源积累有一定的影响作用。高质量的科技报告无论对理论研究还是应用研究都有很好的助力作用，而低质量的科技报告不但会造成科技资源浪费，而且还可能起到误导作用。在我国初步建成科技报告体系的关键时期，更需要严格控制科技报告质量，从而为后续建设打下坚实的基础。

（1）科技报告质量是科技资源持续积累的前提

科技报告体系建设的一项重要目标就是实现科技信息资源的持续积累，为支持科学研究工作提供科学技术支撑，促进基础研究与前沿高新技术的研究与发展。依据 Weinberg 报告确立的"有用必保存"原则，高质量的科技报告是一国重要的战略性科技资源与科技资产，如不加以系统保存与利用，将造成科技资源的闲置浪费或价值流失。从国际经验来看，欧美发达国家之所以在科技领域持续领先，与其所积累的丰富的科技报告资源也有一定关系。科技资源持续积累的前提是保证科技资源的质量，从而保证国家战略科技信息资源根基的牢固。

（2）科技报告质量是实现科技信息交流传播的关键

高质量的科技报告本身集成了相关领域内先进的理论方法和实践创新，通过再次传播交流可以产生更大的效益。高质量的科技报告是科研成果的重要载体，是科研人员相互学习交流的重要媒介，对于科研人员而言，是很好的参考资源。目前科技报告是国家研究计划项目的科研产物与交附物，不仅是优秀成果的载体，而且形成了可观的资源规模，确立了相对明确的产权归属。鉴于科技报告本身具有出版周期短、技术属性强等特点，对于科技报告质量的保障就显得更加重要。

（3）科技报告质量是科技成果转化应用的保障

科技成果转化一直是科技发展与创新驱动战略中的重要环节。衡量科技成果转化的核心指标是科技成果的转化率，特指技术成果的应用数与技术成果总数之比，反映了科技成果社会价值的总体特征。高质量的科技报告有利于提高技术成果的应用数和转化率。在我国实行创新驱动发展战略的背景下，建立高质量的科技报告体系，将有效促进科技成果转化，从而推动科技创新。

2.1.5 科技报告质量的影响因素

在科技报告工作实践中，有很多因素会影响到科技报告各个层面的质量。例如，各参与主体人员缺乏对科技报告重要性的认识；缺乏对科技报告提交、管理、利用以及有关知识产权归属和保护的政策环境；科研管理部门、信息管理部门、项目承担单位之间缺乏有效的合作和信息共享机制；缺乏有效的激励机制而导致科研人员和科技报告收藏服务部门没有工作热情。

通过考察科技报告的工作流程和承担主体的实际情况，可以将科技报告质量的影响因素归纳为五个类型：规范因素、态度因素、激励因素、机制因素和系统因素。

（1）规范因素

规范是指与科技报告相关的标准、法律法规、规章制度以及处理各种复杂关系的准则。科技报告的格式、密级的设定、使用受限范围的设置、对专利信息和技术秘密的标记、加工整理工作都需要依据一定的标准和准则。如何确定知识产权的归属及其保护工作也应有清晰的准则。各科技计划体系对科技报告的提交、管理也应遵循相应的规章制度。

（2）态度因素

主要是指各科技报告参与主体人员对科技报告工作的认识和态度。科技报告制度在我国尚未形成统一的体系，导致部分人员忽视对科技报告的撰写、监督、评估、验收和开发利用，甚至认为科技报告加重了他们的工作负担。

（3）激励因素

主要是指科技报告工作给利益相关人员带来的激励或者制约。科研人员可能会出于对本人或者单位知识产权的保护，而将科技报告的密级划分过高、使用受限范围划分过窄、专利和技术秘密标记范围过广，从而导致科技信息流通和共享受阻，违背撰写科技报告的初衷。撰写人员可能因为科技报告与本人的科技产出统计、成果奖励、职称考核没有关联，而草草撰写了事，大大降低科技报告的质量和价值。而科技报告收藏服务部门也许因为科技报告的加工、整理、利用工作无法带来额外收益，而将存储的科技报告闲置，不去深入挖掘其价值。

（4）机制因素

主要是指科技报告工作有关部门、机构、人员的设置、协调和合作机制。很难想象如果项目承担单位没有科技报告联络人，如何生产出符合要求的、高质量的科技报告。科研管理部门、信息部门、项目承担单位之间如果缺乏有效的合作、监督和信息共享机制，也无法保障科技报告工作在良好轨道上运行（高巍和李玉凤，2017）。

（5）系统因素

主要是指因科技报告系统建立而本身存在的制约科技报告质量的因素。生产出高质量的科技报告需要科研人员投入更多的时间和精力，也加大了部门/地方科技报告管理中心的工作量。如何在促进公开科技报告最大程度上得到利用的同时，严格控制非公开科技报告的交流使用也是一对矛盾。但是，只要科技报告的质量得到保证，效用和价值得到发挥，各参与主体因此而获得收益和回报，就能够提升科技报告质量保障的动机。

表 2-2 列出了科技报告质量的影响因素及具体说明。

表 2-2 科技报告质量主要影响因素

影响因素	说明
规范因素	项目承担单位与科技计划管理部门对科技报告的内容理解不一致
	科技报告格式不符合要求
	设定的密级不恰当
	使用受限范围设置不恰当
	对专利信息、技术秘密的标记不恰当
	知识产权归属不明确
	科技报告的加工整理工作没有统一的标准
	国家科技信息资源积累、管理、共享的政策法规不完善
	各科技计划体系对科技信息、档案的提交和管理要求不一致
	有关知识产权归属和保护政策不完善
	没有相应的标准体系指导科技报告各环节的工作
态度因素	科技报告格式不符合要求
	项目承担单位没有科技报告联络人
	项目承担单位对科技报告的审核工作不到位、走过场
	存储的科技报告被闲置，价值没有深入挖掘
	科技报告传播渠道不畅通
	科研管理部门忽视对科技报告的监督、评估、验收、开发利用
	科研人员忽视科技报告的撰写（显性和隐性知识的综合利用）
	科技报告工作并未被真正纳入科研管理程序
激励因素	设定的密级不恰当
	使用受限范围设置不恰当
	对专利信息、技术秘密的标记不恰当
	科技产出统计、成果奖励、职称考核机制不完善

续表

影响因素	说明
机制因素	项目承担单位没有科技报告联络人
	科技报告传播渠道不畅通
	各科技计划体系对科技信息、档案的提交和管理要求不一致
	科技报告工作并未被真正纳入科研管理程序
	科研管理部门、信息部门、项目承担单位之间缺乏有效地合作、监督和信息共享机制
系统因素	科研人员工作负担过重
	部门/地方科技报告管理中心审核工作量过大
	在促进公开科技报告最大程度上得到利用的同时，严格控制非公开科技报告的交流使用，加大了难度
	科技报告传播渠道不畅通

2.2 科技报告质量管理

2.2.1 科技报告质量管理的内涵与框架

正因为科技报告质量具有以上诸多重要作用，并且受到很多因素的影响，因此需要对科技报告质量进行有效的管理控制。

在科学事业发展进程中，科学研究质量一直依靠科学家的"科学精英精神和自我批判主义的传统"维系（EPA，2003）。但随着科技活动范围的拓展和研究规模的扩大，大量国家投资的科技研究并没有产生预期的效果，科研创新力匮乏，科技成果质量不高，成为全球科技活动的"通病"。加强科技质量监督，提升科技成果质量，成为当前科技活动的必然趋势。如前文所述，科技报告是科学家科学研究成果的重要形式之一，也是国家监督、规范和评价科学家科研活动的重要方式，是建立国家监控、合理开发、有效流转的科技成果管理机制的重要评估对象（裴雷和孙建军，2014）。因而，科技报告质量管理也是科技报告制度体系建设的重要组成部分。

在我国过往的科技报告工作实践中，科技报告在生产和流动过程中缺少类似学术论文的评审机制；科研人员按要求完成报告后由承担单位审核提交，而其后相关科研管理部门和收藏部门缺乏对科技报告内容审查的资质和资源；由于科技报告发布周期短、对时效性要求高，因此传统学术出版物评审机制对于科技报告也并不完全适用。

因此，探索建立一套专门针对科技报告的质量管理与评价机制成为科技报告体系建设的重要内容。国际标准化组织将"为满足质量要求而使用的操作技术和活动"定义为质量控制。本书将确保科技报告符合有关质量控制标准和规范而采取的改进活动统称为质量管理。具体到科技报告上，科技报告质量管理是通过监控科技报告形成的过程，为消除科技报告形成过程中所有引起不合格或未达到标准的因素而采取的相关措施和活动，其最终目的是得到较高质量水平的科技报告。

科技报告质量管理框架主要由质量管理对象、质量管理主体、质量管理过程等要素组成，并体现了科技报告的质量内涵（文献层面质量、专业层面质量、效益层面质量）主轴

（图 2-3）。

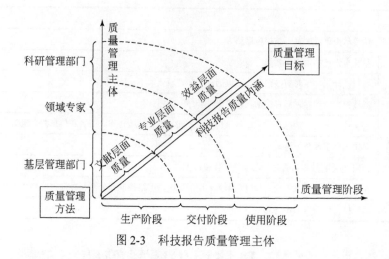

图 2-3　科技报告质量管理主体

2.2.2　科技报告质量管理的对象

狭义的科技报告质量管理对象是科技报告本身（科技报告作为文献形态）；而广义的科技报告质量管理对象不仅包括科技报告本身，也包括与科技报告的组织、撰写、制作、管理和服务相关的活动或客体，涵盖科技报告工作的全过程。

（1）科技报告文本

科技报告实体文本是科技报告质量管理的实体管控对象。在质量管理前期工作中，首先，应该建立科技报告分类体系与学科分类体系、主题词表体系之间的映射，整合科技报告资源；其次，建立科技报告分类与序列号分配制度。目前我国的科技报告序列号，采用产生来源与时间相结合的分类编号特征，更接近于记录号的概念，并没有完全揭示科技报告的内容或主题特征。因此可考虑开发具有报告特征的多维分类标引办法，如学科分类号、类型分类号等。

（2）科技报告组织与撰写活动

科技报告的组织与撰写活动的质量管理主要关注科技报告撰写是否具有严谨性与学术规范性，有无外包、违法使用数据的情况，以及相关撰写活动的合理性与规范性。其中合理性是指撰写活动是否在科技活动的规范允许范围之内进行，以及科技报告撰写人员的活动或行为是否达到相关质量控制标准。

（3）科技报告出版审查与质量评估

科技报告作为一种非正式出版物，需要接受出版质量审查，但是科技报告的出版审查流程相对较为简单，成本相对较低，一般多采取作者自查与出版机构官方审查相结合的办法。

（4）科技报告的公开与发布活动

科技报告的公开与发布是指将形成的信息产品发布进入公共领域，并对社会公众产生影响。科技报告发布之后，应对科技报告可能存在的瑕疵，提供相应的补救手段，比如实施撤销申请或 RFC 制度。

典型的信息更正申请（request for corrections，RFC）制度源自美国的政府信息公开制度，是指当公众或读者意识到已发布信息中存在明显错误，并能提供足够的错误举证时，信息发布机构有义务更正信息。原则上科技报告发布机构也应设置 RFC 制度，比如 NTIS 就设有 RFC 受理专员。此外，NTIS 还设有虚假、浪费、滥用信息受理机构，专门处理虚假、浪费、滥用或使用不规范的信息。

此外，对于科技报告公开和发布的形式与流程也需要加以规范管理，因为科技报告的公开形式、交付形式也会影响到科技报告的整体质量。以美国为例，美国政府十分注重信息公开的形式和流程，对信息的公开具有严格的定义，比如发布（dissemination）是指机构发起或支持的面向公众的信息传播。信息发布不包括政府雇员或者是政府合同商与承包商的信息传播，不包括机构内或机构间的政府信息利用和共享，也不包括个人之间的相互信息交流、出版发布、档案提交、公共文件、传票或裁决文件等。

2.2.3　科技报告质量管理的主体

科技报告的质量管理主体并非独立机构或者单一机构，而是根据管理对象、管理阶段的不同对应于不同的质量管理主体。具体来讲，涉及报告撰写者、基层的科研项目承担单位、部门/行业/区域/地方层级的科研项目管理单位以及国家四个层次。报告撰写者是质量自控主体，应掌握科技报告的标准撰写格式和质量要求，自觉对照完成科技报告撰写，撰写过程中，秉持学术道德规范，保持学术严谨；机构层面的质量管理中，机构部门不仅需要保持与上级机构质量管理规范或政策标准的一致性，而且需要负责所属层级的科技报告，对其进行质量监督和指导。

如图 2-3 所示，文献层面的质量管理主体主要是基层管理部门，他们依据相关标准对科技报告的格式等进行规范性审查，以确保科技报告符合一定的质量要求。专业层面的质量管理主体为学科及领域专家，专家不仅需要具备科技报告涉及学科的专业知识，还需要有相关跨学科的知识储备，同时需要具有较好的学术口碑和学术权威。因此对于专家的选择以及专家评议的管理也至关重要。效益层面的质量管理主体主要是科研管理部门，负责对科技报告的使用情况和效益指标进行评价和反馈。而在开放式创新环境和开放科学环境下，对于科技报告使用阶段的质量管理，可以越来越多地引入企业、社会组织、社会公众等更加多元化的质量管理参与者。最后在国家层面的质量管理上，职能机构主要负责顶层制度设计，制定和科技报告质量相关的政策、制度、规范和行动准则，统筹协调下级科技报告管理主体进行质量管理活动，监督有关标准规范的落实情况，并对执行情况进行评估。此外，国家级质量管理主体除了担任监督者，也要承担一些功能的执行，例如提供国家层面统一的科技报告存取服务等。

质量管理主体的任务、职责和质量管理工具如表 2-3 所示。

表 2-3　科技报告质量管理主体及其任务与职责

层级	质量管理任务与职责	质量管理工具
项目承担者	科技报告撰写，科技报告格式自查，科技报告文摘数据和管理元数据呈交、数字版科技报告提供	学术规范、通用规范、自查指南
项目承担单位	监督和管理项目承担者撰写科技报告，进行科技报告的格式审查和保密审查，组织科技报告的同行评议等质量审查，做好科技报告档案管理和备案，汇总采集科研报告质量和管理信息	同行评议，章程报告审查表格，科技报告相关信息资料采集系统
部门和地方科技报告管理办公室	确保科技报告的规范和质量要求，指导本区域或本部门的科技报告撰写与提交，跟踪与评价科技报告质量，评价科技报告承担机构与责任人的科技信用，建立领域或区域科技科研信用系统，建立区域科技报告督导和培训体系，编写科技报告手册，督导科技报告，内容审查实行科技报告格式复审	标准规范，同行评议流程，科技报告质量指标体系，科技报告手册，科技报告审查，科技报告库和管理信息系统，科技信用体系
国家科技报告管理办公室	国家科技报告法律法规制度和标准规范的起草与改进，各部门科技报告工作实施进度的检查监督，科技报告统一存取服务，科技报告效益评估与质量报告	法律法规，制度规范，科技报告库的统一存取服务

2.2.4　科技报告质量管理的实施

科技报告的质量管理过程可以按照科技报告的生产流通过程分为生产阶段、交付阶段和使用阶段三个环节。科技报告的质量管理是全过程的质量管理，对于文献层面质量、专业层面质量、效益层面质量的追求贯穿始终。科技报告从撰写人员到项目团队、科研项目承担机构、科研项目管理机构，再到科技报告收藏和服务机构，最后面向社会公众，每一环节都可以理解为上一环节的用户，每一环节的质量管理主体都要做好本环节的质量控制和产品交付，从而形成科技报告产品质量管理工作的有序衔接和持续改善。

据此可以构建描述科技报告质量管理基本过程的"滚雪球"模型，如图2-4所示。

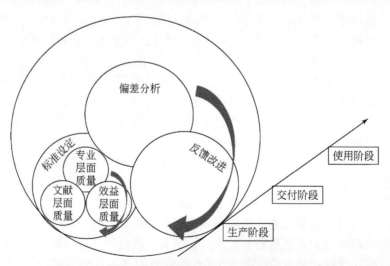

图 2-4　科技报告质量管理基本过程的"滚雪球"模型

在微观层面，在科技报告质量管理的每一环节都需要保障文献层面、专业层面和效益层面的质量。而这种质量标准是通过中观层面的三个基本步骤来实现的：第一步，设定质量控制标准；第二步，将实际完成情况与标准对比后进行偏差分析；第三步，评价结果并进行反馈改进。

（1）标准设定

标准设定是为了检查和衡量科技报告及其结果（包括阶段结果和最终结果）是否规范。设置一定的检验标准是保障科技报告质量管理工作顺利开展的基础，是衡量、控制质量偏差以及进行修正的依据。推进科技报告质量管理工作首先要选择衡量科技报告质量的各项指标和标准，设定标准时应注意：质量标准应该明确具体、实事求是，不同的质量管理对象、质量管理内容相应的质量标准也会有所差异。

（2）偏差分析

偏差分析是根据已经设定的质量标准对科技报告的实际完成情况和进程进行衡量，并确定期望标准和现实进展之间存在的偏差。偏差是科技报告质量标准与真实结果的差距，需要认识到偏差是不可避免的，但是偏差需要在一个可接受的偏差范围内，如果偏差显著超出这个范围，就是不能接受的，相关工作人员就要对此进行分析、修正。当对科技报告完成情况的多个维度进行衡量时，偏差分析过程就比较复杂。如果所有比较结果都指向同一个方向，那么解释就相对一致。当一些比较结果不一致或者矛盾时，需要根据比较结果判断得出合适的结论。

（3）反馈改进

评价结果并采取行动是整个科技报告质量管理过程中最为重要的环节。对于偏差分析的结果，需要依据偏差的量级和重要性进行评估，从而选择适当的改善措施。

2.3 科技报告质量评价

科技报告质量管理过程是一个闭合的循环，应包括持续的质量反馈与质量改进。而从质量标准设定到质量反馈改进的重要中介就是质量评价。科技报告质量评价主要依据质量管理相关理论，通过分析科技报告质量管理流程、主体质量需求构建质量描述框架，并参照国外科技信息质量评价指标体系而构建出我国科技报告质量评价框架。

2.3.1 科技报告质量评价的内涵与框架

科技文献的产生和传播过程具有漫长的自我批判主义传统，由于自我批判主义的存在，维系了科学的标准，保护了科学的多样性，也推动了基础科学的发展。

科技报告的评价是科学评价的重要组成部分。狭义的科学评价主要是对于科学研究活动有关的人事物等进行的评价，包括科学出版物、科研机构科研工作等一系列评价（文庭孝，2008）。科研活动的贡献以成果产出的形式衡量，科技报告就是将科研活动的贡献展现出来的一种方式，同时由于科技报告具有完整性、及时性、实用性、保密性、规范性等特征，对科技报告的评价和常规的科学评价有区别，也不同于一般的期刊和科技论文评价。从科学评价角度，可以将科技报告评价理解为围绕科技报告成果的学术价值与利用水平开展的评审、评论和评估。

科技报告质量的监督、审查和评估形式不同于传统的论文，也不仅仅局限于科学共同体内部，而是加入了政府管理部门、社会部门、社会公众等不同的评价主体。但是，科技报告质量评价在很大程度上也继承和沿袭了科学评价的一些传统。

本书认为科技报告质量评价不仅是针对静态的科技报告文本评价，同时它也是一个动态的过程，以科学研究活动为基础，依据相关的评判标准与方法，对科技报告工作全流程的质量进行判别评价，既有过程评价也有结果评价。在评价的流程上，对科技报告质量评价，首先应有一定的评价评估标准；其次应建立完善系统的科技报告评价指标体系，实现科技报告质量评价的规范化与科学化。在评价的作用上，科技报告质量评价是对科技报告形式与内容质量的一种规范，是对科技报告承担单位与撰写工作人员的一种约束和激励；同时有助于规范科研活动与加强科技项目质量管理，提高科研效率与科研效益。

"科技报告质量评价"的内涵可以概括为两个方面：①科技报告学术质量评价；②科技报告效益评价和成果转化评价。前者是后者的前提和基础，对应着科技报告质量内涵中文献层面质量和专业层面质量。在进行科技报告学术质量评价时，主要围绕科技报告的形式规范和内容价值开展评审、评论和评估。落实到我国科技报告体系的建设进程，面对我国科技报告质量管理与规范控制的急切需求，应首先从设计和实施系统性的科技报告质量评价制度进行切入。而在评价活动中，需要从面向科技报告形式和内容的学术评价着手，从源头上规范和改善科技报告的质量。进而随着科技报告进入传播流通环节和应用领域，再进行效益层面的评价。

科技报告质量评价体系框架一般有四种类型：结构框架、内容框架、层次框架和操作框架。

结构框架采用全面质量管理思想，建立"流程—机构"二维框架，其中横行是科技报告流通流程，纵列为科技报告质量评价涉及的利益主体。以专题科技报告为例，其结构框架一般包括科技报告的计划、撰写、审查、呈交、交流五个阶段，科技人员、项目承担单位、科技管理机构和科技报告服务机构四类利益主体，由此形成了相应的质量控制单元（表2-4）。

表2-4　专题科技报告质量评价体系结构框架

层级	计划阶段	撰写阶段	审查阶段	呈交阶段	交流阶段
科技人员	质量计划与质量目标	科技报告撰写规范、计划变更/科研失败分析	—	—	质量评价与激励
项目承担单位		科技报告登记	质量审查：出版审查（格式审查）、保密审查	—	—
科技管理机构		—	同行评议、验收审查	呈交审查	—
科技报告服务机构		—	—	登记审查、加工标准与规范	应用质量评估系统；效益质量评价；安全与获取

内容框架采用质量功能配置思想，建立用户诉求指标的内容描述框架，针对用户群体的差异化质量诉求和质量指标单元，可能具体有指标冲突或并非关键性指标，需要进行汇

总、筛选和评估，进而重组可用的质量评价指标体系。因而，内容框架并非单纯的指标收集汇总，而是对最具操作性、最具成本收益价值的指标的筛选和组合（表 2-5）。

表 2-5　科技报告质量评价体系内容框架（示例）

用户或潜在用户	质量诉求	质量指标
科研工作者（同行）	数据准确，可再现或重用 启发性或可借鉴 易于理解 学术规范	科研数据质量 研究方法或工具 语法或专业术语 学术规范
科技报告出版机构	表述准确，满足出版审查需要 具有良好的出版市场前景 信息完备，便于二次信息加工	出版审查指标 选题热度、市场前景等
科技项目管理机构	不涉及国家安全、保密或隐私信息 科技报告项目管理指标	内容审查指标 科技项目层面的时间、范围、成本等
科技报告服务机构	报告信息完备，加工充分，载体多样，易于转化加工 产权清晰，易于服务	科技报告呈交流程完备性 科技报告完备性 元数据完备性

本书通过对采集筛选的科技报告质量要素进行分析、聚类，形成相对结构清晰的框架体系。本书认为科技报告三级框架，更加易于理解和操作，即科技报告的文献质量、科技报告专业质量以及科技报告效益质量（表 2-6）。

表 2-6　科技报告质量评价体系层次框架

层次	内涵与质量要素
文献质量	指科技报告的表述、语言格式以及内容陈述等层面的基础质量，一般包括语言、语法和格式规范等
专业质量	指科技报告内容层面的专业认同和评价，一般由学术共同体和社会采纳来描述，数据质量、创新质量和内容质量是最重要的三个因素
效益质量	指科技报告的投入产出比或社会影响，一般有经济效益和社会效益、学术影响与社会影响等指标

科技报告质量评价有机融入质量管理全过程中。如图 2-5 所示，科技报告质量评价操作框架主要由以下元素构成：①评价参与主体：科技报告质量评价活动涉及需求方、执行者和监控者三方。其中，需求方包括科技报告的撰写人员以及科技报告最终使用者；执行者是指根据科技报告质量评价标准与指标对科技报告进行评价并得出可靠结果的专业人员或授权机构；监控者是指对执行者是否公平、公正地对科技报告做出有效评价的监督机构或人员。②科技报告质量评价目标：与整个科技报告质量管理的目标一致，都是站在需求方角度对科技报告质量提出要求并使期望得到满足。③质量评价基本过程：在质量评价目标驱动下，根据质量评价标准筛选质量评价指标，运用相关评价方法，最终得到评价结果并做出偏差分析和结果判定，该过程构成了科技报告质量评价的运行机制。

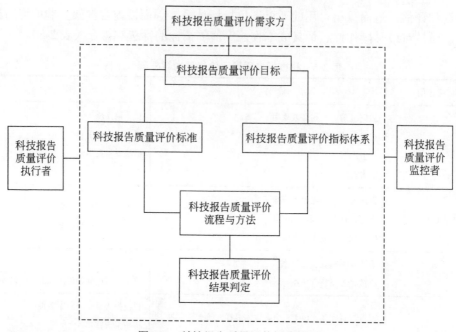

图 2-5　科技报告质量评价操作框架

2.3.2　科技报告质量评价的主体

科技报告的评价主体需要分阶段、分层次来划分，并从文献层面质量、专业层面质量及效益层面质量三个层次来分析。

（1）文献层面质量评价阶段

这个阶段的评价主体首先来自科研项目的承担单位。科技报告的撰写人员需要对自己的科技报告作品进行自我评价，这主要依靠撰写者本身的资历、责任心和科研态度，也和撰写者的时间、精力相关，缺少强制的约束力。如果能够让撰写者充分知晓科技报告的撰写标准规范，并将撰写科技报告的质量与有关项目绩效挂钩，则有助于提高科技报告撰写者自我检查和自我评价的质量。科研项目的主管负责人、项目协调员或是项目负责信息资料管理的专门人员是这一阶段进行文献层面质量评价的核心主力，他们需要在科技报告撰写完成之后对科技报告的格式、标准及规范进行评价，应尽快将评价结果和反映出的问题反馈给撰写人员，并督促撰写者及时进行完善和修订。科研项目管理部门也是科技报告文献层面质量的评价者，他们主要是在检查和验收项目阶段性成果或最终成果时，对科技报告进行评价。此时的科技报告评价和项目验收同步进行，科研项目管理单位需要将科技报告评价结果在一定时限内反馈给项目承担单位，并将评价结果和反馈结果作为项目是否顺利结项、续约或继续进行的依据。

（2）专业层面质量评价阶段

这个阶段的评价主体为学科专家或某一研究领域的专家。由于对同行评议的专家的选择具有较高的标准，如需要专家在这一领域具有权威、具有相当的专业知识储备、对学科前沿以及已有的研究相当了解，因此专家的选择以及专家评议的管理也至关重要。同行评议的专家职责有以下两个方面：①根据科技报告质量体系提供的科技报告质量评价框架及指标，对科技报告的质量进行客观公正的评价，反馈合理有效的专业评议意见；②对科技报告质量评价体系及指标提出意见，补充科技报告质量评价的指标。

组织和遴选评议专家、设计同行评议议程，实施同行评议有时候需要动用较大资源并使用行政手段，而且需要保证中立性，通常需要科研项目管理部门和科技管理部门的介入。因此科研项目的有关管理部门也是科技报告专业层面质量的主要评价主体。

（3）效益层面质量评价阶段

这个阶段的评价主体是科技管理部门。由于评价科技报告的社会经济效益是一项长期性工作，需要从宏观角度系统收集各类指标数据，并且需要将评价结果反映到管理决策层面，用于决策支持，因而一般的基层单位不具备这样的资源和能力，效益层面的评价主体主要是更高一级的科研项目管理机构或科技管理机构。

2.3.3 科技报告质量评价的指标

（1）科技报告质量评价指标的特征

科技报告质量评价标准是科技报告质量内涵的明确反映。如前文所述，科技报告质量的内涵是多维度、多层次的，因此无法用单一标准进行衡量，需要建立能够反映不同维度和取向的综合评价指标体系。与学术论文、图书专著、专利等其他文献类型相比，科技报告质量评价指标的特征表现在以下方面。

1）科技报告形态的复杂性要求评价标准指标需要有不同的权值分配。科技报告具有不同的来源、格式、类型、载体，可能属于不同的学科、应用于不同的领域，因此需要根据科技报告的特性对其评价指标进行适当加权，权值比重应能反映科技报告应用环境的需要；

2）科技报告内容的专业性和跨学科性要求指标体系从层级化走向网络化。新兴学科或研究领域往往产生于现有学科交叉重叠的部分，很多科技报告也是跨学科、跨领域研究项目、团队和平台的成果。而传统的评价指标体系大多是层级制的，而随着学科不断细分，这种形式已经无法适应科技报告内容的复杂性和交融性。因此需要引入网络化的评价元素，如专家网络、引文网络、科研合作网络、关键词共现网络等，逐步将传统层级制评价体系改造为柔性化、动态化的网络评价体系。

3）科技报告社会效益的滞后性和非显性要求有长效的衡量指标。科技报告的社会效益是指其对社会有良好的影响，能够推动科技进步，为国家创造更多的财富。有些科技报告单从当前的经济角度看收益很小，但它对社会长远发展进步起着至关重要的作用，需要加以正确的衡量和评价。科技报告的社会效益需要一段时间后才能显现出来，甚至无法直接显示出来。这就需要引入能够揭示创新成果扩散过程的成长指标。

（2）科技报告质量评价指标的设计原则

根据国内外科技报告质量评价实践，在设计科技报告质量评价指标时，一般遵循最低质量准入原则和最大质量努力原则。最低质量准入原则要求科技报告的提供者必须满足一些最基础的质量要素要求；最大质量努力原则要求科技报告提供者或资助者要尽最大可能和最大化地保证科技报告质量。

科技报告质量评价指标体系既要体现不同科技报告质量层次，也要反映不同阶段或不同领域的质量诉求，一般是体系控制、动态调整的过程。具体而言，科学的科技报告质量指标体系包含如下原则。

1）分级控制原则。不同领域、不同类型的科技报告可以采用不同的质量标准。在国家层面科技报告政策法规的指导下，质量标准可以分别解释质量评价指标或具体要求，基于质量评价基本原则，科技报告质量评价主体可以自主建立评价指标体系，但需要与科研管理部门的评价指标体系之间建立映射关联。

2）递进式的质量评价原则。科技报告质量评价遵循从整体原则逐渐推进到实施细节的方式。最高一级的科技报告管理部门提供具有指导精神和基本原则的评价标准，提供核心评价指标要素。推进落实到不同领域、不同类型的科技报告时，则可以制定和提供相应的解释条例和参考指南，由具体的质量管理主体负责制定更为详尽和专业的评价标准。

3）自主裁量原则和最低标准原则。自主裁量原则主要适用于在特定专业领域对于科技报告专业层面质量的评价。不同学科和领域的科技报告需要采用不同类型的评议和审查方法。科技报告管理机构可以授予科技报告质量管理主体适当的自主裁量权，来满足不同主体的特殊需要，并平衡评价活动的成本和收益。

科技报告质量一般体现为分级、分面的质量评价指标体系，建立一般质量标准或最低质量标准纳入标准或规范建设范畴，作为报告审核验收的通用准则，而各科技报告投资主体可以根据通用准则制定质量细则或标准。比如美国联邦信息质量法案的基本原则只有宽泛的客观性、有用性和完整性的界定，联邦各机构可以采取 OMB 的原则指标，并进一步细分指标，也可以不采用，但需建立所用的指标体系与 OMB 指标体系之间的关联。

4）一致性原则。科技报告质量评价标准不能违背现有科技报告质量标准规范和相关制度的规范，如文献质量控制和学术规范的通用准则、电子版报告元数据标准规范、信息公开安全与保密管理规定等。

5）成本效益原则。美国科技报告质量政策中明确提出质量是有成本的，我国科技报告质量体系应该根据科技报告的使用价值，建立科技报告质量分级评价体系。

6）多元评价原则。科技报告不是工业产品，其价值和质量的理解存在多义性，应该坚持主观客观结合原则，既有量化的客观评估和审查指标，也有同行评议的主观建议采纳。

7）评价激励原则。质量评价应该具有反馈和改进环节，构成科技报告质量闭环，建立质量评价应对预案制度，以评促改，最终立足于报告质量的提升，将科技质量作为科技工作者的常态评价指标，并反馈于其科研信用管理。

不论何种建设准则，要突出评估目的与需求，使得评估指标与评估目标一致，各有侧重；各评估层次、评估对象都应有特定的实施主体和专门的控制机构，各负其责，建立完备的科技报告质量评价与保障体系。

（3）科技报告质量评价指标的维度

1）科技报告文献类型维度：科技报告的评价标准和指标需要对应科技报告的文献类型。因此在设计科技报告评价指标时，需采用分类评价的思想。按照前文所述科技报告的类型，可以按照研究阶段分为研究类报告（如现状报告、预备报告、进展报告、非正式报告等）评价和研究结果类报告（如总结报告、终结报告、竣工报告、正式报告、试验结果报告、公开报告等）评价。同时根据科技报告的不同文献表现形式（如科技报告书、科技论文、札记、备忘录、技术译文、通报、特种出版物），需要有相应的文献层面质量评价标准。

因此，科技报告文献类型维度的评价指标就是指按科技报告文献形式分类，依据系统性、科学性、实用性、可发展性和可操作性的原则，运用科学的方法与工具，选取可以表征科技报告文献特性及其相互联系的多个指标所构建的具有内在结构的评价标准。

2）科技报告质量内涵维度：科技报告质量内涵维度就是按照文献层面、专业层面、效益层面的质量内涵构建多级指标体系。一般文献层面的质量评价指标包括了可读性、一致性等二级指标；专业层面的质量评价指标包括了数据质量、创新质量、内容质量等二级指标；效益层面的质量评价指标包括了社会效益、经济效益等二级指标。

科技报告评价指标的文献类型维度和质量内涵维度是相互交织的，即不同阶段、不同形式的科技报告，具有不同的质量内涵，从而形成全面立体的科技报告质量评价指标体系。

（4）现行科技报告质量评价指标综述

美国虽然没有统一的科技报告质量衡量评价指标，但是依据最低质量准入原则和最大质量努力原则，既要求科技报告撰写方应确保科技报告质量符合有关最基础的质量要求，又要求其最大程度上确保科技报告质量，各类不同机构都发布有自身的科技报告撰写标准，其中的主要指标可以归纳为表 2-7 所示。

表 2-7 美国科技报告评价指标

评价指标	指标解释
文献综述	文献综述描述得是否恰当？ 能够提供完善的综述，研究范围与研究工作表述清晰
研究对象	研究问题/目标/假设是否表述清晰？
研究设计	研究设计路线是否描述清晰？
研究方法	研究分析方法是否表述恰当？
可行性与效度	是否有足够的数据支持研究结果的可信度与有效性？
设计约束与假设	设计约束条件描述充分，提出合理的研究假设
设计标准/样本计算与模拟	能够提出恰当的研究方法，相关样本计算与模拟
理论解释	理论解释充分
结果	是否有充足的数据与分析判断研究项目是否成功？
讨论	研究结果是否对研究有所拓展？是否有对此的解释说明/得出一定结论？
研究不足	研究不足是否描述恰当？
结果的影响力	研究结果是否对未来研究/产品服务/服务管理/政策等方面有影响？
社会影响	能够合理地描述该研究的相关社会需求与社会影响
环境因素	具有一定的潜在环境影响因素
下一步工作计划	下一步研究计划表述清晰
数据真实性	数据来源真实可靠
结构	具有一定的语言组织能力、逻辑性强
语法	语法是否使用得当？
图形/图表/方程式	图形/图表/方程式是否使用与格式是否合理？
写作水平	是否出现错词、语句表述不当？
文档/参考文献	附录所列举材料、参考文献引用是否合理？

相比国外，我国科技报告质量评价与管理工作虽起步相对较晚。目前，我国对于科技报告质量评价的研究主要集中在如下几个方面：①科技报告技术标准的研究，对科技报告标准与规范化进行研究，是为了更好地规范科技报告质量管理，同时为了使科研活动成果能够按质量要求完成，也是为了更好地促进科技报告交流传播与传承；同时，科技报告标准与规范化研究为科技报告质量评价工作的开展提供了强有力的评价参考。②国防科技报告质量评价研究，相对于民口科技报告质量管理研究，我国的国防科技报告相关研究起步较早，已经积累了一定的质量评价与管理经验，以及评审方面的相关程序制度。并随着相关领域的科技报告质量管理工作不断完善，逐渐形成了各自领域内为奖励优秀科技报告对科技报告进行质量评价的方法和指标，一般多围绕科技报告的撰写水平、技术质量、应用价值等视角进行评价指标设计。③民口科技报告质量评价研究，随着国家政策对科技创新以及科学研究工作的重视程度加大，科技报告质量评价与相关质量管理工作也日益受到学术界的重视，近年来逐渐从科技报告管理制度体系等理论研究向科技报告质量评价与管理的实践研究过渡。众多学者相继探讨了科技报告质量评价的标准、评价方法、评价指标体系与评价实践等多方面内容。在科技报告评价方法方面，目前国内的相关研究中主要为选择层次分析法进行质量评价指标权重赋值以及综合评价实施；在评价标准与评价指标等方面，学者们也从不同维度进行探讨，具体如表2-8所示。

表2-8　我国研究中出现的科技报告质量典型评价指标

作者	评价指标	
朱丽波	报告技术内容	报告技术内容的创新性
		报告描述研究思路清晰程度
		报告记录内容的完整性
	报告应用价值	经济效益/社会效益
		报告被查阅的次数
	报告撰写水平	正文撰写综合文字水平
		英文摘要的编写情况
		参考文献的引用情况
		检索标识准确程度
任惠超等	报告科学价值	科学或理论的创新性
		技术综合性
		技术重现度
	报告编写质量	基本信息表的准确完整性
		撰写格式标准化
		写作水平
	报告使用价值	使用指数
		加权使用指数

作者	评价指标		
裴雷等	文献质量	语法质量 形式质量	可理解性
			表述清晰
			格式规范
			完整性
	专业质量	数据质量	准确性
			完整性
			时效性
			透明度
			可复性/一致性
		创新质量	成果显著
			方法创新
			预期一致
			实验/调查
			分析/推理
			其他因素
			相似查重
		内容质量	来源引证
			学术影响
	效益质量	学术影响	学术肯定
			报告采纳
			学术成果转化
		社会影响	经济效益
			社会效益

综上所述，我国科技报告质量评价研究虽相对国外起步较晚，但也逐渐形成一定的研究基础。同时，我国科技报告制度建设正处于不断完善阶段，有关科技报告的质量管理与评价评估等方面的研究也更加深入。

2.3.4 科技报告质量评价的方法

（1）宏观层面的科技报告质量评价方法

宏观层面的科技报告质量评价方法可以归纳为三种：科技报告审查、科技报告评议以及科技报告评价。

1）科技报告审查：主要是依托科技报告标准、事实标准或项目评审标准等成型条文规范进行检查。科技报告审查是科技报告评价的基础环节，呈交审查、登记审查、出版审查和公开审查等一般有较为规范和适用的制度化评审体系。科技报告审查主要是面向文献层面的质量。

2）科技报告评议：是科技报告审查制度衍生的制度体系，主要是以专业领域同行评议的形式实现，面向科技报告专业层面的质量。

3）科技报告评价：主要由科技报告管理部门负责，基于以上两类评价结果，综合对科技报告所取得经济和社会效益的评估，形成全面的科技报告评价结果，是级别最高的科技报告评价形式。

（2）微观层面的科技报告质量评价方法

参考国内外科技信息质量评价实践，可以归纳出以下微观层面的科技报告质量评价方法。

1）分级控制方法：承认不同领域、不同类型的科技报告文献难以采用完全统一的质量标准，但具有统一的最低质量标准。因此，需要对科技报告评价进行分级分类处理。

2）目标适用方法：主要是指提出期望的质量目标，并逐一分解其特征。一般适用于纯粹的科学信息或科学数据质量评价。在运用目标适用方法时，主要包括规划、定义、分析和改进等环节，其中规划环节最为重要，是指需求采集和目标确定，然后逐一分解其目标元素，并最终列举实现质量目标。

3）证据权重方法：主要是指针对具体领域发现的问题，确定其对最终质量的影响大小。该方法较适用于社会效益层面的质量评价。证据权重方法在定性评估领域，比如同行评议、专家评议等领域应用较为广泛。

4）风险假设方法：主要是指假定存在现有的质量缺陷，预测其影响大小来评价该质量缺陷的影响。该方法多用于未来影响大而评估和反应时间紧急的评价，可以通过信息来源、数据质量指标以及文本特征事先进行完整的界定和分析。

2.3.5 科技报告质量评价的实施

为了保障以上评价方法能够有效实施，需要有经费、人员和组织方面的支持。科技报告质量评价活动所产生的费用可纳入项目预算，也可由科技管理部门单独列支。但是因质量问题多次评审不合格产生的额外费用，应由项目报告执行人承担。在进行科技报告专业层面的同行评议时，需提前建立专家遴选机制和专家库，选择合适的专家参与评议，并规范同行评议流程、质量参考标准等。

科技报告质量评价反馈也是科技报告质量评价不可缺少的环节。在科技报告质量管理的每个环节，实时的质量评价结果都需要及时反馈给相关人员。科技报告质量评价结论应以书面化形式记录并留存档案。如采用公示或公众评议，应整理和记录评论，并针对问题做出相应的整改承诺。

科技报告质量评价的结果需要：①文献层面评价阶段关于格式、标准及规范的质量反馈；②专业层面质量评价阶段的同行评议意见；③科技报告公开后社会经济效益的反馈。不同阶段的评价结果和反馈意见需要传递到对应的科技报告管理主体或责任者，并对回应时间、回应形式做出明确规定（表2-9）。

表 2-9 评价结果及反馈时间

评价结果	反馈活动
文献层面评价阶段关于格式、标准及规范的质量反馈	反馈宜迅速,可在接受评议后 2 周左右时间回应,附有整改意见书和退回修订的报告
专业层面质量评价阶段的同行评议意见	根据评议方式不同(匿名/实名机制、重大问题宜采用会评方式、一般问题宜采用通讯评审、涉及公众利益的需采用公开评议)时间略有所不同,应该在 1~3 个月完成反馈
科技报告公开后社会经济效益的反馈	对于科技报告公开后一段时期其效益的评价,时间至少为一年以后反馈

第三章 科技报告质量管理的理论基础

科技报告质量管理工作需要有坚实的理论做支撑，已有的质量理论、信息质量管理理论与评价方法可以带来指导与参考。本章系统梳理了科技报告质量管理的理论基础，介绍了典型的质量模型，重点分析了全面质量管理和质量功能配置两大核心理论的内容及其在科技报告质量管理中的应用。进而结合科技报告的信息本质属性，综述了信息质量理论及其评价方法，为后续的科技报告质量评价打下理论基础。本章最后提出了科技报告质量管理理论模型，该模型呈现了科技报告质量管理主体依照相应的控制流程对科技报告进行质量管理的过程，为科技报告质量管理实践提供了理论框架。

3.1 典型质量管理模型

3.1.1 质量双因素理论

质量双因素理论来源于服务质量管理领域。美国心理学家和行为科学家赫兹伯格（Frederick Herzberg）首先提出了"双因素"的概念，即保健和激励因素。在质量双因素理论中，"满意"的对立面并不是"不满意"，而是"没有满意"，同样"不满意"的对立面不是"满意"，而是"没有不满意"（蒋明，2005）。导致满意和不满意的因素存在明显区别，促使人们产生不满意感觉的因素为保健因素，如果这些因素被满足，人们就不会感到不满意，但也不会感到满意；而促使人们感到满意的因素被称为激励因素，只有当这些因素被满足时，人们才能够感到满意。简言之，促使人们产生满意感的因素可以称为激励因素，促使人们产生不满意感的因素可以称为保健因素（黄琳，2007）。

双因素理论最初被用在组织内部的员工激励，后来也很快推广到服务质量改善中。质量双因素理论认为，用户感知产品质量包括两个基本方面：技术质量（又称为结果质量）和功能质量（又称为过程质量）。技术质量是产品交付的结果，关注用户最终得到了什么（what）。由于技术质量主要涉及技术方面的有形内容，故用户较为容易感知而且评价比较客观。功能质量则指的是产品或服务如何被提供，用户又是如何得到的（how），涉及产品或服务提供者的形象、态度、方法、程序、行为等，相比之下更具有无形的特点，因此难以做出客观的评价（王元泉，2004）。在功能质量评价中用户的主观感受占据主导地位。

双因素理论在服务质量管理进一步发展为"保健因素"（hygiene factor）和"促进因素"（enhancing factor）。前者是指对于服务或产品来说基本和必备的质量，但是这些质量要素的改善无助于用户感知质量的提升，因此对用户满足的边际效用是递减的；后者是真正提升用户满意的产品或服务质量因素，对用户满足的边际效用是递增的（克里斯廷·格罗鲁斯，2002）。

在质量双因素理论指导下，产品或服务的提供者应当首先完善保健因素，消除可能导致用户不满意的因素，在此前提之下，需要尽最大努力来改善和提升激励因素，提升用户对质量的感知程度。

3.1.2　KANO 质量管理模型

受到赫兹伯格双因素理论的启发，东京理工大学教授狩野纪昭（Noriaki Kano）和同事高桥富见雄（Fumio Takahashi）于 1979 年发表了《质量的保健因素和激励因素》（*Motivator and Hygiene Factor in Quality*）一文，第一次将"满意"与"不满意"标准引入质量管理领域，并于 1982 年日本质量管理大会上发表了《魅力质量与必备质量》（*Attractive Quality and Must-be Quality*）报告，标志 KANO 质量模型的确立（Kano et al.，1984；魏丽坤，2006）。

狩野纪昭将产品或服务的质量属性分为五类，如表 3-1 所示。

表 3-1　KANO 质量属性

层次	说明
无差异质量（或称无关质量）（indifferent quality）	质量因素中差强人意的方面，不会导致用户的满意或不满意
逆向质量（reverse quality）	引起不满意的质量因素
一维质量（或称期望型质量）（one-dimensional quality）	该质量因素充分时导致满意，不充分时导致不满意
必备质量（must-be quality）	产品或服务必备的功能，该质量因素充分时产品才合格，不充分时会引起不满意
魅力质量（attractive quality）	该质量因素充分时导致满意，可以带来惊喜，不充分时也不会引起不满意

根据以上质量属性层次，可以将用户的需求划分为三种，即基本型需求、期望型需求和兴奋型需求：①基本型需求是用户对产品或服务的基本必要功能的预期。当产品或服务的质量无法满足用户的基本型需求时，用户会感到很不满意，而当基本型需求得到满足时，用户不会感到不满意。②期望型需求要求提供的产品或服务比较优秀。③兴奋型需求要求产品或服务提供给用户超出预期的惊喜，能够大幅提升用户的满意度。

需要特别指出的是，根据质量的属性层次，狩野纪昭还将质量管理活动分为三个层次，分别是：①质量控制，关注于使产品或服务符合基本要求和规格，实现基本功能；②质量管理，关注于满足用户的期望型需求，使用户感到满意；③魅力质量创造，关注于为用户带来惊喜和喜悦。

3.1.3　SERVQUAL 模型

SERVQUAL 为英文"service quality"（服务质量）的缩写。SERVQUAL 理论是 20 世纪 80 年代末由美国市场营销学家 Parasuraman、Zeithaml 和 Berry 提出的一种服务质量评价体系（Parasuraman et al.，1988），它由一系列的质量陈述项组成，每一个陈述项都从特定角度测量了用户对产品或服务的最低期望水平、期望水平和感知水平（于良芝等，2005a）。

SERVQUAL 理论核心是服务质量取决于用户所感知的服务水平与用户所期望的服务水平之间的差别程度，因此又称为"期望－感知"模型，可表示为"SERVQUAL 分数=实际感受分数-期望分数"。用户的期望是开展优质服务的先决条件（初景利，1998），提供优质服务的关键就是要超过用户的期望值。

在 SERVQUAL 评估工具的 22 个质量陈述项中，可以将质量归因于五个方面（于良芝等，2005b）：①有形性，即产品或服务提供者的设备、设施、人员的外在形象；②可靠性，即服务的准确性和可依赖性；③响应性，即提供产品或服务的快捷性；④可信性，即人员所拥有的知识、能力和态度；⑤移情性，即对用户的关怀和个性化服务。

3.1.4 HOQ 模型

HOQ 为英文"house of qualily"（质量屋）的缩写。HOQ 模型由美国学者 John R. Hauser 与 Don Clausing 于 1988 年提出，是一种确定用户需求和产品或服务功能之间联系的一种方法（Hauser，1993）。HOQ 模型常常作为一种质量预期分解工具，将用户的需求分解到产品开发的各个阶段（陈以增等，2003）。HOQ 模型由七部分组成（图 3-1），分别是：①用户需求（不同的产品有不同的用户需求）；②产品特性（用于满足用户需求的手段，因产品不同而有差异）；③用户需求的重要性（不仅需要知道用户需求什么，还需要知道这些需求对用户的重要性）；④计划矩阵（包含对主要竞争对手产品的分析，评估现有产品所需的改进、改进后可能增加的销售量、每个用户需求的得分）；⑤用户需求与产品特性之间的关系（是模型的核心，表示产品特性对用户需求的贡献度和影响程度）；⑥特性关系矩阵（揭示特性之间的关系和相互影响）；⑦目标值（上述各部分对产品特性影响的结果）。

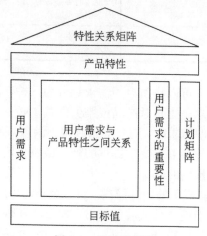

图 3-1　质量屋模型

3.1.5 PDCA 循环

PDCA 循环亦称为戴明循环，由世界著名的质量管理专家戴明（Edwards Deming）提出，故因此而得名。PDCA 循环是一种科学有效的工作程序，被广泛地应用于产品与服务的质量管理工作，并在 ISO9000 质量标准中被广泛采纳和使用。

PDCA 分别是 plan（计划）、do（执行）、check（检查）、action（行动）四个单词的首字母，具体的含义为（常金玲，2006；斯欣宇，2004）：①plan（计划），是指通过分析问题现象，找到背后的原因以及影响因素，针对关键因素，确立行动方针和目标，制定行动计划，并且需要明确行动的对象（what）、行动的时间（when）、行动的地点（where）、行动的方式（how）和行动的动机（why）；②do（执行），是指具体实施和落实计划中的内容；③check（检查），是指监控执行计划的效果，识别执行过程中出现的问题；④action（行动），是指对检查的结果进行处理，提取和总结成功的经验，并予以标准化，进行继承和推广，也需要对失败的教训进行总结，以免重蹈覆辙。对于尚待解决的问题，应该提交给下一个 PDCA 循环中去。

PDCA 并不是一次性的过程，plan（计划）、do（执行）、check（检查）、action（行动）四个环节组成一个循环，而在每个环节内，也有 PDCA 的小循环，通过周而复始、螺旋上升，使产品或服务的质量得到持续改进（表 3-2）。

表 3-2　PDCA 含义

阶段	步骤
Plan（计划）	（1）找出管理过程中存在的问题
	（2）分析产生问题的原因
	（3）找出主要原因
	（4）根据主要原因，制定解决措施（对策）
do（执行）	（5）实施对策，执行计划
check（检查）	（6）调查分析措施在执行过程中的效果
action（处理）	（7）总结成功经验，并整理成为标准加以推广
	（8）找出尚未解决的问题，作为遗留问题转入下一个 PDCA 循环

3.1.6　相关模型在科技报告质量管理中的应用

HOQ 模型和 KANO 质量管理模型都强调以用户质量诉求（voice of customer，VOC）为着眼点，并通过用户质量诉求的分级、分类，做到以最小的成本实现用户最大质量体现的目的。目前，NASA 已有科技报告采用数据质量分级体系，并建立了出版质量要素列表。

质量双因素理论兼顾主观质量感知和客观质量描述，将质量因素归结为技术质量（结果质量）和功能质量（过程质量）两个因素。技术质量可以通过相对容易感知和测度的客观指标体系进行控制，功能质量由于涉及方法、态度、程序或行为，一般采用定性评价或受众评价的方式。在科技报告体系中，技术质量评价和功能质量评价都广泛采纳。以美国为例，《信息质量法》和《同行评议的最终信息质量公告》就提出了系统性的信息质量评价指标，对同行评议的流程规范细节与适用范围进行详细界定，并建立了相应的评审或审查等主观质量评价制度，对于涉及公众利益的相关科技信息，甚至设立了公众评议制度。

将 PDCA 循环应用到科技报告质量管理中，可以依据 PDCA 循环设计科技报告质量管理流程（乔振等，2017）：①在科技报告质量管理计划（plan）阶段，需要解读科技报告用户的需求，分析影响科技报告质量的关键影响因素与关键环节，据此制定科技报告质量管理流程，分配和部署质量管理活动参与主体（如科技报告撰写人员、科研项目的承担单位、科研项目的管理单位、科技报告管理单位）的职责。②在科技报告质量管理执行（do）阶段，需要按照计划部署落实质量管理流程中的各项行动。③在科技报告质量管理检查（check）阶段，需要根据计划、预期和已经成型的质量标准规范对科技报告工作进程进行检查和评价，发现实施过程中的问题和隐患。这种检查来自于科技报告撰写人员的自查、项目内部审查、项目验收单位的审查，以及科技报告管理单位的检查。④在科技报告质量管理行动（action）阶段，需要接收、跟进和处理来自检查阶段的反馈，在规定日期内对科技报告进行完善和修订。如果出现了遗留问题或质量失控的情况，则需要进入下一个的 PDCA 循环。科技报告质量管理的 PDCA 循环同样是一个周而复始、阶梯式上升的过程。

3.2　全面质量管理理论

3.2.1　全面质量管理理论的内容

20 世纪 50 年代，戴明、朱兰等管理学大师的质量管理理论为全面质量管理的诞生奠定了基础。1961 年，通用电气公司质量经理菲根堡姆博士在其著作《全面质量管理》中首次提出了全面质量管理（total quality management，TQM）的概念：全面质量管理是为了能够在最经济的水平上，并在考虑到充分满足用户要求的条件下进行市场研究、设计、生产和服务，把企业内各部门的研制质量、维持质量和提高质量的活动构成一体的一种有效体系（Feigenbaum，1961；邓卫华，2002）。TQM 通过全员参与，以各种科学方法改进组织管理，从而改善产品和服务的质量（党秀云，2003）。TQM 可以概括为以产品质量为核心，以全员参与为基础，以满足用户产品需求或服务为目的而建立的一套科学高效严密的质量体系。

全面质量管理中的"全面"体现在以下三个层面：①全流程的质量管理。质量管理活动贯穿于产品或者服务生成的整个过程中；②全员参与的质量管理。组织调动全体人员的质量管理参与意识，提高个人质量管理素养，使全员参与到质量管理过程中；③全方位的质量管理。不仅要对产品本身进行质量管理，还要对与产品生产相关的一系列活动进行质量管理。随着时代发展，全面质量管理不断追求纳入更多维度、更全面的质量控制指标，以满足更高层次的质量要求。

3.2.2　全面质量管理理论在科技报告质量管理的应用

以全面质量管理理论作为科技报告质量管理的理论基础，要求在科技报告质量管理过程中，不仅要对科技报告本身进行质量监管，而且要对与形成科技报告相关的活动过程进行控制；不仅要在全过程中进行质量监控，而且要激励全体参与者形成"质量第一"的意识，满足全面质量管理内容与方法的全面性、全过程控制以及全员参与的要求。

全面质量管理具有系统性、全员性、预防性、服务性以及科学性等基础特征。科技报告质量管理以全面质量管理为理论导向，能够确保对科技报告的质量管理贯彻在科技报告生命周期的整个流程中，提高全员的科技报告质量意识，预防低质量科技报告的产生，保证科技报告的有效使用。

依据全面质量管理中的"全面"要求，在科技报告质量管理中：

1）全流程意味着科技报告的全生命周期质量管理，遵循科技报告从计划—撰写—审查—提交—流通的全流程控制原则，要求在各个阶段建立质量控制体系。美国在科技报告交换体系建设时期就提出了"科技报告流"（flow of reports）的管理思想，提出针对科技报告流转各环节建立相应的管理目标和控制体系。此后，全流程管理（科技报告生命周期管理）一直是美国科技报告质量控制体系建设的主要指导思想。

2）全要素质量管理涉及不同的参与主体和科技报告的活动要素。首先，从人员主体的构成看，科技报告涉及科技研究人员、科学研究机构、科技管理机构、科技报告采纳和应用部门、社会公众等众多利益相关者。各相关者活动均与科技报告质量管理相关。其次是科技报告制作、管理过程中涉及的各种要素，如数据、系统、印刷、出版、公开、服务等各层次涵盖不同的质量要素。

　　3）全员质量管理意味着科技报告的质量情况不仅仅取决于其直接参与人，如科技报告的撰写者，还包括了与科技报告活动相关的各类参与主体，如项目负责人、项目主管单位、科研管理和规划部门、经费管理部门等。具体来说，全员质量管理主要指科技报告所在项目的负责人、科研项目实施人员、科技报告撰写人员、日常管理与中期检查人员、科技报告评价人员的管理。因此以全面质量管理的要求构建科技报告的质量管理体系，需要使所有相关参与者认识到质量管理的重要性，投入到质量管理的行动中来，而不是仅仅将科技报告质量管理视为少数管理人员的工作，也不应仅仅将科技报告的质量保障视为科技报告管理部门的职责。

　　此外，科技报告实施全面质量管理也可以借鉴科研项目质量管理中"四个一切"的指导思想（郭根山，2006）：①一切为优质结项服务。可以理解为一切为科技报告的顺利提交服务，这是全面质量管理的方向。②一切以预防为主。传统的质量管理关注事后检验，以最终结果评判质量高低。全面质量管理认为科技报告的质量不是检验和评价出来的，而是设计和制造出来的。因此科技报告实施全面质量管理要注重事前和事中控制，在工作过程中消除质量问题隐患。③一切用数据说话。科研报告管理部门需要通过研究质量数据从中找出质量波动规律，以便采取有针对性的预防措施。④一切按 PDCA 循环办事。通过 PDCA不断发现问题、解决问题，推进科技报告质量的持续改善。

　　目前，最典型的科技报告全面质量管理体系是美国国防部提出的全面数据质量管理（TDQM）体系。该体系既包括信息系统或计算机存取的自动数据质量管理，也包括科技报告等研究数据和采集数据的质量管理，提出了"定义—测度—分析—改进"的管理理论。TDQM 是一类循环驱动的项目管理方法，通过"定义"明确新的数据质量标准和需求，然后通过"测试"评估和审查已有或即将采纳的数据质量，再通过影响、可操作性、成本等综合分析，提出可行的改进策略，作为项目实施的目标。2006 年，Radziwill 在科学数据产品（SDP）的质量管理模型中也提出了全面信息质量理论和方法（Radziwill，2006）。

3.3　质量功能配置理论

3.3.1　质量功能配置理论的内容

　　质量功能配置（quality function deployment，QFD）理论是指将用户的产品需求转化为确保产品质量的质量特性，从而确定产品的质量标准，使产品在开发设计前完成对质量的保证，进而满足用户需求，是一种系统的技术方法（赵武等，2007）。

　　QFD 是质量配置与狭义的质量功能配置（质量职能配置）的总称。赤尾洋二（Yoji Akao）和水野滋（Shigeru Mizuno）将质量配置定义为将用户的产品需求转化为代用质量特性，进而确定产品的设计质量（标准），再将这些设计质量系统地配置到各个功能部件的质量、零件的质量或者服务项目的质量上，以及制造工序各要素或者服务过程各要素的相互关系上，使产品或服务事前就完成质量保证，符合用户要求（韩兴国和赵遐，2011）。狭义的质量功能配置（质量职能配置）被定义为将形成质量保证的职能或业务，按照目的、手段系统地进行详细配置。通过企业职能的配置，实施质量保证活动，确保用户的需求得到满足，它重视的是相关的管理方式方法。

QFD 是一种结构化矩阵驱动的过程，其包括四阶段的具体运行过程：①转化客户的需求为产品的设计需求；②将产品设计需求转化到产品/组件具体的相关特性上；③将上述具体的特性转化到生产制作的工艺操作流程步骤中；④将上述工艺流程转化到具体的产品生产运行过程中。

总之，QFD 强调主观质量标准，认为质量是对用户需求的满足程度，因而强调搜集当前或者潜在用户对于产品的需求，通过汇总、转化、评估、筛选和量化，进而将用户的需求转化为产品层面的质量要求或指标，最终建立质量评价和控制指标体系，类似理论包括HOQ 理论、KANO 质量管理模型、质量双因素理论等。

3.3.2 QFD 理论在科技报告质量管理的应用

根据 QFD 理论，科技报告以社会公众、相关专业人员作为最终的用户，科技报告撰写者以实现用户对科技报告的需求为目的，调查科技报告需求，使科技报告在最大程度上满足用户的最低基准需求，确保最终报告质量。

QFD 理论在科技报告质量控制过程中的应用使得科技报告质量管理具有满足用户要求的事前防范意识。与传统的质量控制不同，QFD 不是在科技报告用户最终使用中对科技报告进行质量检验，而是在科技报告产生最初，由科研项目参与者将质量作为科技报告的内在因素，在科技报告形成的各个阶段进行控制。

3.4 信息质量评价理论

信息质量评价方法有很多，从指标构成看，包括可用性（usability）评价、资源内容评价、信息计量评价、信息服务质量评价等；从实施角度看，包括指标体系评价、评议与审查，目前信息质量维度模型和评价指标体系在理论研究和实践层面应用广泛，涉及的信息质量评价指标近百个。因此在描述信息质量时多采用质量矩阵（quality metrics）或一组评价指标集的方式（Ge and Helfert, 2007），进行质量的识别、筛选和评价，在这些模型中较为典型的是 Richard Wang 提出的信息质量四维评价体系和美国信息质量评价体系等。

3.4.1 四维信息质量模型

Richard Wang 是美国信息质量的开创性研究者，1991 年他创建麻省理工学院的信息质量研究室，1993～1996 年，他领导并建立了美国国防部的信息质量和数据质量管理体系，其提出的信息质量四维评价体系，是最具代表性的信息质量描述框架（Ciftcioglu, 2013）。该框架认为信息质量从管理方式上包括内部控制质量和外部影响质量两类，而从质量的表现形式看包括实质质量和表达质量两类。实质质量是信息质量最重要的要素，包括内容的可用性、准确性、正确性、权威性和完整性等；而表达质量则是衡量信息获取和利用、提升信息利用价值的重要指标。依据上述两个维度，将信息质量的标准分为内在信息质量、情境信息质量、表达信息质量和获取信息质量四类 15 个质量要素。该框架作为一个通用描述框架，并被广泛引证和应用（图 3-2）。值得注意的是，在该框架下针对不同的领域有着不同的二级和三级质量控制体系。

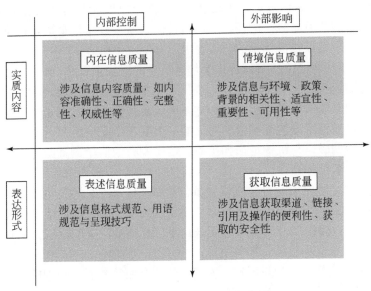

图 3-2 信息质量四维评价体系

许多研究者对质量四维评价体系进行了改进和完善。如 Jarke 和 Vassiliou（1997）将信息质量的四个标准面表述为：内在信息质量、情境信息质量、表达信息质量和获取信息质量，但其具体定义和内涵与 Richard Wang 的表述不同，其中内在信息质量包括可信度、一致性、完整性；情境信息质量包括相关性、可用性、适用性、通用性、非易失性；表达信息质量包括可解释性、句法、版本控制、语义、别名及原创性；可获取信息质量包括可获取性、系统性、可用性、交易、特权。Delone 和 Mclean（1992）同样阐释了四个方面的信息质量标准：内在信息质量包括准确性、精确性、可信性、自由度、偏见等；情境信息质量包括重要性、相关性、可用性、信息量、内容完整性、通用性、合时宜等；表达信息质量包括可理解性、可读性、明晰性、简明性、唯一性、可比性等；获取信息质量包括可使用性、定量性及获取的方便性等。典型的四维信息质量描述模型如表 3-3 所示。

表 3-3 四维信息质量描述模型示例

研究者	内在信息质量	情境信息质量
Wang and Strong	准确性，可信度，声誉及客观性	附加价值，相关性，完整性，时效性及信息量
Jarke and Vassiliou	可信度，一致性，完整性	相关性，可用性，适用性，通用性，非易失性
Delone and Mclean	准确性，精确性，可信性，自由度，偏见	重要性，相关性，可用性，信息量，内容完整性，通用性，合时宜
	表达信息质量	获取信息质量
Wang and Strong	可理解性，可翻译性，简洁性及表示一致性	可获取性，易于操作及安全性
Jarke and Vassiliou	可解释性，句法，版本控制，语义，别名及原创性	可获取性，系统性，可用性，交易，特权
Delone and Mclean	可理解性，可读性，明晰性，简明性，唯一性，可比性	可使用性，定量性及获取的方便性

3.4.2 美国科技信息质量评价体系

美国《信息质量法》将信息定义为政府信息，而科技报告尤其是政府资助的科技报告，被认为是一种典型的政府信息。因而，美国科技信息质量以及信息质量评价体系从总体上代表了美国科技报告质量评价体系的要素要求。

2001 年美国《信息质量法》首次提出了信息质量的三要素概念，并采纳了 Richard Wang 的信息质量描述框架（IQA 体系）模型，提出了包括客观性、实用性和完整性在内的三级质量控制体系，同时法案也考虑到该指标体系应该是弹性的，只能是一个相对标准，所以仅要求信息在可接受范围内的准确性和可靠性，但要在考虑信息的重要性、目标用户、时间敏感性、持久性期望、与机构使命的关系、信息发布的情境、资源需求的平衡，以及时间的可获取性等因素后综合评价。

2003 年，美国环境保护的科技政策委员会和科技信息项目办公室制定了科技信息质量评估的系列标准和流程，其提出的质量评价要素政策以及同行评议手册使得环境保护署在美国科技信息评估方面居于前列。该法规既是对信息质量法案的回应，其评价指标体系又是相对于 IQA 体系独立提出的，但与 IQA 体系具有一致性。

此外，NTIS 的科技信息质量标准、美国国防部全面数据质量管理的数据质量准则都对数据质量和信息质量进行了界定和描述。

3.4.3 产品视角下的信息质量评价

在科技信息传播与利用的很多场景下，信息是以服务产品的形式存在的。因此很多研究者将信息视为产品，用产品视角考察信息质量。Richard Wang 提出了将信息作为产品时组织应遵循的原则（Wang，1998），其质量属性与物理产品类似，包括了：①理解用户的信息需求。设定完善的信息质量管理标准与规范，对用户就相关标准规范的认知进行记载。②把信息看作是生产计划过程的最终产品。首先设计从想法到最终成品的信息生产过程，其次为确保信息质量，不断对设计过程进行修正，最后在信息产品的生产过程中采取相关措施保证其能够满足较高质量的需求。③针对信息产品的生命周期进行管理。为更好地满足用户的需求，在不同的生命周期环节，针对质量管理进程进行审查和修订。④设立信息产品经理职务或职能来管理信息流程和最终产品。

中国科学院《数据质量评价报告》也从产品视角将信息质量定义为信息资源满足用户使用的程度，由该定义可知信息质量实质上是某一具体信息产品的内在特性（宋立荣，2008）。以信息质量的产品观点作为科技报告质量的理论基础，有利于更好地把握科技报告的效益层面质量。

3.4.4 主动数据质量管理理论

随着大数据时代的来临，对于数据质量管理出现了越来越多崭新的理论方法。从信息质量管理范畴中逐步衍生发展出数据质量管理分支，而当前的数据质量管理理论成果也可以反哺于信息质量管理。

为了解决数据质量问题，通常有被动与主动两种数据质量管理策略。被动数据质量管理以修正数据缺陷为目的；主动数据管理通常以完善数据质量、预防数据出现缺陷为目的，更注重对数据质量进行积极干预。

主动数据质量管理的思想源于全面数据质量管理理论，它主要包括数据质量计划、数据质量控制、数据质量管理过程三个运行阶段：①数据质量计划。依据相关的质量目标，数据质量计划将用户的需求具体化成不同的质量控制指标。②数据质量控制。通过将实际操作进程与相关标准规范进行审查核定，发现需要修订的地方。③数据质量管理过程。每一次的数据质量管理都是依照计划、管理、实施解决数据问题的进程进行，这些环节构成了相应的反馈循环，以确保不断完善数据质量。

在数据驱动科学研究的新范式下，数据质量将成为科学研究和科技报告质量的基石。以主动数据质量管理理论作为科技报告的理论基础，对科技报告进行基于生命周期的质量控制，能够持续改善科技报告专业层面质量。

3.4.5 信息质量评价方法

信息质量评价理论与方法是科技报告质量评价的重要手段。20 世纪后半叶以来，随着人类进入信息社会，人们对于信息质量的要求越来越高，信息质量评价广泛吸引了信息科学、管理科学、计算科学等众多领域的关注。目前从评价机理看，主要形成了四类评价方法。

（1）基于可用性的信息评价方法

国际标准化组织 1997 年通过的 ISO/DIS9241-11 标准认为，可用性（usability）是指特定的用户在特定环境下使用产品并达到特定目标的效力、效率和满意的程度。对信息来说，可用性评价是指用户获取和大量使用信息的有效性、效率和用户主观满意度。IBM 公司在 1970 年引入可用性测试，Microsoft 公司 1989 年提出微软可用性指南，从内容、易使用性、促销、定制服务、情感因素进行 Windows 操作系统和其他软件产品的可用性测试。20 世纪 90 年代以后，关于信息资源可用性的研究增多，典型的如 Jakob Nielsen 提出的网站可用性准则（Nielsen，1993）。

（2）基于计量分析的信息评价

计量学的信息评价主要通过统计学、网络分析和关键指标的测算，间接评价或基于利用效果评价信息资源（彭安芳等，2013）。例如，Almind 和 Ingwersen 提出的 Webmetrics 网络计量分析（Almind and Ingwersen，1997）、Ingwersen 提出的网络影响因子等（Ingwersen，1998）。

（3）基于资源质量的信息评价

信息质量评价最初来源于图书馆和信息服务机构对纸质信息资源的评价和选取，此后应用于网络资源导航和推荐，并成为目前信息资源评价的主要领域。典型的研究如 Betsy Richmond 提出的网络信息资源评价 10C 原则（Richmond，1998）（表 3-4）、David Stoker 和 Alison Cooke 提出的网络信息资源 8 原则（Stoker and Cooke，1994）、Alastair G. Smith 提出的网络信息资源评价指标体系（Smith，2003）等。

表 3-4　网络信息资源评价 10C 原则

原则	中文译义	原则	中文译义
Content	内容	Continuity	连贯性
Credibility	可信度	Censorship	审查制度
Critical thinking	批判性思考	Connectivity	可连续性
Copyright	版权	Comparability	可比性
Citation	引文	Context	范围

（4）基于 SERVQUAL 的信息评价

SERVQUAL 是基于服务科学的信息资源质量评价方法，结合了行为研究和信息系统科学的相关理论（彭安芳等，2013）。较为典型的是 Parasuraman 等所构建的 SERVQUAL 量表，通过采纳感知质量的概念，构建信息质量测量量表（Parasuraman et al.，1988）。在此基础上的改进模型有 Zeithaml 等提出的 E-SERVQUAL 量表（Zeithaml et al.，1990）、Barnes 和 Vidgen 提出的 WEBQUAL 系列量表（Barnes and Vidgen，2000）、Yoo 和 Donthu 建立的 SITEQUAL 标尺（Yoo and Donthu，2001）。

3.5　科技报告质量管理理论模型

综合上述科技报告质量管理的相关理论基础，可以构建科技报告质量管理理论模型。

3.5.1　科技报告质量管理的维度分析

进行科技报告质量管理，其重点是对科技报告形成过程中的质量影响因素进行控制。本书通过以下维度对科技报告质量管理过程进行分析，以构建适合科技报告质量管理的理论模型。

（1）科技报告质量管理的事物属性维度分析

事物之间具有共性，也各具特性。科技报告作为科技文献的一种，符合科技文献的一般共性，与科技档案、学术论文和其他科技文献之间存在属性重合的部分，但科技报告也有区别于其他科技文献的特性。从科技报告自身来看，也分为不同的科技报告类型，既需要遵守共性的标准规范，也要符合独特要求。因此，在科技报告质量管理中需要区分科技报告的共性与特性（图 3-3）。

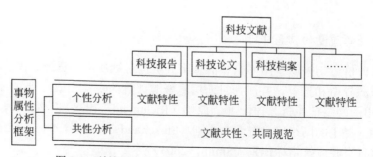

图 3-3　科技报告质量管理的事物属性维度分析框架

（2）科技报告质量管理的过程维度分析

科技报告质量管理工作自身是一个具有反馈的循环，需要结合ISO9000质量认证体系，设计与制定科技报告质量管理的模式，从而对科技报告的各个环节质量影响因素进行控制（蓝华等，2011）。在科技报告质量管理中，根据被控系统全过程的不同阶段，科技报告质量管理可以分为事前质量控制、事中质量控制、事后质量控制三个过程（图3-4）。

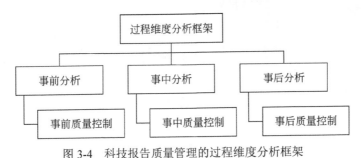

图 3-4 科技报告质量管理的过程维度分析框架

（3）科技报告质量管理的动态维度分析

科技报告质量管理并不是一个单向的过程，而是一个动态的循环控制过程。科技报告质量控制从制定科技报告质量标准规范开始，就进入了实施阶段，当报告完成情况与相关标准规范存在偏差时，应当分析偏差并进入反馈过程，进一步修正原有计划，并提出修改意见。科技报告工作的流程一般环节为：下达科技报告任务——撰写科技报告——审核科技报告——验收科技报告——科技报告的交流利用。根据科技报告的工作流程，每个流程中都要对科技报告的质量进行保证。

3.5.2 多维度的科技报告质量管理模型

依据科技报告的过程维度、动态维度与科技报告质量管理主体维度，可以构建起多维度的科技报告质量管理模型，如图3-5所示。

在图3-5中，多维度的科技报告质量管理模型由控制主体、控制过程、控制动态三维度坐标构成。控制主体维度是指科技报告产生过程中对科技报告质量进行施控的主体。控制过程维度是指按照时间的顺序和科技报告课题进行的程度，将科技报告质量管理工作分为事前质量控制、事中质量控制、事后质量控制。控制动态维度是指依据科技报告形成的过程制定的科技报告质量管理工作顺序。该模型呈现了科技报告质量管理主体依照相应的控制流程对科技报告进行质量管理的过程，为科技报告质量管理实践提供了理论框架。

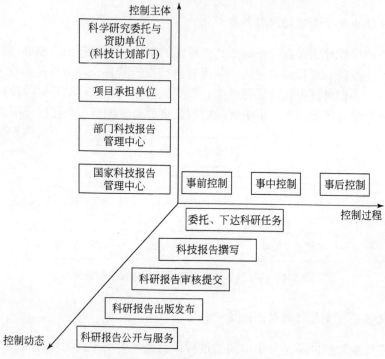

图 3-5　科技报告质量管理模型

第四章 美国科技报告及其质量管理理论与实践

现代科技报告制度最早从美国建立起来，迄今已有半个多世纪的历史。当前美国已经建成世界上规模最庞大、内容最丰富、管理最完善的科技报告体系。自1895年美国决定出版《美国政府出版物月报》（美国科技报告的雏形）至今，包括科技报告的产生、保存收藏、质量管理评价和科技报告的开发利用等在内的各个环节都已经非常完善，已形成非常科学、完备、庞大的科技报告资源体系（王维亮，2011）。在美国科技报告制度中，拥有一套完整的政策法规标准体系和组织管理运行机制来保障科技报告的质量，在长期的科技报告质量管理实践中，也形成一系列关于科技报告质量管理的先进理念和理论成果。本章选取美国的科技报告质量管理研究与实践活动作为案例，分析其中经验，为我国的科技报告体系建设和质量管理工作提供参考借鉴。

4.1 美国科技报告资源体系

科技报告是科技活动的重要产出形式和科技成果的重要载体，科技报告资源是一个国家重要的基础性战略信息资源，这已经成为各国政府科技管理部门的共识。在科技报告资源积累和建设方面，美国的科技报告资源体系可以提供参考。

在美国的政策体系中，科技报告是科技信息资源的一种类型，因而科技报告管理和服务主要纳入政府科技信息管理和服务中。在美国科技报告制度中，科技信息被广泛使用，在某种程度上替代"科技报告"作为政策或机构管理的术语。尽管在不同的服务机构和服务体系中，科技信息的界定和范畴略有不同，但是在相关制度指引下，美国科技信息服务实践中积累了丰富的科技报告资源。

4.1.1 PB 报告资源

DOC 是美国科技报告服务的主要职能机构，也是 PB 报告的运营机构，是美国联邦政府科技信息的集成服务部门和统一交易商。NTIS 是商务部旗下主要的科技报告运营单位。经过漫长的发展，NTIS 延续了 PB 报告的发展，成为美国四大科技报告的集中收藏和服务平台，并最终成为全球最大的科技报告出版和服务机构。

在 NTIS 服务体系中，科技信息的术语为 STEI，即科技和工程信息（scientific, technical and engineering information）。在 1994 年 1180 法案中，DOC 将 STEI 定义为科学家或工程师创造的基础研究或应用研究的结果，同样也包括商业或产业信息，比如经济信息、市场信息以及其他相关信息。

NTIS 的科技报告收录在美国政府科技报告全文数据库中，该数据库的服务范围覆盖了 NTIS 收藏的 39 个领域、378 个子主题的科技报告，拥有总数超过 300 万条的书目记录和超过 80 万条报告的全文，每年增加超过 3 万条记录，并且能够做到在每个政府工作日更新。

4.1.2　DE 报告资源

在美国能源部（Department of Energy，DOE）有关文件中，科技信息被定义为通过研究与开发合同、管理和运营合同、设备管理合同，以及设备或网站管理合同实施的工作的文本性结果，包括研究发现、分析、与研发相关的结果以及其他科技试验和活动记录。在美国政府各部门的科技报告中，原子能报告和能源报告的出版形式种类最多，也很具有代表性。在很长一段时间里，由于历史发展过程中保密等原因和交流范围的限制，DOE 内各部门之间互相隔绝，原子能报告和能源报告曾经一度没有统一的报告入藏号编号系统，所以编号杂乱、种类繁多，规律不易掌握，每年出版的数量也不易统计。直到 1981 年，DOE 才实行了以 DE 冠名的能源科技报告编号系统。目前，DE 科技报告资源主要由科学技术信息办公室（Office of Scientific and Technical Information，OSTI）负责，OSTI 是负责协调能源部的科学技术信息活动和报告的集中收藏、加工、保存和服务工作的最高机构（王建英和马立毅，2005）。

DE 报告可以大致分为公开信息、公开发行的解密信息、非保密受控信息、非保密受控核信息和保密信息五种类型，并通过数据库面向不同的用户提供服务。其中，PAGES（Public Access Gateway for Energy and Science）提供学术性研究全文文献 53 007 份；SciTech Connect 提供科技报告信息约 300 万份，其中引证信息 285 万个，且 100 万个具有 DOI 标识的引证对象可链接到原文，同时包括约 45 万份美国能源部资助的全文研究报告（统计时间为 2017 年底）。

4.1.3　AD 报告资源

美国国防部（United States Department of Defense，DOD）有关文件将科技信息定义为从 R&E（research and engineering）活动中获得的发现和技术创新，这些工作由 DOD 的合同履约人、责任人或者联邦雇员完成。科技信息也包括说明性和商业性应用活动的结果，比如实验、观测报告、模拟、研究和分析，涉及多种形式和格式，比如文本型（textual）、图表型（graphical）、数据型（numeric）、多媒体（multimedia）、数字数据（digital data）、技术报告（technical reports）、科技会议论文和演示文档（scientific and technical conference papers and presentations）、学位论文（thesis and dissertations）、科技软件（scientific and technical computer software）、期刊论文（journal articles）、工作报告（workshop reports）、项目文件（program documents）、专利（patents）以及相关的技术数据。这些报告统称为 AD 报告。

AD 报告的来源单位（即其著者所在的机构）积累起来已多达 40 万个左右，这些来源机构主要来自陆军系统、海军系统、空军系统、科研院校、公司企业、美国政府科研机构、外国科研机构和国际组织等。

目前，AD 报告由国防技术信息中心（DTIC）统一运营。DTIC 除了对自 1948 年延续至今的国防科技报告进行集中收藏、加工和提供服务外，还逐渐增加了科技信息分析、信息系统维护以及网上信息服务等。在 DTIC 的科技报告服务体系中，平均每年收藏科技报告 3.3 万篇左右，已累计多达 200 万份国防部研究、开发、测试或评估的科技报告。由于国防科技报告独具的敏感性，在目前七个保密等级中（A、B、C、D、L、M、P），暂时只有 AD-A 和部分 AD-B 是面向公众提供的科技报告类型。此外，DTIC 提供的科技报告资源还包括技术报告书目数据库（technical reports bibliographic database）、研究摘要数据库（research summaries database）和独立研究与开发数据库（independent research and development database）。DTIC 还提供了详细的信息保密等级分类指南与项目计划、项目进展控制系统。

4.1.4　NASA 报告资源

NASA 有关政策指南将科技信息定义为联邦机构的基础性和应用性科学、技术和相关工程研究以及开发中产生的结果，包括事实、分析和结论。科技信息还包括与研究相关的管理、产业和经济等信息，例如技术论文和技术报告、期刊论文、会议、工作论坛、会议文献和预印本、会议论文集、初始或者未出版的科技信息、已经或即将在公共网络上公开的信息等。

NASA 报告是 NASA 的各科研单位、合同单位、资助单位（大学研究所、实验室等）在航空航天科研活动中产生的科技报告，一般都编有 NASA 报告的报告系列号。大约有 60 个国家和 750 多个政府机构、大学和研究所是 NASA 国际情报交流的积极参加者。通过欧洲航天局，欧洲国家也可以共享 NASA 数据库。

NASA 设有首席信息官和科学技术信息办公室，全面负责该局的科技报告工作。NASA 旗下的航天航空信息中心（Center for Aerospace Information，CASI）对 NASA 报告进行统一的整理、收藏、存储。航天航空技术报告服务中心（NASA Technical Report Server，NTRS）提供与航空航天相关的引证、全文在线文本、会议论文、期刊论文、非正式会议文稿、专利、研究工作论文、图片、电影和技术型视频等一切由 NASA 创作或资助所产生的科技信息。

4.2　美国科技报告服务模式

科技报告向用户群体的传播、流转以及被用户群体获取和利用是通过各类服务形式实现的。传统科技报告服务模式重点关注的是保障科技报告的可获取性。长期以来，科技报告服务内容主要包括以下活动：其一，由科技报告的采购方或者是委托方、签订合同的政府机构发布和维护科技报告；其二，由具有专门的协调管理机构及其代理商提供科技报告服务（如美国的 NTIS 以及早先委托的 Dialog 信息服务）；其三，授权具有专门的科技报告管理职能的机构提供相关服务（如统筹印刷和管理的美国政府印刷局、负责呈交存储管理的国会图书馆）。美国科技报告服务在平衡了保密性和可得性之后，建立了完善的科技报告服务模式。

4.2.1　科技报告服务内容

4.2.1.1　科技报告呈交与存储

（1）集中分散相结合的副本存储

DTIC、CASI 和 OSTI 分别负责 AD 报告、NASA 报告和 DE 报告的收藏和发行工作，并将公开和解密的科技报告的副本及时提交给 NTIS。DTIC、CASI 和 OSTI 成为联系各基层单位和 NTIS 的纽带（石蕾等，2012）。NTIS 作为美国国家级科技报告收藏和服务中心，除了负责公开和解密的 AD 报告、NASA 报告、DE 报告的收藏与发行工作，还负责 PB 报告的采集、加工、收藏和发行工作。各基层单位除了将科技报告提交给项目资助单位，还将这些科技资料收藏于本部门的技术图书馆或资料室，以提供内部交流使用。

（2）科技报告数字化存储与服务

随着互联网和个人计算机的普及，美国科技报告存储和服务逐渐转向数字化、网络化领域发展。各联邦机构科技报告的提交和用户对报告全文的获取都可以通过网络远程实现。

DOE 的科技信息提交和发布平台 E-Link 支持机构内部用户使用该平台填写、查看、修改、审查并提交公开和非保密受限制科技报告；保密和非保密受控制核信息则需通过邮寄或其他安全渠道提交（张爱霞，2007）。而对于外部用户，DOE 则使用科技连线（SciTech Connect）数据库提供服务。社会公众通过 SciTech Connect 数据库可以免费获取由 DOE 资助研究产生的成果，包括研究报告、引文数据、期刊论文、会议论文、图书专著、多媒体内容和数据信息。SciTech Connect 既是一个信息门户，也是一个搜索引擎，它集成了 DOE 原有的能源引文数据库（energy citations database，ECD）和信息桥（information bridge，IB）数据库中所有的信息，并提供全新的语义搜索功能和丰富的定制服务。SciTech Connect 同样由 OSTI 开发和运营，当前其收录包括了生物学、化学工程、计算机科学与工程、环境科学、机械工程、纳米科学、物理学等学科的科技信息，收录时间可以追溯到 1948 年。

NASA 开发出面向公众的 NTRS 和面向 NASA 内部的航空和空间数据库（NA&SD）。NTRS 提供由 NASA 资助产生的科技信息产品，包括 50 余万条文献（其中超过 30 万条能在线获得全文）和 50 余万个图像视频资料。NA&SD 拥有包括 NASA 科技报告的索引、文摘、视频、期刊论文、会议录等在内的超过 400 万条元数据，时间范围涵盖了从早期的 NACA 出版物到如今 NASA 最新的研究。

国防部的技术报告数据库（technical report database，TR Database）允许授权用户提交科技报告文献和多媒体资料并跟踪查看提交报告的状态。在 DTIC 的主页可以搜索和下载公开的科技报告。

4.2.1.2 科技报告交流与服务

（1）分类分级服务体系

美国政府科技报告都有密级和使用范围的划分，形成分类分级的交流服务模式。美国政府科技报告的开放服务可以分为三个层次：①国家级别的科技报告信息门户（如 NTIS）向社会公众提供所收藏的所有可公开的政府科技报告资源，并提供完善的获取渠道；②由各个政府机构的独立信息中心开展基于本机构收藏科技报告资源的服务；③各基层部门可以依托于信息公开制度提供自身的科技报告开放服务。除了公开信息服务体系，机构内部信息服务体系主要面向内部用户，包括机构内部雇员、合作者、合同商，以及政府系统内的相关人员，科技报告服务的范围包括了非公开的科技报告，一般通过 IP 授权、账户密码等方式进行限制；保密信息服务体系拥有更为严格的权限控制和安全保障措施，往往是通过加密的渠道进行科技报告的传递。如 DOE 的科技报告就通过专门的保密信息系统进行服务（张爱霞和沈玉兰，2007）。

（2）个性化信息定制服务

为了开展科技报告的网络远程服务和针对各联邦机构、个人用户的个性化定制服务，NTIS 于 2009 年 4 月开通了美国政府科技报告全文数据库（National Technical Reports Library，NTRL）。NTRL 由联邦科学知识库服务（Federal Science Repository Service，FSRS）中心开发。最新版本的 NTRL 网络平台基于开源数据管理框架 Fedora/SOLR 开发，支持不同的对象和数据模型，支持元数据的灵活扩展，能够根据联邦机构的需求展现多样的前端，需要 IP 授权才能访问。NTRL 网络平台除了提供快速检索、高级检索和邮件推送等服务功能，还推出了个性化定制服务 NTIS-SRS（selected research service，SRS）功能，为用户量身定制信息服务。用户可以从《自动交付产品目录》中浏览 378 个主题信息，设置个人偏好的订购参数，也可以根据主题关键词设置选择标准。NTIS-SRS 网络平台还为一些公司和专业图书馆提供它们所在专业领域的最新信息。

NTIS 完成对美国政府资助的技术报告的收集、索引、文摘和保存工作，NTRL 则向图书馆和技术信息用户提供对这些权威的政府技术信息报告的访问。在美国，NTRL 被公认为填补了对大量政府技术报告实现有效访问的空白。以往这些技术报告被保存于学术机构、公共机构、政府机构和公司的图书馆中。通过 NTRL 网络平台，NTIS 能够更加全面地、个性化地将各种主题的高质量政府技术报告内容直接提供到用户的桌面。

2014 年以后 NTRL 网络平台已经完全开放服务，并定义了四种服务方式：①用户可以通过 NTRL 网络平台获得所有的报告目录信息，并链接到可公开获取资源或 NTRL 网络平台的报告收费传递服务平台；②注册用户可以通过 NTRL 网络平台获得权限范围内的所有报告全文服务；③向收费用户提供报告定制与推送服务；④向机构用户提供数据开放和服务管理功能。

4.2.2　科技报告服务机构

根据美国等国家的科技报告服务经验，还可以将科技报告服务按照服务实施主体划分为以下几类。

4.2.2.1　专业机构科技报告服务

建立统一、权威、专业、专职的科技报告资源管理机构是开展科技报告服务的基础性措施。科技报告专业服务机构也应是科技报告体系中的必要基础设施。

在美国，NTIS 是美国国会授权的唯一的科技报告服务机构。1945 年美国总统杜鲁门签署指令成立即 PB 负责政府科研部门可公开的科技报告的搜集、编目、通报和提供使用等工作。1950 年美国国会通过法案确立了有偿服务原则，并将科技信息服务确认为联邦政府的基本职能之一。1988 年的《国家科技信息法》确定了 NTIS 作为美国政府技术报告服务的唯一授权机构，美国法典 3704b 确立了 NTIS 的基本服务职能和机构设置。

目前 NTIS 具有科技报告目录编制与维护、科技报告永久保存和科技报告传递服务三项基本职能，并且受相关机构委托（如美国农业部和医学研究所），承担对历史纸质报告的数字化工作，对社会保障部、自然基金会和外贸局等部门提供数字化服务。

4.2.2.2 图书馆科技报告服务

图书馆、档案馆和各类信息资源中心是提供非保密性科技报告资源服务的主要公共部门，也是发挥科技报告资源社会价值的重要推动者。在世界范围内，图书文献机构收藏了大量科技报告资源。以美国国会图书馆为例，其下科技服务部科技报告与标准服务部门收藏了大量历史科技报告和当前的科技报告文献，报告的发布机构既包括政府，也包括非政府机构，总量超过 700 万份。

美国政府科技报告存档和图像数字图书馆（The Technical Report Archive & Image Library，TRAIL）则是由美国研究型图书馆中心主持、华盛顿大学开发和运营的科技报告开放获取平台，目前已经由 42 个研究型图书馆成员搜集和加工超过 13 万份开源科技报告，并通过 HathiTrust 和自身的运营平台提供科技报告服务。

从图书馆提供的科技报告服务内容来看，图书馆科技报告服务的职能仍然是以资源的永久保存和提供获取渠道为主，并将科技报告视为一种特殊文献类型纳入到文献资源保障体系；而推进科技报告的流通利用与成果转化、提高科技报告内容质量并不是传统图书馆服务机构关注的重点。

以美国国会图书馆收藏的科技报告类型为例，其主要包括以下内容。

（1）政府发布的科技报告资源

政府发布科技报告可能会与专门科技报告服务机构发布的科技报告存在一定重叠，仍以 AD 报告、PB 报告、NASA 报告与 ERA（*Energy Research Abstracts*）等科技报告为主，并涉及 ERIC（美国教育部研究信息中心）等更多的职能部门；非政府科技报告发布机构主要包括国际组织和企业机构。美国政府提供的科技报告服务主要有：

1）AD 报告系列（AD-A，AD-B）。是由国防技术信息中心收录的从 1943 年至今的科技报告。国会图书馆主要提供 AD-A 系列报告和少量 AD-B 系列报告。

2）AID-PN 报告，即美国国际开发署报告。主要提供 1972～1987 年发布的将近 2 万份科技报告，目前美国开发经验交流中心（Development Experience Clearinghouse，DEC）也提供相应的在线报告。

3）能源部 Argonne 国家实验室发布的 ANL（Argonne National Laboratory）系列报告。目前，国会图书馆提供自 ANL-7151 开始的解密研究报告，并包括 ANL/AA 到 ANL-ZPR 的系列研究报告。

4）能源部 Brookhaven 国家实验室发布的 BNL（Brookhaven National Laboratory）系列报告。目前，国会图书馆提供 BNL-325 到 BNL-52134 的解密研究报告，并包括 BNL-NCS、BNL-NUREG 和 BNL-TR 的系列研究报告。

5）能源部原子能机构报告。主要包括 AEC 报告、Docket 报告和 Domestic 报告。AEC 报告涵盖 1943～1964 年的缩微胶片报告、1992 年以前的初始代码系列，1948 年至今的报告均可在 OSTI 的引文数据库中查询到摘要信息，并且 IB 数据库可提供 1995 年至今的报告全文；Docket 报告则主要是 1956～1978 年的研究报告，通过 ADAMS（agency-wide documents access and management system）也能获得相应的报告；Domestic 报告是 1974 年以前（1940～1970 年为主）的 18.7 万份文件信息，包括 AEC 胶片、技术翻译、ARD 和

AID 报告，同样由 ADAMS 提供检索服务。

6）教育部出版物和报告。美国教育部研究信息中心（Department of Education's Education Research and Information Center，ERIC）目前提供从 1959 年至今的超过 34 万份研究报告。

7）NTIS 报告。包括 PB 报告、EPA 报告、HRP 报告（1969～1988 年，超过 10 500 份研究报告）等。

8）NASA 报告。提供自 1962 年至今的超过 40 万份科技报告，包括技术报告、NASA Glenn 研究中心技术报告等。

9）NUREG 报告。即美国能源 R&D 报告。包括 1976 年至今的超过 6500 份科技报告。

（2）非政府机构科技报告资源

非政府机构科技报告资源的筛选相对灵活，能够更加突出科技报告内容的主题聚焦，实现相关学科领域的科技报告汇集，而不仅仅是反映某一机构的科技项目或研究行为。比如美国国会图书馆提供的非政府机构科技报告资源主要有如下三种。

1）航空航天类研究报告。主要有：AGARD（Advisory Group for Aerospace Research and Development）报告，包括自 1954 年以来北约太空研究署发布的非加密科技报告，目前每年公开 40～50 份，同时也可通过 NASA 科技报告库查阅相关记录；AIAA（American Institute of Aeronautics and Astronautics）论文和报告库，包括从 1963 年至今的研究报告；IAF（International Astronautical Federation）报告，提供 1995～2000 年的所有相关研究报告。

2）行业和工程技术类研究报告。比如 1989 年以来的工程机械学会研究报告、1965 年以来的自动化协会研究报告（SAE 技术报告）、石油工程协会研究报告（1957～1994 年的 SPE 报告）等。地震工程研究中心跨学科研究报告（MCEER 报告），从 1987 年至今共有约 5 万条记录，美国国会图书馆提供全文记录 400 多条。

3）国际机构和企业特色报告资源。如由联合国国际原子能机构发布的 IAEA 报告，包括核安全、核保障和环境问题的评估和研究出版物与报告；兰德公司技术研究报告（RAND 报告），包括自 1946 年以来的所有图片、记录文件和技术报告，其中技术报告有 17 000 余份。用户还可通过 NTIS 和 DITC 查阅相关的兰德公司研究报告。

（3）历史性科技报告资源

历史性科技报告资源主要是美国过去发布的科技报告资源，因机构转变或相关原因，不再持续增长或运营服务的技术报告，主要包括两次世界大战期间的国防技术研究报告和已经解密的冷战时期研究报告。例如，1916 年威尔逊总统时期的国防委员会报告、FIAT（美国陆军联合情报署）报告、ARCO（空中力量资源控制办公室）报告、JIOA（联合情报署）报告、NDRC（国防研究委员会）报告、OSRD（国家科学研究与发展办公室）报告等。

此外，国会图书馆提供的历史性科技报告还包括：

1）美国战略性炸弹调查（*Reports of the United States Strategic Bombing Survey*，USSBS）报告。包括 1944 年 11 月到 1947 年 8 月之间发布的大约 300 份研究报告，涵盖飞机、国防、金属材料、燃油、机械等领域。

2）合成橡胶研究（*Synthetic Rubber Project*）报告，主要是 1942～1953 年，美国推动

的合成橡胶系列研究报告，共包括 8000 多份技术研究报告。

3）聚合物发展研究报告（*Copolymer Development Reports*，CD）报告和聚合物报告（*Copolymer Reports*，CR）报告，共有 1957 年以前的 CD 报告 3392 份、CR 报告 3962 份。

4）石油提取研究（*Technical Oil Mission*，TOM）报告，主要是 1930～1940 年的石油技术与混合燃料技术研究报告，包括煤炭气化、氧化制品、酒精提取、液态燃料、润滑油等技术报告。

5）美国第二次世界大战陆军技术手册（*United States War Department / Department of the Army Technical Manuals*），是 1940 年 1 月陆军发布的战地服务规范、战地手册、技术手册、技术规范、训练手册和训练规范，其中技术手册和技术规范提供了大量技术性研究报告。

6）美国陆军第二次世界大战科技产业报告目录（*The Bibliography of Scientific and Industrial Reports*，BSIR），该目录也以 PB 科技报告和 AD 科技报告的形式进行出版和传播。

7）美国文献工作学会技术（*American Documentation Institute*，ADI）报告，即 ADI 报告，收录了 1937～1968 年美国文献工作学会发布的 10 000 多份技术研究报告。

（4）特殊科技报告资源

第二次世界大战后，美国从德国、日本等战败国收缴了大量科技资料，并将其转化为技术性研究报告加以利用。其中，国会图书馆提供了部分收缴科技资料的研究报告，如日本第二次世界大战医学实验研究报告（*Japanese Medical Experiments During World War II*），包括臭名昭著的日本关东军细菌生物实验部队的医学人体实验报告，共 16 卷，在 1960 年解密公开并向公众服务；还包括日本战争犯罪行为的数千卷档案文件。

此外，国会图书馆还提供大量的科技报告目录服务和检索推送服务。比如 *Technical Reports on Digital Media* 目录。

4.2.2.3 政府科技报告服务

随着全球范围内开放政务运动和政府信息公开的持续推进，科技报告被逐步纳入政府信息公开的范畴，并主要通过电子文件形式实现政府科技报告的开放获取服务。许多政府部门提供了直接面向社会公众的科技报告开放平台和渠道。

以美国为例，美国政府建立了多元的科技信息公开服务渠道，比如美国政府印刷局（Government Printing Office，GPO）、美国审计署（Government Accountability Office，GAO）网站以及专门的政府数据网站（www. data.gov）。

GPO 是依照 1895 年的《印刷法案》规定成立的专门机构，其主要任务是印刷、发行和销售政府文件，是美国最大的官方印刷出版机构。每年出版国会和 135 个政府机构编辑的期刊 460 多种，文件 1.7 万多种，政府发布的大量技术报告、国会报告和政府审计报告也涵盖在内。在 GPO 数字存储门户网站可以公开浏览所有的国会报告或政府机构发布的相关项目审计报告信息。从报告形式来看，因 GAO 报告多应国会要求而开展，类型主要包括项目听证、调查、评估等研究报告，目前主要向公众提供非敏感性、非加密性、非受控性的报告内容，因涉及大量的政府研究机构，所以也有大量技术报告可供获取。

2000 年开通的美国政府门户网站（www.usa.gov）为公众、企业和非营利机构、政府工作人员、国外访问人员等不同类别的用户提供按主题分类的电子邮件、电话、博客等信息服务，从中可获取美国政府发布或公开的信息内容。审查后公开的技术报告和技术性资料、技术信息也可以通过美国政府门户网站获取。

2009 年奥巴马总统执政后，美国政府大力推动开放数据战略，在 2009 年开通了美国政府大数据网站（www. data.gov），以实现奥巴马总统的"开放政府"承诺。目前在 data.gov 上，有超过 40 万份原始数据文件，涵盖了农业、气象、金融、就业、人口、教育、医疗、交通、能源等近 50 个门类。这些数据和原始信息大大丰富了科技信息开放获取资源的形态，也向用户提供了科技报告的基础信息和原始素材，可以作为科技报告资源服务的有力补充。

4.2.2.4　其他机构科技报告服务

除了政府隶属机构和公共机构之外，在科技报告服务市场上，各类商业机构和研究机构也是科技报告服务的重要供给者，例如 Google、Internet Archive、Grey Literature Report 等搜索引擎、在线技术报告网站和数据库平台等。

如前文所述，由于科技报告一般被认为是灰色文献的一种，因此大量科技报告存在于各类灰色文献服务系统中，如美国灰色文献 GreyLit 和欧洲灰色文献开放（OpenGrey）系统。GrayLit 的数据库中包含了来自美国 DOE、NASA、EPA 和 DTIC 的技术报告全文文献，于 2001 年正式运行，后来被整合进 Science.gov 和 Science Accelerator 两个系统中，目前 Science.gov 已经涵盖了 2200 个科技网站、60 个科技数据库和 2 亿多个科技类认证网页、约 150 万科技报告资源。欧洲灰色文献开放（OpenGrey）系统源自欧洲灰色文献信息（SIGLE）系统，目前提供 1 014 857 份在线记录，其中学位论文（thesis，U）534 648 份、报告（report，R）168 116 份、进展报告（progress report，Y）21 530 份、会议论文（conference，K）20 505 份以及其他类型文件（miscellaneous，I）244 531 份，科技报告占比大约 20%（统计时间 2016 年底）。

4.2.3　网络时代科技报告服务模式

4.2.3.1　美国科技报告在线服务的发展历程

科技报告作为美国联邦政府科技信息扩散和传递到各行各业的主要方式，最早可追溯至 19 世纪后期，并成型于 20 世纪 40 年代，之后得到了高速发展，至今在美国科技创新、经济发展和文化教育等方面扮演着重要的角色。

美国科技报告的发展可以划分为四个阶段（王维亮，2011）。第一阶段（19 世纪末至 20 世纪初）是美国科技报告的发展初期，科研成果资料的管理较为分散，尚未形成系统。科技报告除了在政府内部交流之外，从 1895 年开始在《美国政府出版物月报》上公布和发行。第二阶段（20 世纪初到第二次世界大战初期）是科技报告的成型期，美国政府认识到大力发展科学技术的重要性，陆续成立一些科技管理机构、委员会、实验室和民间学术团体。科技报告在美国政府各部门之间的交流使用已较为广泛。第三阶段（20 世纪 40～90 年代中期）是科技报告的发展成熟和广泛使用期，科技报告成套发行，相关管理机构相继成立，美国政府科技报告真正成为国家科学技术知识的宝库和雄厚的战略资源。第四阶段是 1995 年至今的电子网络新时期，科技信息的著录、标引、检索等工作逐步实现了计算机化，并被搬上互联网为用户提供更为便捷的存取服务，科技信息的产生、传播和利用效率得到大大提升。

电子网络新时期的美国政府科技报告经历了从传统环境到网络环境的转型，面临着诸多机遇和挑战，采取了积极有效的应对措施，呈现出新的发展特征和趋势。1995 年之后的美国政府科技报告网络化工作以 2001 年为节点，大体可以分为两个阶段。20 世纪 90 年代中期至 2001 年，以 NASA、DOE、DOD 等联邦机构为代表的科技信息生产大户纷纷实现了本部门科技信息资源的数字化，为学术界、工业界和公众提供更为便捷的科技信息在线获取服务；2001 年以后，为方便用户获得更为完整的科技信息资源，各联邦机构之间的合作明显增强，GrayLit、Science.gov、TRAIL 等合作成果相继面世，公众通过网络获取科技信息资源更为完整、公开和便捷。

（1）第一阶段：在线服务开拓期

NASA、DOE 和 DOD 是美国政府科技报告生产的三大主要部门，它们在科技报告电子网络化建设方面走在其他部门前面。下面主要就美国民口科技报告体系网络化建设的情况加以介绍。

1）NASA 的科技报告网络化工作：NASA 的科技报告网络化工作在联邦机构中相对开始较早，其利用互联网提供科技报告服务的工作可以追溯至 1993 年。那时，NASA 的兰利技术报告服务系统（langley technical report server，LTRS）刚刚开始向公众提供互联网接口。在此之前，LTRS 只通过 FTP 提供经 NASA 兰利研究中心授权和资助的技术报告的传递服务。尽管在 1993 年实现了互联网接入，LTRS 只提供对兰利研究中心技术报告的访问，并不包括 NASA 其他的中心和研究所产生的技术报告。从 1994 年开始，LTRS 系统被移植到 NASA 其他中心，与 LTRS 类似的多个技术报告服务系统相继建立。1995 年，为将 NASA 多种来源途径的技术报告提供集成的网络搜索服务，集成了 NASA 20 个研究中心数据库的 NASA 技术报告服务系统（NASA technical report service，NTRS）正式上线。NTRS 大获成功，受到了公众的极大欢迎，刚刚推出之后每月收到的查询请求就达 3 万余次。如今 NTRS 由三部分组成：NACA 数据集、NASA 数据集和 NIX 数据集。NACA 是 NASA 的前身，数据集包含了自 1915～1958 年航空领域的文献索引和技术报告。NASA 数据集收录了 1958 年至今由 NASA 赞助项目产生的科研文献索引和文档。NIX（NASA image exchange）数据集则包含了有关图像、照片、影片、视频等资料的索引和链接。这些数据集涵盖了丰富的科技报告资源，包括 50 余万条索引、超过 300 万个全文文档、50 余万条图像和视频资料，以及来自 NACA 的超过 1.3 万篇早期的全文文献。值得一提的是，在美国政府三大技术报告生产机构（NASA、DOE 和 DOD）中，NASA 的 NTRS 是第一个提供技术报告文献中图像资料在线获取的。

2）DOE 的科技报告网络化工作：如前文所述，科技信息办公室（OSTI）是 DOE 下属科技信息主管部门。自从 20 世纪 90 年代中晚期以来，OSTI 在能源科技报告在线获取方面做了很多工作，其工作一直领先于其他联邦科技信息机构，使得 DOE 的在线科技报告全文数量至今远远领先其他科技机构。OSTI 也是联合检索方面的先行者，使得用户能够高效检索多个数据库资源。

在 20 世纪 90 年代中期，OSTI 就在其网站上向公众免费提供 DOE 书目数据库（DOE

bibliographic database）。这个数据库包含了 1994 年之前的能源部技术报告的著录信息。1997 年底，DOE 与 GPO 合作开发出 IB 系统，将技术报告数字化及其搜索和传递工作推进了一大步。IB 提供能源部 1995 年之前的技术报告的全文获取服务，其全文资源数量超过了当时大多数联邦机构网站，但是限制在 DOE 内部及其合同商使用。1998 年 4 月，DOE 发布了 IB 面向公众的版本。2003 年底，DOE 的 IB 已经包含了超过 77 000 份全文文献。然而，OSTI 也认识到仍有许多技术报告文献公众并不能便捷且免费获取，例如 DOE 1994 年之前出版的技术报告文献和那些产生于能源部前身机构的文献。于是在 2001 年，结合了 DOE 核科学文摘（*Nuclear Science Abstracts*）、能源研究文摘（*Energy Research Abstracts*）和书目数据库的能源索引数据库（energy citations database，ECD）得以问世。能源索引数据库提供了能源部及其前身机构自 1948 年以来的科技文献的著录信息。由于早期的能源部技术报告即便在图书馆和互联网上也未被很好地著录，能源索引数据库则填补了这一空白，并且它是免费的，所以它在推出之后受到公众尤其是信息从业人员和研究人员的好评。2013 年 8 月和 9 月，IB 和 ECD 相继被能源部整合进提供更强大语义搜索功能的 SciTech Connect 系统之中。

3）其他领域的科技报告网络化工作：除了航空航天和能源领域，其他领域的科技报告数字化网络化工作也多有建树（Esler and Nelson，1998）。计算机科学作为"近水楼台"，成果更为显著。

计算机科学技术报告统一索引（unified computer science TR index，UCSTRI）提供了与计算机科学有关的技术报告、学位论文、预印本等电子资源索引的网络检索服务。它于 1993 年 4 月开通，聚集了众多美国计算机科学院系的 FTP 资源，提供一站式的可检索的索引，通过互联网访问没有任何限制，赢得了良好的赞誉。

广域技术报告服务系统（wide area technical report service，WATERS）是数个美国计算机科学院系通过互联网提供其技术报告、学位论文等电子资源在线存取的一个原型系统。WATERS 与 LTRS 共享其历史电子资源，并最终合并到 NCSTRL 系统中。

CS-TR 系统始于 1992 年，受 ARPA（The Advanced Research Projects Agency）资助，由美国五大著名高校卡内基梅隆大学、康奈尔大学、斯坦福大学、麻省理工学院和加州大学伯克利分校合作扫描了总计 5000 份有关计算机科学的技术报告并建立起数据库。CS-TR 后来与 WATERS 一起成为 NCSTRL 的核心组成部分。

计算机科学技术报告网络图书馆（networked computer science technical report library，NCSTRL）是在 WATERS 和 CS-TR 计划的基础上发展起来的计算机科学领域的技术报告数据库。它基于一个高度定义的协议（Davis and Lagoze，1994），联合了 50 多个合作机构的技术报告服务器，用户通过互联网可以免费自由访问。在它的升级版本 NCSTRL+中，则提供了对 100 多个大学院系和实验室的访问服务。

（2）第二阶段：部门协作建设期

1）一站式解决方案的提出：20 世纪 90 年代，联邦机构在自身技术报告文献的可获取性方面取得了很大的进步。但是就技术报告文献资源整体而言还处在相对分散的状态，难以保证公众对技术报告文献获取的完整性。数据显示，即便是作为整个美国科技报告集中收藏和服务中心的 NTIS，其科技报告存储量在 1991 年的《美国技术卓越法》颁布之前也只占到联邦政府资助产生的科技报告数量的三分之一（Shill，1996）。一些联邦机构和科学家没有意识也并不情愿将研究结果报告提交给 NTIS，还有相当数量的早期科技报告文献未被纳入科技报告管理体系之中。于是，进入 21 世纪以来，一场尝试将各联邦机构科技信息资源集中到一个一站式解决方案的运动开展起来（Nickum，2006）。两场研讨会在这其中起到了奠定基础的作用，分别是 2000 年的"自然科学信息基础设施建设研讨会"（*Information Infrastructure for Physical Sciences*）和 2001 年的"加强科学公共信息基础设施建设研讨会"（*Strengthening the Public Information Infrastructure for Science*）。

2）GrayLit Network：2000 年的"自然科学信息基础设施建设研讨会"在美国国家科学院举行，由 DOE 承办。会议主要讨论了如何利用现有技术建设一个更为完整的科技信息资源集合，以此促进科学交流，提高美国科技企业的生产力。在众多被讨论的议题中，有三个是与科技报告文献的可持续获取关系密切：除了同行评议的期刊和其他商业出版的资料以外，科学家还需要对灰色文献更为便捷地获取和使用；需要明确对信息的存储、保存及获取的关键性需求；政府有责任将其资助所产生的科研成果信息作为公共物品尽可能广泛传播。会议的一大成果就是 GrayLit Network 灰色文献系统的建立。GrayLit 的数据库中包含了来自 DOE、NASA、EPA 和 DTIC 的技术报告全文文献。它于 2001 年正式运行，2003 年时已收录了约 13 万份技术报告。GrayLit 是由 DOE、NASA、EPA 和 DOD 四个机构达成共建共识，整合各自现存技术报告数据库，并由 DOE 负责建设一个分布式搜索引擎。用户能够选择一个或多个机构的数据库，然后利用 GrayLit 进行简单检索。然而，由于不同机构数据库之间存在差异，GrayLit 并不提供针对复杂检索需求的高级检索功能。尽管如此，GrayLit 帮助用户解决了为某个需求选择特定机构特定数据库时的麻烦，使得用户能够同时在这些机构的数据库中检索，是一个不小的进步。GrayLit 后来被整合进 Science.gov 和 Science Accelerator 两个系统中。

3）Science.gov：2001 年"加强科学公共信息基础设施建设研讨会"在国家标准技术局举办。它是在前一场研讨会的基础之上召开的，主要讨论了如何利用新技术促进公众对联邦机构产生的科技信息的访问和获取问题。这次会议的成果也很显著，与会机构就协作建设科学门户 Science.gov 达成了共识。Science.gov 旨在在互联网上提供对美国政府研发信息的统一展示，并简化公众识别和获取政府科技信息的流程。Science.gov 的受众不只是学术和研究团体，更包括了对科技信息感兴趣的大众。Science.gov 联盟在这次研讨会中成立，其成员包括 DOC、DOD、DOE、NASA、NSF 等十多个联邦部门及其信息机构，如今已扩展至 15 个联邦部门及其信息机构。

Science.gov 联盟的架构与 CENDI 颇为相似。后者是最初由 DOC、DOE、NASA 和 DOD 四个部门的科技信息单位领导人组成的合作小组，其目的在于促进各部门间的横向业务合作和联系，使得成员部门可以深入研究和解决他们在科技报告文献方面共同关切的课题。CENDI 在促进联邦政府研发产出信息的公共获取工作上经验丰富，它在 Science.gov 的创建过程中为 Science.gov 联盟提供了专业的支持和帮助。

Science.gov 是联邦政府科学信息和研究结果的信息门户，可以指向 2200 多个科学网站，现在已经发展到了第五个版本。它提供了对 60 余个数据库、2 亿页科学信息的一站式搜索功能，这些资源包括技术报告、期刊索引、数据库和联邦机构的站点等。由于联邦机构的科技文献尤其是技术报告文献大都是深网或者浅网资源，一般的浅网搜索引擎如

Google 难以取得良好的搜索效果，而 Science.gov 对 60 余个数据库的深网搜索能力极大地提高了其搜索结果的质量。Science.gov 的另一大亮点是它的动态性和扩展性，新的站点和资源会被源源不断地添加进来。除此之外，联盟成员对选入 Science.gov 的站点和数据库采用统一的主题分类表，这使得用户能够按照主题类别浏览网站和资源。

4）对历史文献的回溯：除了对分散的现有科技报告文献进行跨部门的整合，不同部门之间的合作还体现在对历史科技报告文献的回溯工作上。

进入 21 世纪后，尽管经过多个联邦机构的合作以及数字化的手段，近期科技报告文献的获取和使用已经取得了巨大的进步，然而早期的科技报告文献对用户来说仍然是难以获取的。这些早期报告分散在各级图书馆中，其资源建设、传递和服务方式呈现出多样性和变化性，而收藏机构也缺乏对报告完整性的认识，因此回溯工作存在着诸多挑战。

2005 年，在一场由亚利桑那大学图书馆（University of Arizona Libraries，UAL）倡导的全国图书馆员论坛中，图书馆界对早期科技报告的管理和获取工作面临的主要挑战和推进这一事业的紧迫性达成了广泛共识。论坛成果显著，图书馆界一致认为联邦机构很少会有预算安排对早期的科技报告进行数字化并提供网络存取服务，因此图书馆界自身有必要建设一个能够提供对这些报告网络存取的数据库，即 TRAIL。

这项工作具体由亚利桑那大学领导的美国西部图书馆联盟（Greater Western Library Alliance，GWLA）和研究图书馆中心（Center for Research Libraries，CRL）负责实施。2006 年，GWLA 和 CRL 在商议了合作计划之后决定着手探索 TRAIL 的开发，GWLA 的 32 个成员机构都参与其中。TRAIL 的职责也明确下来，即与研究图书馆中心通力合作，对 1975 年之前的联邦政府科技报告进行鉴别、数字化和存档，并提供持续的、自由的存取服务。同年秋季，项目组任命了一个十人专责小组，召开了首次会议并确定了 TARIL 工作的指导原则。2007 年，TRAIL 的第一个试用数据集正式发布。此后，TRAIL 还通过 Google 图书计划与密歇根大学、Google 公司合作推进报告的扫描、数字化和存储工作。一年之后，著名的 HathiTrust 数字图书馆发布，其中的数据项即存储在密歇根大学。亚利桑那大学则作为 TRAIL 的中央处理站点，接受扫描完毕的数据集并检查数据项的格式和版权是否符合要求。经过两年半的建设，TRAIL 对超过 1.5 万份技术报告进行了数字化，其中包含了超过 120 万页联邦政府资助项目的研究成果。如今 TRAIL 收藏的技术报告数量已超过 4.2 万份。

4.2.3.2　美国科技报告在线服务的问题与改进

一方面互联网新环境给美国政府科技报告工作带来效率的提升和服务的完善，另一方面也带来了一些新问题。尽管相关管理机构采取了积极的应对举措，并取得了良好的成效，但是这些问题至今可能仍然存在，它们可以给我国的科技报告体系建设工作提供诸多宝贵的经验教训。

（1）NTIS 经营危机与整改

如前文所述，NTIS 作为国家级科技信息集散中心和科技报告收藏服务中心是联邦政府的一项永久职能。NTIS 的职责是保证联邦资助的科学、技术、工程信息的最大完整性、简易获取性和永久有效性，促进科学研究和技术在大众和工业界的传播，以此支持国家的经济增长和就业增加。

20 世纪 90 年代以来，信息网络技术的不断发展和广泛应用，使得用户能够利用互联网通过多种途径，以少量费用甚至免费获取美国政府各部门产生的科技报告，而不必都向 NTIS 订购。例如 NASA、DOE 等部门的信息机构就直接标价出售其科技报告，它们价格比 NTIS 更便宜、品种也比 NTIS 更齐全，而且很多部门的网站上也有大量免费的科技报告可供下载。这对 NTIS 的业务带来了很大的冲击，使得这个依靠出售美国公开发行的科技报告为主要收入自负盈亏的信息单位工作陷入被动，数年入不敷出（王维亮，2011）。

1999 年 8 月，DOC 出于以上原因向国会提议关闭 NTIS。国会随即指派国家图书馆与信息科学委员会（National Commission on Libraries and Information Science，NCLIS）调查这一提议的可行性。调查重新全面审视了 NTIS 的工作，并邀请了来自政府、学术界、利益团体和私营部门的相关人员参加，最终得出两份调查报告。委员会认为 NTIS 作为公益事业（即对联邦政府资助所产生的科技信息的收集、组织、传递以及确保公众能够永久获取这些信息）的价值对于美国的经济发展具有不可估量的巨大影响，并且理应受到专用基金的资助。委员会建议每年向 NTIS 提供 500 万美元的财政拨款，NTIS 则暂时继续留在 DOC 并检视其经营计划、及时整改。委员会还认为"自负盈亏"的经营要求对 NTIS 造成了很大的损害，因此需要调整（Nickum，2006）。

NTIS 最终得以保留，然而由于当时正值总统选举和国会换届，NCLIS 的其他建议并未被采纳和实行，NTIS 依然没有财政拨款的支持。经历了这一次经营危机之后，NTIS 痛定思痛，不仅进行整改，削减了员工和预算，而且更为积极地拓展自身业务，推出一系列创新服务计划（如 NTRL、SRS、FSRS 等），为公众提供更便捷、更深入、更优惠的科技信息服务。

（2）信息安全问题

互联网是一种公开的信息交流平台，公布在网上的科技报告信息，只能是公开和非限制发行的科技信息。对知识产权、敏感信息和保密科技信息的保护一直是科技报告信息网络发布的重要工作。

1985 年美国总统里根签发的《国家安全指令决定-189》（NSDD-189）对于美国的科技定密工作有着重要的影响。指令中关于基础研究的条款试图在科技信息传播和国家安全之间找到一个较为明晰的界限。该指令明确表示，对于联邦政府资助的大学和实验室开展的基础科研活动所产生的科技信息，如果没有因为国家安全的原因定密，其研究成果一般不应受到控制。美国对于不同类型的科技信息采取了最有利于国家利益和创新活动的分类管理策略（钟灿涛，2013）（表 4-1）。

表 4-1　美国科技信息传播控制的不同策略

基本分类	传播控制策略和相关政策
基础科研领域的科技信息	倡导全面开放（如开放获取运动及近年来国会和政府资助机构通过的相关政策）
具有市场价值的科技信息	通过完善的知识产权（如专利）制度实现科技信息持有人的知识专有权与社会需要的知识共享权之间的平衡；专有权的授权在最大程度上激励了持有人公布自己所掌握的技术知识，从而最大限度地增进社会的整体福利
涉及国家安全和重大国家利益的科技信息	通过将相关科技信息确定为国家秘密进行严格管控

虽然对不同种类的科技信息采取了不同的控制策略,然而 2001 年"9·11 事件"和"炭疽病毒事件"等的接连发生使美国政府更切身体会到信息安全问题的严峻性,这些恐怖袭击事件也对联邦政府的科技信息与科技报告工作产生了重大影响。美国国会迅速采取了一系列立法行动来应对恐怖主义活动,其中《国土安全法》《爱国者法》《生物恐怖活动法》三个法案都包括了对相关科技信息传播进行控制的要求。EPA、NRC(核能管理委员会)、FERC(能源管理委员会)、DOE、DOD、NIMA(国家测绘局)等联邦机构的网站也陆续撤除了关于化学、生物、放射性物质、核能等的敏感信息。

4.2.3.3 美国科技报告在线服务的特点与趋势

20 世纪 90 年代中期以来,美国科学技术信息传递及政府科技报告工作经历了脱胎换骨式的转型。互联网及其相关信息技术持续不断地改变着美国科学技术信息的生产、加工、传递和服务流程。纵观这一转型过程,可以发现美国政府科技报告工作呈现出如下特点和趋势。

(1)从基于仓储的信息库到实时服务系统

科技报告的存储介质经历了从纸本、缩微胶卷、缩微胶片到磁盘的转变。以往科技报告的收藏管理机构更像是储存科技报告的信息仓库,存储在不同介质上的科技报告经过搜集、登录、编目、标引后就被收藏起来。用户从提出查询需求到满足需求要经过邮寄订单、电传、电话、传真、电子联机、上门采访等手段,往往历时数天、数星期甚至数月;而对于一些分散在地方机构和图书馆的未被收录的科技报告,用户甚至无法获取。网络在线服务使得千里之外的用户可以即时查询到数据库中是否有特定的科技报告,浏览文摘,下载全文,实现了对用户需求的实时响应。

(2)从被动应答到主动服务

为了尽可能多地满足用户的查询请求,以往的收藏机构专注于建造大规模的物理仓库,这使得科技报告服务陷于被动的境地。当时就有学者指出,美国政府科技报告本应具备促进美国科技创新力、生产力和经济竞争力的潜能,却由于现存传递机制的限制而未能尽其效用(Pinelli et al.,1996)。如今科技报告网上服务推广开来,用户可以利用网络自行查询和获取报告,收藏机构便得以腾出手来提供一些更有价值的服务,例如将热门报告集结成辑、类似的报告形成专题、提供联邦政府资助项目的最新研究进展等。

(3)从粗放式服务到精细化服务

以往的科技报告服务方式投入小、效率不高,服务增值主要通过扩大科技报告的物理仓储、满足用户更多的查询请求。随着建设工作的深入,网络服务方式由粗放式的拓展阶段转向精细化的深度服务阶段。例如,在 DOE 与七个联邦寄存图书馆(Federal Depository Library Program Libraries)合作的 DOE 通报服务试点计划(DOE Alert Service Pilot Project)中,用户不必频繁地搜索众多的数据库就可以收到 DOE 推送过来的他们所感兴趣的特定领域信息。NTIS 也推出了研究定制服务(SRS),根据用户需要将来自 378 个主题类别的定制信息自动推送给用户;NTIS 还针对联邦机构的特定需求,开发联邦科学知识库服务

（FSRS），帮助联邦机构保存它们的科技信息资源、提高其获取和利用效率；一些新技术、新媒体也被采用，如 NASA 的信息服务和管理机构 CASI 利用 Facebook、Twitter、YouTube 和博客等社交媒体来拓展与用户的交流和联系，帮助他们获取更好的科技信息服务。

（4）从单部门建设到多部门协作

网络服务建设初期，各联邦部门积极推进科技报告数字化工作，并产生了一批重要的成果，如 NASA 的 LTRS、NTRL，DOE 的 IB、ECD，计算机科学领域的 NCSTRL 等。然而，这些工作大都局限在单个部门内部，少有更大范围内的部门合作与资源整合工作。联邦部门很快发现这并不能满足科学家、工程师和普通大众对科技报告完整性的需求，于是在联邦政府科技信息部际协调小组 CENDI、民间学术组织 GWLA、CRL 等团体的牵头组织下，各联邦机构、高校、研究所和企业之间的合作逐步增加和强化，GrayLit Network、Science.gov、TRAIL 等合作成果相继面世。

（5）从资源分散到资源整合

在跨部门协作不断加强的同时，原本分散在各个联邦机构、高等院校、各级图书馆的科技报告资源也逐渐被整合到一起。如 GrayLit Network 汇集了 DOE、NASA、EPA 和 DOD 四个美国科技报告生产大户的资源，Science.gov 汇集了 15 个联邦部门及其下属机构的科技信息，TRAIL 汇集了美国西部 32 个图书馆的早期科技报告资源。作为全美科技信息集散中心的 NTIS 则收录了来自各个联邦政府机构和世界各地的科技信息 300 多万条，其在线服务网站 NTRL 提供超过 80 万条科技报告的全文链接。公众对联邦政府科技报告的获取能力因此大大增强，这势必对美国的科技创新和经济竞争实力产生巨大的推动作用。

（6）从内部到公开

早期的网络服务大都基于 FTP 服务器，只有联邦机构内部的研究人员或者合同商才能通过内部网络访问科技报告资源。后来随着互联网的普及，非受限的科技报告资源逐渐迁移到公用网上，使用范围也逐渐公开，如 NASA 的兰利技术报告（Nelson et al.，1994）。DOE 推出的 IB 系统最初也只是限于能源部员工和合同商使用，随后在美国政府印刷局的促成下也发布了 IB 系统的公共版本。如今公众在联邦机构的网站上大都可以查询、浏览和下载科技报告的文摘甚至全文信息。互联网和信息技术的普及以及联邦法规对公众知悉权的保障使得联邦资助科学项目的研究成果越来越多地惠及科学家、工程师乃至普通大众。

综上所述，美国政府现有庞大科技信息系统的形成并非一蹴而就，而是经过政府各部门长期努力和通力合作而发展形成的。美国拥有科技信息收藏、保护和利用的良好传统，将政府资助项目的科研成果（科技信息）的传播扩散视为与科研活动本身同等重要的地位，因为前者往往是科研投入转化为生产力的关键环节。科技报告作为美国科技信息的主要承载介质，在美国科研、生产活动中得到了广泛的使用。20 世纪 90 年代中期以来，美国政府抓住信息革命的良好机遇促使科技信息的传播效率大大提高。首先是以 NASA、DOE、DOD 等为代表的政府部门拓展了本部门内部的科技报告信息资源的网络服务工作，实现了从传统环境到网络环境的工作转型，期间也有部门内部和部门之间的少量合作。进入新世纪以来，不同政府部门、大学、企业、民间团体之间的协作明显增强，对科技报告文献的资源整合、集成搜索、历史回溯等工作取得了显著进展和成果，美国科技报告工作进入了一个新阶段。促进信息流通与共享，使信息资源发挥更大效用是科技信息建设工作的最终目的，这是美国联邦政府机构几十年科技信息工作丰富经验的总结。另外，科技信息工作建设中出现的经营模式、信息安全等问题是实践工作中凸显的重要问题，美国在这些问题中的教训值得我们吸取。

美国经验中有两项具体实践是非常值得借鉴的。其一是科技信息工作中的部级协调小组（如 CENDI），它不仅加强了各部门间的横向业务合作和联系，而且使得成员部门可以及时研究他们在科技报告文献方面共同关注的课题，对可能出现的问题做出预判和防范。其二是尽可能将非受控的科技报告在最大范围内公开传播，并向公众提供反馈纠错机制，这不仅使得科技信息传播网络最大化从而实现网络价值的最大化，而且为政府研发项目的工作质量提供了一种新的度量方式和评价工具。

4.3 美国科技报告质量管理理论研究

4.3.1 早期研究

20 世纪 50~60 年代，美国将科技研究资助工作与科技报告质量评估工作统一纳入到政府科学技术部门的职能范畴。1958 年，美国总统科学顾问威廉·贝克（William Baker）最早认为，科技报告的可获取性与质量保障很难做到同时兼顾，于是他提出一种机制，应该由联邦政府来负责科技信息的采集和传播。1963 年，*Weinberg* 报告建议加强联邦机构在科技信息服务领域的协作。1960~1975 年，受信息浪潮影响，美国进入了联邦数据库开发时期（Era of Federal database development），有关研究关注了联邦层面的科技报告信息系统的开发和协作，尤其是涉及机构使命的科技信息系统建设。

20 世纪 60 年代，DOE 在原子能信息领域推出了以"科技快报"为形式的通报制度，即以专家评议和推荐为特征的科技报告通报与导读体系，大大增加了科技报告的曝光率和利用率。但同时期兴起的引证分析与文献评价方法却并未在科技报告领域广泛推广，NTIS 虽在 20 世纪 80 年代出版了若干学科引证报告，但并未开发完成相应的科技报告引证与评价系统。

20 世纪 70 年代，NSF 和 NAS（National Academy of Sciences）关注到科技信息的评估问题，其发起的国家科技交流论坛一直活跃于讨论科技信息的评估与获取。在 1986 年以前，国家科技交流论坛成员包括了 350 个政府机构和商业科技信息服务商。针对美国 1974 年《信息自由法案》对政府信息公开的大幅修改，该论坛成员当时质疑了科技信息领域"完全公开"的适用性，主张为科技信息获取设置相关的权限，来限制科技信息的完全公开，并在服务领域建议按照用户的需求，建立功能性分类（functional categories），而非按开发商建立的学科分类或体系分类。

4.3.2 科技报告源评价研究

1983 年，Lewis Branscomb 专门为《科学》杂志撰写多篇关于科技信息质量评估的研究论文，最终提出在科技信息生成时进行质量评估的优先政策取向（Branscomb，1983）。

Branscomb 认为，由于科技产品在时间和空间上与信息源的剥离，使得后续科技信息质量评估变得更加困难。Branscomb 还认为科技信息质量评价缺乏相应的激励，在海量数据产品中，即便从数据源中剔除不合规的科技信息产品，科技信息生产者和服务者受到的影响并不大。因此，质量评估表现出显著的高风险投资，并且评价活动游离于原始研究内容之外。这种观点一直影响着美国科技报告质量评价活动。

针对科技信息的封装（packaging）和评价（evaluation），Branscomb 认为，虽然在信息进行封装和评价时由信息生产者自身做出评价是最有效率的操作方式，但却无法保证信息生产者会做出正确有效和客观公正的评价。同时需要考虑到用户本身具有信息理解和评价的能力。也有学者主张采取不加干预的用户自评价机制，但不加干预的评价方式显然在用户信息获取阶段是没有效率的。因此，科研管理者一直呼吁建立集成历史数据项目（integrated and holistic），通过信息生产者的历史记录和相关信息评价科技报告的生产和获取。

4.3.3 科技报告质量管理成本研究

考虑到成本因素，有观点认为基于整个科技报告的使用周期来进行质量评价和评估过于昂贵。美国在 20 世纪 80 年代有观点认为虽然从长期来看科技报告加工与评价的价值将最终超过其投入成本，但短期内其投资收效不大，并且会引发负面效应，例如在当时建设一个典型的物理化学数据库的信息组织优化和加工项目的平均成本约 1000 万美元，但其短期潜在经济收益并不显著，难以变现。NASA 也指出当时由于数据不完整或不充分而导致技术失败的成本显著增加，而且数据不充分的原因并非研究过程或数据采集阶段的数据不完整或不充分，而是信息加工和信息传递过程中由第三方加工者造成。

《美国法典》允许政府机构向非政府用户征收服务补偿成本，来冲抵信息加工和传递过程中的成本。美国 A-130 通告也认为，应该尽量鼓励私营机构开展信息服务，而联邦机构则采用更加灵活和合理的定价策略。但美国商用科技信息服务企业认为，政府信息服务基于成本补偿的定价方式，在竞争经济环境中是非有效的定价方式，对私营企业的信息服务构成不公平竞争，因为成本补偿定价方式降低了商业科技信息服务机构的服务积极性。

面对以上科技信息服务和科技信息质量管理成本的争议，美国审计总署在 20 世纪 70 年代末指出了信息服务成本补偿定价的四个主要问题：①政府机构一般不针对目录服务或具体不同质量的科技报告收费，即收费存在不一致性，而且质量差异带来的价格差异尺度难以把握；②信息中心收费补偿在总体上不超过信息服务提供总成本的 15%，并不足以影响到科技信息生产端的质量分离；③政府向私营机构和组织提供的目录服务成本，私营机构在转售中转嫁给最终用户，反而因价格太高而减少了潜在信息用户的使用，造成了科技信息服务市场规模的萎缩；④极少信息管理者能够准确识别目录服务的成本。科技信息服务的微利机制（trickle-down benefits）使商业信息服务机构向基础研究和国家应用研究做出了妥协，但这样的机制并不足以激励科技信息服务中介推动技术创新和竞争力的提升。

4.3.4 科技报告资源整合增效研究

除了科技报告质量评价成本，科技报告质量管理的可持续性也为学者所关注。有观点认为科技信息系统的问题并非缺少情报组织和内容的深入研究，而是研究者无法对当时的美国科技政策形成影响。科技信息的主要问题是缺乏监管和执行的政府主体，且缺少机构之间的协作。

1993 年，Thomas E. Pinelli 等认为尽管美国政府技术报告被广泛地进行评论、比较和整合，但当时仍然没有具体的知识库实体来承担科技信息产品的生产、利用和传播，也缺乏对科技知识的扩散和技术创新的评估；同时，美国政府技术报告传递服务的作用是相对不充分的，也缺乏有效评估；大量的技术报告具有领域和时效上的局限，并且缺少概念性框架；在美国技术报告中，存在并非研究问题的"一般性"答案，这些形成了美国 20 世纪 90 年代科技报告体系普遍存在的质量问题（Pinelli et al.，1996）。

20 世纪 90 年代中期以后，随着冷战的结束和计算机技术的广泛应用，以及美国在全球市场竞争力的弱化，科技信息和科技报告整合增效问题开始引起重视。其中，1993 年以 DOC、DOE、NASA、DOD 四家为代表的科技报告部门成立了跨部门协调机构 CENDI，共同解决科技报告传递标准和面临的相关问题。2001 年 DOE 的 IB 项目和 SciTech Connect 项目开发完成 ECD。ECD 结合了核科学文摘（*Nuclear Science Abstracts*）、能源研究文摘（*Energy Research Abstracts*）和 DOE 书目数据库（DOE bibliographic database）。ECD 的出现引起了公众的普遍关注，它既提供了快速获取高质量科技报告的一种途径，也方便了科技报告工作的学术评价。日后美国科技门户 Science.gov 进一步推动了各部门科技信息资源的整合与深度加工。

4.4　美国科技报告质量管理制度体系

美国在联邦政府部门、机构层面出台了一系列法规制度来确保科技报告在产生、提交、利用过程中的质量，涵盖了科研管理、信息管理和信息安全等领域。其中，《联邦信息资源管理政策》《信息自由法》《联邦采购条例》《美国技术卓越法》《文书削减法》《信息质量法》等形成了美国科技报告制度的基石，也为科技报告质量提供了体现国家意志的法律层面保障。

4.4.1　联邦政策与法律

（1）《联邦采购条例》

1974 年《联邦采购条例》（Federal Acquisition Regulations）将委托研究纳入政府采购范畴，并规定凡承包由联邦政府拨款资助超过一定数额的所有项目都应保留其非保密记录，所有研发合同承包商必须向联邦政府提交合格的科技报告（含该项目中形成的其他文献）。

此后，《联邦采购条例》屡经修正，其 F 编第 35 章强调科研项目是政府依据国家创新发展需要向社会购买的一种公共产品和服务。它不同于一般的产品与服务，需经过研究、试验或试制过程。除有形的产出外，主要以科技报告的形式提交和展现。政府科技投入，应确立科技报告的产生和提交是出资人的权利和承担方的义务。《联邦采购条例》从法律层面上为科技报告强制呈交提供了法理依据，并确立了 NTIS 在科技报告领域的汇交和统一服务职能。

（2）《国家技术信息法》与《美国技术卓越法》

20 世纪 80 年代以后，美国国会为了提升国家竞争力，促进由联邦政府资助的研究成果的商业化和产业化，颁布了 20 多部有关技术转移的法律、法规和法案（林耕等，2005）。

1980 年制定的《史蒂文森·威德勒技术创新法》的内容包括：允许联邦实验室将技术移转给产业界，并要求其在产学研技术合作中发挥积极作用；要求联邦实验室对外发布信息；在主要的联邦实验室内部成立研究和技术应用办公室；在 NTIS 内部成立联邦技术利用中心，作为信息服务中介处理支持技术转让活动。

1988 年《国家技术信息法》（National Technical Information Act）给予 NTIS 与私人机构合作的权力，同时宣布 NTIS 作为国家级科技信息集散中心是联邦政府的一项永久功能，未经国会同意不得将其解除或者私有化。1992 年的《美国技术卓越法》（American Technology Preeminence Act）重申了 NTIS 的以上权力，美国联邦政府各单位必须及时将联邦资助研发工作所产生的非机密性科学技术及工程信息传递给 NTIS；所有涉及文献的相关费用成本由国库支付，并要求 NTIS 收集、整理并向公众提供免费浏览或检索科技文献文摘信息。

（3）《信息自由法》与《文书削减法》

《信息自由法》是美国最重要的政策法案之一。从 1966 年首次制定以来，其修正案或延伸法案的立法非常频繁，构成了美国信息公开和科技报告服务的制度框架（董晖，2011）。最新的《信息自由法》要求美国政府主动公开政府采购的科技信息，并负有信息审查和信息质量保障职能，需要制定相应的政策并启动科技信息工程（STIP）。

源自 20 世纪 80 年代的《文书削减法》及 OMB A-130 通告则是政府信息资源管理的主要框架性法案，赋予 OMB（美国白宫管理与预算委员会办公室）信息政策和信息活动规制的最高权限。《文书削减法》为早期的政府信息资源定位、政府信息资源目录体系开发、后续《信息质量法》和信息安全相关条例制定打下了基础，保障了科技报告运营环境的权威性和安全性。

OMB A-130 通告明确提出政府信息是国家资源，是向公众提供有关政府、社会和经济的知识，需要将所有政府相关的信息都纳入政府信息有效管理的范畴。该通告将开放科学数据、促进数据共享政策扩展到联邦政府拥有、产生以及联邦政府资助产生的科学数据管理中，提出政府科学和技术信息只要符合国家安全管制要求和产权性质，都需要开放并能有效交换，从而促进科学研究和联邦研发资金的有效使用。

（4）《信息质量法》及相关信息质量政策

早在 1980 年，为了规范控制联邦政府的信息收集工作，美国国会通过《文书削减法》，1995 年国会又对这一法案进行修订，要求 OMB（美国白宫管理与预算委员会办公室）制定新的政策和措施，确保所发布数据的可靠性，即数据质量。作为政府发布信息的媒介，互联网的普及使数据质量的问题日益凸显，这其中也包括主要以科技报告为载体的联邦政府所资助的科研项目所产生的科技信息。

2000 年 12 月，国会批准了一份要求联邦政府保障和规范其部门范围内所传播信息质量的提案，这一提案在 2001 年《财政拨款法案》第 515 条款中颁布，它也被称为《信息质量法》。因此可以视为从 2001 年开始美国对政府发布的信息质量明确立法，要求联邦机构各部门建立各自的信息质量评估指标和原则。《信息质量法》提供联邦机构的政策和采购准则，保证和最大化联邦发布信息（包括统计性信息）的客观性、有用性和完整性。OMB 通过发布准则要求联邦机构：①发布自己部门保证和最大化联邦发布信息的客观性、有用性和完整性的条例；②建立相应的管理机制，保证信息的正确性并遵循 515 条款或机构指令；③连续向 OMB 报告本机构因信息公开而导致的投诉数量和原因，并汇报对相关投诉的处理办法。

随后《确保和最大化联邦机构发布信息质量的客观性、有用性和完整性的指南》（67 FR 5365）于 2002 年发布，作为《文书削减法》的附录，将信息质量保障提升到战略高度，并对各指标进行了详细解读和操作性定义。在该指南中，将质量认定为包含可用性、客观性和完整性的综合概念。

考虑到科技信息的产生方式和传播特点，同行评议制度作为科技信息质量保障的重要手段，被很多科技信息质量指南所强调。美国于 2003 年发布《信息质量同行评议公告》草案，并在随后发布《关于信息质量同行评议的最终公告》，用大量篇幅解释了同行评议操作过程中的具体问题，并提出同行评议过程需要遵循的一般标准：①选择同行评议专家主要基于必要的技术专业知识；②审稿需要透露采取的技术/政策立场；③同行评议需要透露机构（私人或公共部门）的资金来源；④同行评议需要公开和严谨的态度。

4.4.2　行业部门规章制度

根据联邦政策与法规，各有关联邦机构和行业部门都出台了自身科技报告的制度规范，形成了数量庞大、种类繁多的科技报告制度体系。表 4-2 仅显示了各部门少量典型的科技报告部门规章制度。

表 4-2　美国科技报告部门规章制度

部门	规章和制度	中文备注
OMB	Section 515，OMB Guidelines for Ensuring and Maximizing the Quality，Objectivity，Utility，and Integrity of Information Disseminated by Federal Agencies（2002）	515 法案，《信息质量法》的修订版
	Information Quality Act，Pub. L. No. 106-554，§ 515，114 Stat. 2763，2763A-153-154（2000）	《信息质量法》2000 年版
	Executive Order 13610，MEMORANDUM FOR THE HEADS OF EXECUTIVE DEPARTMENTS AND AGENCIES: Reducing Reporting and Paperwork Burdens	《文书削减法》
	Final Information Quality Bulletin for Peer Review	《信息质量法》关于同行评议的最终解释
NASA	NPD 1440.6，NASA Records Management	NASA 记录管理
	NPR 2200.2，Requirements for Documentation，Approval，and Dissemination of NASA Scientific and Technical Information.	NASA 关于科技信息记录、审批和发布的要求
	NPR 8621.1，NASA Procedural Requirements for Mishap Reporting，Investigating，and Record keeping.	NASA 关于报告、调查和记录保管的请求程序
	NASA Guidelines for Quality of Information	NASA 信息质量指导
	NASA Guidelines for Ensuring the Quality of Information	NASA 信息质量保障指导
	Guidance and Levels of Technical Review for NASA Scientific and Technical Information	NASA 科技信息的技术性评议等级指南
	NASA Form 1676，NASA Scientific and Technical Information（STI）Document Availability Authorization（DAA）	NASA 科技信息文件可获得性认证

部门	规章和制度	中文备注
DOD	DOD Directive 3200.12，DOD Scientific and Technical Information（STI）Program（STIP）	DOD 科技信息项目指南
	DOD Instruction 3200.14，Principles and Operational Parameters of the DOD Scientific and Technical Information Program	DOD 科技信息项目运营参数和原则
	DOD Instruction 5230.27，Presentation of DOD-Related Scientific and Technical Papers at Meetings	DOD 相关的科技会议论文的发布
DOE	DOE G 241.1-1，Guide to the Management of Scientific and Technical Information	DOE 科技信息管理指南
	DOE/OSTI-3679-Rev.76，Distribution Categories and Programmatic Approval Authority for Classified Scientific and Technical Reports：Instructions and Category Scope Notes	DOE 机密科技报告审批授权和分类
	（DOE）O 241.1A，Scientific and Technical Information Management	DOE 科技信息管理指南附录
EPA	Peer Review Handbook，3rd Edition EPA/100/B-06/002	《同行评议手册》
	EPA Quality Policy，EPA Order CIO 2106.0	EPA 质量政策

在众多部门规章制度中，有三项具有共性的重点：

（1）信息质量指南

各联邦机构为响应《信息质量法》，分别制定了各自部门确保信息质量的工作指南，如《NASA 信息质量指南》《专利商标局信息质量指南》《健康和居民服务部信息质量指南》等。这些规章制度和举措的实施为包括科技报告在内的美国联邦政府科技信息质量提供了坚实的保障。

（2）信息发布与审查

为配合《信息自由法》的实施，各部门制定了相应的信息发布和审查条例，涵盖信息发布范畴、发布流程以及信息审查实施办法、信息审查例外、同行评议、公众评议以及信息发布后争议信息的处理办法等事项。在科技报告领域，相关规章制度主要涉及同行评议制度和科技报告公开制度，同时也包括科技报告的发布格式标准与质量保证机制。

（3）部门科技信息管理

各部门制定的科技信息管理制度则针对科技信息的采购（资助）、收集、呈交、保存和服务（发布），整合了相应的部门科技信息质量审查和流程管理办法。

4.4.3　部门和项目内部管理制度

在制度设计层面，除了贯穿于科研管理、信息资源管理、信息安全等领域的法律法规，美国还在联邦机构和部门内部落实了科技信息工程（Scientific and Technical Information Program，STIP）纲领。

STIP 是以总统指令形式发布的，由国会参众两院会议通过的一个纲领性文件，其宗旨和目标为：对国家的科技信息及由联邦政府和国会拨款完成的各类科研和工程项目所取得的成果进行收集、分析、管理、加工和传播，以提高国家科学技术研究项目的效益，最大可能地促进科学技术进步，避免不必要的重复劳动和资源浪费，并及时、有效地指导和管理各项工程及科研项目。STIP 纲领的实施由联邦政府主要科技信息单位的高级领导人组成的工作协调小组负责，STIP 纲领的任务和职能范围很广，包括从科技信息产品和文献的产生、出版、发行和典藏，到查询、共享、传播和利用等（陈卫红，2008）。

STIP 纲领一经发布，得到各联邦机构的积极响应，它们纷纷探讨本部门 STIP 计划的使命、目标和具体职责，筹建相关岗位和组织架构，制定产品和服务计划。以 DOE 为例，DOE 明确了本部门对科技信息的定义、科技信息产品的密级划分和 STIP 的基本信息来源。DOE 开展 STIP 的使命是：为了让美国纳税者对 DOE 研发项目的投资收益有所认识，更好地了解 DOE 所做的贡献，DOE 必须对研发进程中获取的知识（主要是科技信息）进行收集、存储和传播，以供 DOE 以及包括产业界、学术界和个人在内的全社会使用。为有效保证 STIP 的开展，DOE 构建了 STIP 组织构架，以明确各参与方的相应角色和职责。DOE 对 STIP 计划的实施将科研管理部门、科研机构、科技信息机构更紧密地联系在一起。科研管理部门和科研机构联合确保科技报告的产生和提交，OSTI 负责科技报告的接收、加工、存储和交流利用，三者的合作为有效管理和充分利用科技信息提供了保障（张爱霞，2007）。此外 NASA、DOD 等也制定了科技信息工作评价指标来衡量 STIP 的完成情况，考核指标包括了科技信息的数量与质量、科技信息的查询率与传播情况、用户满意度等。

4.5　美国的科技报告管理机构和功能

在美国科技报告体系中，隶属 DOC 的 NTIS 是国会授权的科技报告统一服务提供机构和唯一的整体出售机构，具有至关重要的地位。

此外，OSTI、NASA 的 NTRS 和 DOD 的 DTIC 等部门均有组织和管理本部门科技报告的职能，同时协调本部门与 NTIS 之间的服务协作和业务往来，共同构成美国科技报告服务体系。

从科研管理的知识链（科技报告的工作流程）角度看，科研工作者或者政府采购（资助）的科技报告通过各自机构的信息中心采集汇总并初步加工，成为 NTIS 科技报告的来源，NTIS 通过采集、登记、加工、编目，最终完成科技报告产品的出版和制作，向图书馆、科技服务机构、科研机构或者科研工作者提供服务（如图 4-1 所示）。

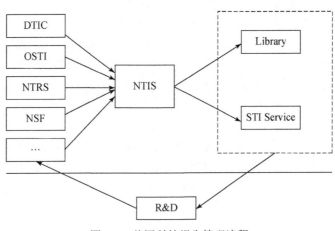

图 4-1　美国科技报告管理流程

除了各个机构部门科技信息中心，还有像 CENDI 这样的协调服务机构，以及美国白宫 PCAST 科技顾问委员会、ANSO/NIST（国家信息技术标准研究院）等政策标准的制定、协调机构，如表 4-3 所示。

表 4-3　美国主要科技报告管理机构职能与使命

部门	机构全称	机构使命与职能
NTIS	National Technical Information Service	收集和传播科学、技术和工程信息来提升美国创新和经济；协助其他联邦机构完成信息管理
NTRS	NASA Technical Reports Server	提供与航空航天相关的引证、全文在线文本、图片和视频。信息类型包括会议论文、期刊论文、非正式会议文稿、专利、研究工作论文、图片、电影和技术型视频等一切由 NASA 创作或资助的科技信息
OSTI	Department of Energy Office of Scientific and Technical Information	OSTI 是美国能源部收集、保存和分发 DOE 资助的科研成果的机构，科研成果包括科研项目的产出成果或者受到其他资金资助但依托 DOE 实验室或设施完成的成果
DTIC	Defense Technical Information Center	DTIC 是国防部最大的科学、技术、工程以及业务相关信息的资源中心，不仅向国防部各机构提供报告和研究数据，同时向授权机构提供与国防相关的科技信息
CENDI	Commerce，Energy，NASA，Defense Information Managers Group	全美最主要的 14 家科技报告提供机构的协调组织，挂靠在国防部的 DTIC

4.5.1　国家科技报告集中管理机构

NTIS 是 PB 报告的运营机构，也是美国四大科技报告的集中收藏和服务平台，目前包括收集中心、登记中心、编目中心、出版中心等主要业务部门以及发行和用户管理服务。NTIS 的具体职能包括了科技报告的搜集、登录、编目、标引、出版、通报、收藏、复印、订购记录、档案管理、发行服务等环节。此外，NTIS 还提供美国政府和外国政府已完成的和正在进行的科研项目的信息摘要收藏、查询与发布，美国联邦专利发明和技术推广应用，为美国政府搜集报道外国政府科技报告，与外国政府进行政府级技术情报交流。

（1）收集中心

主要负责科技报告信息的收集。NTIS 设有专门的产品与市场开发部，下设市场开发、产品开发和政府机构联络三大部门。通过使用科技报告搜集登记卡和通知函，NTIS 要求来源单位按照一定的格式上报科技报告。此外，外国政府科技报告的搜集和科技交流工作由 NTIS 主管直接领导的国际事务联络处负责。

（2）登记中心

负责筛检来源单位呈送的科技报告。登记中心需要检查和确保收集上来的工作报告是否可以公开发行，是否涉及国家机密或版权问题，并根据实际情况进行处理。一旦登记成功，工作人员将以一定的格式告知来源单位相关信息。

（3）编目中心

编目中心工作由编目馆员负责。NTIS 规定文献的处理周期为两周。登记和编目后的科技报告工作母本每两周为一批交给文献标引办公室。文献标引办公室由专业技术人员和文献学家组成，按特定的《NTIS 主题标引和文摘编写指南》和《NTIS 文献主题标引工作细则》进行标引加工。此外，NTIS 的标引工作者还需要了解 NTIS 学科分类和联邦科学技术情报委员会的主题分类之间的映射。

（4）出版制作和发布

传统上出版制作主要由三块业务组成：磁带编辑制作；NTIS 各种印刷型目录通报、快报编辑出版。在互联网环境下 NTRL 网站平台成为科技报告的重要出版发布平台。

（5）产品服务

对外的产品服务环节指的是向外界提供科技报告产品及服务。用户需求和订单管理工作负责处理用户的各种文献征订目录和快报，订购方式包括邮寄订单、电传、电话、传真、电子联机、用户上门采访等。在 NTIS 开通网络服务之后，用户也可以在 NTIS 官方网站上或是借助其他代理数据库获取信息服务。

科技报告订购登记建档工作负责记录每份报告自建档入库以来被订阅的次数、时间和单位等信息，并以此为基础评估该份报告所发挥的经济效益和社会效益。

科技报告的复制和发行工作负责用户订阅过程需要的科技报告的重复制作和发行。NTIS 拥有技术先进、设备齐全的各种复制、复印和拷贝设备，负责向全球用户提供所需的复件。此外，该中心还需要负责 NTIS 所有拷贝的存储，防患火灾、水灾和其他不可抗拒的自然灾害。

4.5.2 部门科技报告管理机构

（1）国防部科技报告管理机构——DTIC

DTIC 前身是 1945 年由盟军在伦敦联合成立的空军文献研究中心（Air Documents Research Center，ADRC），后来 ADRC 更名为空军文献分发中心（ADD）并转移到美国本土俄亥俄州。1948 年，ADD 更名为 CADO（Central Air Documents Office），即空军文献中心，具体负责空军系统的科技报告的搜集、处理、分发，较早建立了军队系统的科技报告服务系统。1951 年，CADO 再次更名为军队技术信息服务署（Armed Services Technical Information Agency，ASTIA），并在 1958 年从俄亥俄州搬迁到国防部所在的弗吉尼亚阿灵顿公园。1962 年成立了国防部科技信息中心（STINFO），1963 年短期更名为文献服务中心（Defense Documentation Center，DDC），1979 年变更为现在的 DTIC。

DTIC 除了自 1948 年延续至今的国防科技报告的集中收藏、加工和服务职能，1980 年增加了科技信息分析业务，1983 年增加了信息系统维护业务，1994 年开始提供网上信息服务，2003 年成为国防科技信息网络（STINET）的核心运营者。为保障国防科技报告的质量，DTIC 开发有多种资源控制工具。

1）机构源授权系统（corporate source authority system，CSAS）：DTIC 机构源授权系统（CSAS）的机构源不仅提供了科技报告按机构检索的途径，同时通过机构源代码对应相应的机构作者，建立了研究机构的等级体系映射机制。对科研机构的描述一般包括：源代码（source code）、机构作者（corporate author）、根代码（root codes）、上级机构代码（parent codes）以及下设机构名录（suborganizations）。CSAS 系统解决了科技报告的来源审定与权责归属问题。

2）DTIC 叙词表与主题分类指南（SCG）：叙词表与主题分类指南是为加强对报告资源的定位而开发的信息资源组织工具。DTIC 的叙词表于 2012 年 3 月修订，主题分类指南（Subjects Categorization Guide for Defence Science & Technology）于 2009 年最新修订，包含 25 个一级学科分类和 251 个二级主题分类。

3）国防信息保密等级分类标准：国防科技报告在使用中分为公开科技报告、严格限制使用范围的非保密敏感科技报告，以及按有关保密规定发行利用的保密科技报告三大类。在实际使用中，报告又细分为不同的发行范围。作为保密管理措施，国防科技报告建立有保密等级划分指南（DOD Index of Security Classification Guides）。执行科技报告的保密等级分类标准，既保障了科研机构/作者合法权益、保护了国家安全，也保证了科技报告在不同范围内的共享利用。

4）科技项目控制数据库：主要包括了立项摘要或预算控制数据库，以及在研项目数据库。在预算和立项控制部分与科技报告关联最紧密的是研发项目描述性摘要（research and development descriptive summaries，RDDS）数据库，对国防部所属的测试或评估项目信息进行规范记录，包括项目号、项目名称（或者文本号）、项目批准号、预算年份以及预算等级进行划分。对在研项目主要通过在研项目数据库提供的四个子库进行控制，包括生物医学研究数据库、国防技术转化信息系统、独立研究和开发数据库以及统一研究和工程数据库。

（2）NASA 科技报告管理机构——NTRS

NASA 技术报告服务中心（NASA Technical Reports Server，NTRS）提供与 NASA 相关的引证、全文在线文本、图片和视频。信息类型包括会议论文、期刊论文、非正式会议文稿、专利、研究工作论文、图片、电影和技术型视频等一切由 NASA 创作或资助的科技信息。NTRS 在 NASA 科技报告工作流程中扮演了重要角色。在报告提交阶段，NASA 的合同商、受让人和合作协议方必须向 NTRS 提交最终报告；NTRS 会对提交报告进行审核和核准，只有通过审查核准才能进入正式的报告序列程序。

（3）DOE 科技报告管理机构——OSTI

OSTI 成立于 1947 年，最早可以追溯至 1942～1946 年曼哈顿项目实施期间的科技信息协调组织。当前 OSTI 是负责协调能源部的科学技术信息活动和报告的集中收藏、加工、保存和服务工作的最高机构。

4.5.3　跨部门协调机构

1985 年，上述 NTIS、OSTI、NTRS 和 DTIC 的领导人商定成立商务、能源、航空航天和国防四大部门科技信息单位领导人合作小组 CENDI。CENDI 的成立促进了各部门间的横向业务合作和联系，使得成员部门可以协同研究和解决他们在科技报告文献方面共同关切的课题。

20 世纪 90 年代以后，国际互联网的出现和普及给科技信息管理、生产、发行单位带来了挑战和机遇，CENDI 的业务活动也逐步发展壮大。到 2010 年，CENDI 已成为拥有 14 个联邦政府部门科技信息单位参加的横向协作的权威机构，其中除了传统的四大部门外，还包括美国政府各大科技信息单位和国家的各大图书馆，如美国国家科学基金委员会、政府印刷局、国会图书馆等部门。据统计，这些部门的科学研究和开发项目经费占美国联邦政府总预算的 97% 以上，是美国政府部门目前产生科技报告文献最多的部门。目前，CENDI 的参与机构如下。

- 国防部国防技术信息中心（DTIC）；
- 政府印刷局（GPO）；
- 国会图书馆（Library of Congress）；
- NASA 科技信息项目（NASA STIP）；
- 国家农业图书馆；
- 国家档案和记录管理局（NARA）；
- 教育部国家教育图书馆；
- 国家医学图书馆；
- 国家科学基金会（NSF）；
- 商务部国家技术信息服务局（NTIS）；
- 交通运输部国家交通图书馆；
- 环保署环境信息办公室和研究开发办公室（EPA）；
- 能源部科技信息办公室（OSTI）；
- 国土安全部科技指导委员会。

从机构职能上看，CENDI 主要从事三个方面的工作：①协调和联合领导科技信息文献工作。每年定期或不定期地进行领导人会晤和举办信息专家参加的各种专业学术会议，讨论研究科技信息文献中出现的问题，交流科技信息工作经验，制定重要的科技信息政策法规，提高协调领导功能。②对科技信息发展的盛衰周期进行有效的调查、预测和管理。科技信息的发展与社会的经济、金融发展一样，有着自身兴盛、衰落的周期和规律。CENDI 通过有效地提供各科技信息部门之间建设性的新技术，并不断改进和研发科技信息系统中的新技术，解决新的危机，应对各种新的挑战。③教育宣传任务。CENDI 举办各种类型的科技信息业务培训与讲座，不断促进和提高机构对科技信息的认识，并使科研、生产和研发系统的企业了解科技信息的管理工作及科技信息的使用价值。

4.6　美国科技报告质量管理参考标准

美国对科技信息质量评价采用上位法立法原则，没有明确针对科技报告质量审查立法，但对政府发布的信息质量具有明确立法，并要求联邦机构各部门建立各自的信息质量评估指标和原则。本节将分析一些典型的质量管理指标。

4.6.1　NTIS 指标体系

NTIS 的信息质量指标体系采用 OMB 所定义的标准。NTIS 并不是科技报告的生产机构，所以其对于科技报告的质量标准认定主要是从利用和收藏的角度出发，特别关注以下两方面的内容。

（1）可用性（utility）标准

可用性是 NTIS 决定是否采纳一份科技报告作为永久收藏的标准。NTIS 有权因科技报告的客观性（objective）、完整性（integrity）问题拒绝收藏。DOC 关于可用性的指南声明中，将可用性解释为信息必须是有帮助的（helpful）、有益的（beneficial）、能够为用户服务的（serviceable）；或者作为过程信息对于传播有用信息具有显著作用，使其更加易读、易理解或易于获取。

（2）完整性（integrity）标准

NTIS 非常注重科技信息的完整性。纸质报告的持有者必须为权威部门或被认证的部门。从 1997 年开始，NTIS 开始将所有的新增信息扫描成数字格式进行存储，再生成相关的数字化产品。此外，NTIS 还向 NARA（美国国家档案局）提交报告副本，并复制了自 1964 年以来的所有报告的缩微胶片，保证绝大多数的报告都能在必要时进行复原。

4.6.2　EPA 指标体系

在美国《信息质量法》颁布后，各个政府机构都根据其制定了本部门的信息质量管理细则。其中 EPA 科技政策委员会和科技信息项目办公室制定的科技信息质量评估标准被公认具有较高的水准（表 4-4）。

表 4-4　EPA 信息质量评价指标体系

指标		说明	涉及审查项
可信度	soundness	科技流程、测量、方法或模型合理，并与预期一致	（1）研究目的是否可行？与设计方案是否一致？ （2）信息开发的流程、测度、方法或模型是否可行？ （3）与现有理论与实践相比，研究设计与结论是否一致？科学假设、等式推理和数学表述是否是在科学上或技术上经过证实的？研究是否具有坚实的科学及经济假定？ （4）调查中，是否采用访谈咨询或者控制效度的相关方法？访谈中是否有修正潜在的错误？ （5）研究结论的内部一致性如何？研究结论与以往结论的一致性如何？
应用性与可用性	applicability and utility	与机构的期望用途一致	（1）科学理论或经济理论在分析与应用中的适用性怎样？ （2）研究目的、设计、产出测度及结论与研究意图的相关性？ （3）模型或应用研究在机构实际应用中是否有效？ （4）当前环境与应用研究假定情境的相关性如何？以及调查研究过程中，是否在调查结束前，条件和环境已经发生了变化？

续表

指标		说明	涉及审查项
清晰和完整性	clarity and completeness	数据、假设、方法、质量保证、赞助和分析方法信息完整	（1）文献是否清晰而完整地描述了潜在的科学或经济理论及分析方法？ （2）关键假设、参数值、测度、应用领域和限定条件是否准确描述？ （3）结果是否清晰而完整地表述？ （4）构建的理论多大程度上解释了现有理论与相关理论之间的差异性？ （5）完整的数据集是否可被获取？赞助商信息是否标明？ （6）对于可执行程序或可运行的模型，模型参数定义或参数集是否提供？运行计算机代码的信息是否充分和可获取？ （7）对于研究再现而言，研究和调查设计描述是否清晰、完整和充分？ （8）数据质量保障程序和质量控制程序是否书面化并可获取？
不确定性与可变性	incertainty and variability	评估其变化可能导致的后果危害性	（1）是否具有核实的统计技术来评估不确定性和变化性？ （2）不确定性与变化性是否会影响到结论？在研究设计中存在怎样潜在的资源和影响？ （3）研究方案是否考虑到潜在的不确定性，比如环境变化、相关开放参数或是测量误差？
评估和审查	evaluation and review	研究独立性和有效的同行评议	（1）研究方法和结论是否经过了独立性认证和有效性认证？结论是否具有独立性，它们是否相关或一致？ （2）对研究方法和研究结论是否实施了独立的同行评议？而研究结论是否回应了对它的评议？ （3）程序、方法或模型是否应用于相似的、已经采纳过同行评议的研究成果？该研究结果与相关研究的结论是否一致？ （4）建模信息中，在代码运行之前，多大程度上经过了独立性评价和测试？

4.6.3　DQA 指标体系

　　数据质量指标（data quality indicators）和数据质量保障（data quality assurance）出现在 EPA、DOD 等多个机构的信息质量政策中。在实际操作中，对于数据质量的评估指标通常采用分级指标（graded approach）标准，分级与评估范围包括：①质量保障与项目声明；②质量系统元素（谁负责项目质量控制？质量控制管理者的组织地位如何？具有哪些文本化的质量控制流程？负责人如何评价和回应质量评价？）③项目定位和背景；④数据质量目标；⑤项目组织和研究者的质量保障职责；⑥项目描述的质量：其他文本标准的采纳；⑦数据质量目标的一致性保障。

　　在现有的指标体系中，PRACC 指标和 PBRCCS 指标是提及率最高的两个数据质量要素指标体系。PRACC 指标和 PBRCCS 指标均是若干数据指标要素的首字母组合，其内容如表 4-5 所示。

表 4-5　数据质量评价指标

PRACC 指标	PBRCCS 指标
精确性 precision	精确性 precision
可再述性 representativeness	偏见 bias

续表

PRACC 指标	PBRCCS 指标
准确性 accuracy	可再述性 representativeness
可比性 comparability	可比性 comparability
完整性 completeness	完整性 completeness
	敏感性 sensitivity

4.6.4 TDQM 指标体系

在 DOD 的信息质量管理措施中，提出了全面数据质量管理（TDQM）模型，包括数据的定义、测度、分析与改进的全面数据质量监控与改进策略，规定了不同环节的数据质量管理活动：

1）定义环节：识别数据需求并建立数据质量测度（data quality metrics）标准；

2）测度环节：测试与现有业务规则的一致性，并撰写例外报告；

3）分析环节：证实、矫正和评估造成数据质量不佳的原因，并分析可行的改进措施；

4）改进环节：选取数据质量改进领域，并最有效地改进数据质量。

为界定和描述数据质量，美国国防部提出了数据质量属性描述矩阵的概念，提出了六项描述要素：准确性、完整性、一致性、时效性、独特性和有效性（表 4-6）。

表 4-6 DOD 的数据质量要素

质量属性	描述
准确性 accuracy	避免错误的量化评估，错误精度越高，避免错误越小，则精确度越高
完整性 completeness	对数据所要求精度的达到程度
一致性 consistency	数据集与约束条件的满足程度
时效性 timeliness	所展示数据与当前的时间间隔
独特性 uniqueness	是否还有其他数据提供类似数据
有效性 validity	能够被充分的系统细分，并足够严格而被充分接受

4.7 美国科技报告质量管理过程案例

在科技报告质量管理过程中，形成了科技报告采购质量管理、项目质量管理、科技报告出版与发布审查、科技报告公开与服务质量控制等不同的质量管理环节。本节主要介绍以美国 NASA 为代表的科技报告质量管理案例及其经验。

4.7.1 科技报告采购质量管理

科技报告来自于科学或技术应用研究，其质量归根结底取决于科研过程质量。因此，通过科技报告采购管理和科技项目管理中的相关规范能有效提升科技报告质量：通过采购合同明确要求科技报告的提交义务和质量标准；通过项目管理加强科技报告的质量控制和项目要求。

（1）科技报告采购形式

科学研究委托与资助是一种特殊的采购合同，而科技报告则被视为科学研究采购的交付义务，尤其是在应用性研究领域，科技报告是必要交付物。《美国联邦采购条例》将科技委托研究纳入政府采购范畴，科研项目可以理解为政府依据国家创新发展需要，向社会购买的一种公共产品和服务，它不同于一般的产品与服务，需经过研究、试验或试制过程，除去有形产出，多以呈交科技报告的方式完成课题结项。

《美国联邦采购条例》是一部庞大法规体系，共有 8 编 53 章，其中多处涉及科技报告。在 F 编第 35 章第 10 段强调：合同执行方应提交科技报告作为应用性科学研究的永久性记录，而政府作为合同发布方则有义务将科技报告开放或提供公开获取服务；第 53 章 235 款规定了科技报告基本信息报送表的标准格式，即科技报告文件页的标准表格格式。该表被指定用于向合同发布方和 NTIS 提交科技报告，表格的填写内容包括报告日期、报告类型、报告题名、合同号、基金号、项目号、任务号、作者、完成机构、项目下达机构、发行说明、文摘、主题词、页码、密级、审核人等。

《美国联邦采购条例》一方面从法律层面为科技报告强制呈交提供法理依据，确立了NTIS 在科技报告领域的汇交和统一服务职能；另一方面，也确认了科技报告在科技项目立项、项目过程调控和项目评价中的潜在价值，并为在项目管理环节中的科技报告管理提供法律指导。

（2）科技报告采购与数据首发原则

科技项目的科技报告采购除了将科技报告作为科技项目的必要交付物予以确认外，还通过科技报告规范、科技报告审查等方式对科技报告质量进行管理。为发挥科技报告作为科技项目的交付物的价值，NASA 等机构对最终呈现科技报告的数据质量也做出了相应规范，即数据首发原则。

2003 年 NASA 的《采购信息公告》（PIC 03-03）对科技信息采购进行了明确说明，提出了科技报告采购和公开原则，明确提出科技项目合同承担者可以根据需要发布相关研究成果，但作为最终报告（final report）的提交报告或项目合同中明确规定的报告内容，必须确保数据的首发性（first produced or used），要求 NASA 科技报告中心 NTRS 在接收报告或数据前，作为最终报告的数据不应提前发布，以此保证科技报告数据的新颖性和科技报告价值。

数据首发原则保障了科技报告应用价值和学术价值的独特性与先进性。严格执行数据首发原则，不仅确立了科技报告作为相关科技数据的唯一来源或最早来源的法理依据，确立了科技报告作为参考资源或学术资源价值的合理性，同时也确立了科技报告作为学者学术成果评价的可行性。

4.7.2　科技项目管理中的科技报告质量控制

科技项目管理方法因项目类型不同而有所差异，但科技项目管理的共性内容一般包括：项目的申报与立项管理、项目过程管理和项目结项管理，项目所涉及的组织、人员、资金、文档、科技成果及知识产权等内容的管理。与科技档案管理不同，科技项目对科技报告的管理主体是科技项目合同的发布者（甲方），同时又将科技报告内容审查委托于科技项目合同的承担者（乙方）或地方科技项目管理机构与部门（第三方）。

以 NASA 为例，其在科技项目管理、科技信息标准和科技服务咨询等领域都确立了科技报告的功能定位、质量标准和应用流程，明确了以绩效和影响力为评判导向的质量准则。NASA 本身作为科技报告服务机构，承担了科技报告存储、加工和服务职能，其内部对科技报告质量管理具有多重标准体系。在 NASA 政策指令与程序性要求中，有很多条例强调了项目管理过程中的科技报告质量要求与规范（表 4-7）。

表 4-7　NASA 项目管理中的科技报告质量规范

规范类型	规范名称	中文备注
联邦管制指令 CFR	14CFR part 1260：Grants and Cooperative Agreements	NASA 项目和合作合同规范
政策指令 policy directive	NPD 7120.4D：NASA Engineering and Program/Project Management Policy	NASA 工程与项目管理政策
政策指令 policy directive	NPD 1000.5，Policy for NASA Acquisition	NASA 采购政策
政策指令 policy directive	NPD 1080.1，Policy for the Conduct of NASA Research and Technology（R&T）	NASA 研究和技术实施政策
政策指令 policy directive	NPD 1440.6，NASA Records Management	NASA 记录管理
政策指令 policy directive	NPD 2110.1，Foreign Access to NASA Technology Transfer Materials	NASA 技术转移资料的国际获取
政策指令 policy directive	NPD 2190.1，NASA Export Control Program	NASA 出口限制项目
政策指令 policy directive	NPD 2200.1，Management of NASA Scientific and Technical Information	NASA 科技信息管理政策指令
政策指令 policy directive	NPD 2810.1，NASA Information Security Policy	NASA 信息安全政策
政策指令 policy directive	NPD 7500.2，NASA Technology Commercialization Policy	NASA 技术商业化政策
程序性要求 procedural requirements	NPR 5800.1，Grant and Cooperative Agreement Handbook	NASA 项目和合作合同手册
程序性要求 procedural requirements	NPR 7120.7：NASA Information Technology and Institutional Infrastructure Program and Project Management Requirements	NASA 技术和机构基础设施项目管理要求
程序性要求 procedural requirements	NPR 7120.8：NASA Research and Technology Program and Project Management Requirements	NASA 研究科技项目管理要求
程序性要求 procedural requirements	NPR 7120.9：NASA Product Data and Life-Cycle Management（PDLM）for Flight Programs and Projects	NASA 飞行器项目产品数据和生命周期管理
程序性要求 procedural requirements	NPR 7500.1，NASA Technology Commercialization Process	NASA 技术商业化流程
程序性要求 procedural requirements	NPR 1441.1，NASA Records Retention Schedules	NASA 记录保留期限
程序性要求 procedural requirements	NPR 2810.1，Security of Information Technology	信息技术安全
程序性要求 procedural requirements	NPR 2200.2，Requirements for Documentation，Approval，and Dissemination of NASA Scientific and Technical Information	NASA 关于科技信息记录、审批和发布的要求
程序性要求 procedural requirements	NPR 1080.1A，Requirements for the Conduct of NASA Research and Technology（R&T）	NASA 研究和技术实施要求
指南 Guidelines	NASA Guidelines for Quality of Information	NASA 信息质量指南
指南 Guidelines	NASA Guidelines for Ensuring the Quality of Information	NASA 信息质量保障指南

在这些规范中，比较核心的规范有：

（1）《NASA 项目和合作合同规范》

在《NASA 项目和合作合同规范》中，1206.75 条规范了十类项目报告事项：项目采购行为报告、科学工程委员会报告、财务支付报告、库存报告和项目执行报告、最终报告、游说活动披露报告、审计报告、法律冲突的处置方案报告和项目失败与变更报告。

在报告执行过程中，均采用标准表格或报告模板进行报告质量控制。如项目采购行为报告需要通过 NASA 的 507 表单填写申报，共包括 74 个报告项，包括采购主体、采购类型、合同支付方式以及采购授权、采购对象评估信息、采购合同类型等；财务支付报告需要采用 SF272 表单申报；审计报告由 NASA 的 1356 表填写申报。具体到科学研究活动相关的科技报告，主要涉及项目执行报告和项目最终报告。

1）项目执行报告：1260.151 条对项目执行报告事项进行了流程、格式、管理机构和相关事项的规范，其中在 1260.21 和 1260.57 中分别对项目执行报告的时间（研究项目年报截止日前 60 天、培训项目在培训工作完成后 60 天）、内容（报告期间内的执行活动简况）、格式及装订要求以及报送流程作了规范。尤其是报告首页，应包括项目名称、报告类型、项目负责人、实施周期、机构地址以及项目号 6 项基本要素。

2）项目最终报告：1260.75 条对项目最终报告的内容和结构进行了规范，同时在 1260.21 和 1260.57 中描述了相关技术细节。比如从时间上看，应该在项目完成后 90 天内提交；从内容上看，必须对 10 类项目报告进行明确回应或总结。

从《NASA 项目和合作合同规范》中可以看出，对科技报告主要强调报告流程、报告管理问题，对科技报告的格式和细节并未明确说明，凡涉及科技报告格式和细节说明时，或援引 NPD2200 对科技信息管理规范的相关条例，或直接援引 NASA 科技报告系列模板的规范。

（2）《NASA 研究和技术实施政策》

在《NASA 研究和技术实施政策》中，主要强调研究项目的需求、评审、管理和评估，因此强调项目周期管理（life-cycle）、关键决策要素（key decision points，KDPs）、评审质量和问题处置（评审异议或学术不端）。其中，7120.8 所涉及的技术和研究项目是指 NASA 管理或资助的项目，但不包括其他具有具体适用范围的项目。

在 NASA 的科技项目管理中，主要政策要点有如下四点：

1）强调项目管理过程中各类管理数据的完整性和管理流程的适用性（权限管理），以及各类项目文件的完备性。通过构建科技项目控制系统并设立项目元数据管理员，构建完整的项目评审数据、执行数据和财务数据体系，并最终采用简报或综合评估报告形式予以报告。

2）强调项目流程的监督管理，对每一阶段的关键决策要素设立相应的审计节点，相应审计节点履行完成相应的关键决策要素点（KDPs）后才能进入项目下一阶段。

3）对项目采购物或采购来源进行质量控制，即认证产品清单（qualified product list，QPL）、认证供应商清单（qualified manufacture list，QML）和认证投标者清单（qualified bidder list，QBL），并建立供应商信息安全管理和风险管理策略，构建整体的项目质量和项目安全管理体系。

4）有效地评审处置方式，包括对项目征集方式、投标竞争性评估、同行评议与第三方审查、评审结果复议制度以及对学术不端现象（misconduct，falsification，plagiarism）的处置。

（3）《NASA 研究科技项目管理需求》

《NASA 研究科技项目管理需求》强调科研项目管理流程和质量控制，其中第四、第五部分着重介绍了项目过程质量控制和项目出版物的质量控制。

在项目过程质量控制中，NASA 提出了质量评估流程和执行绩效测度矩阵，通过对项目相关性、质量和执行绩效对项目质量进行综合评价。其中，相关性主要评估项目的重要性和适用性；质量主要是证明经费投入确定能带来技术改良；执行绩效则是衡量科技项目的主要产出和里程碑。在此基础之上，NASA 开发了三类质量管理工具：IBPD 综合预算与执行文件（integrated budget and performance document）、NASA 内部评审和 NASA 外部评审。同时，也提出了基于项目评审定级（program assessment and rating tool，PART）的绩效评估方法。

4.7.3 科技报告出版与发布审查

科技报告出版与发布是指将科技报告对外发布或者提供公开获取服务，包括科技报告提交发布、网站公开或者非机构渠道的公开，比如期刊摘录、图书出版、会议演示、会议录、新闻报道、数据库、网站等方式。NASA 将科技报告系列分为技术性出版物（TP）、技术性备忘录（TM）、合同报告（CR）、会议出版物（CP）、特殊出版物（SP）和技术性翻译（TT）六类，对科技报告的不同划分会影响到科技报告质量控制过程中的审查标准，但从审查类型看，主要分为出版审查和内容公开审查两类。

以 NASA 为例，其 NPD2200 系列政策规范对科技报告的审查进行了明确规定：凡 NASA 公开的科技报告都要依次经过内容公开审查（DAA 审查）、技术性审查和专业审查，并最终按照 SF-298 的报告文本格式标准进行报告加工。

（1）科技报告出版审查

科技报告出版审查主要是针对科技报告内容的专业水平和格式标准进行审查。具体分为技术审查和专业审查两种类型。通过技术审查和专业审查能确保科技报告采用专业报告标准、技术准确性标准和数据质量标准，进而达到专门的出版或公开发布要求。

1）技术性审查：技术性审查由具有共同学科背景的同行专家实施，通常是对科技报告的完整性、统一性、格式、内容等进行审查，而不用过分考虑文本在信息交流中的有效性。因此，从实施过程来看，主要是机构内的学术委员会审查、第三方学术机构以及机构外的同行评议三种方式，具体审查方式由被审查报告的重要性、待公开信息的时效性以及报告内容综合决定，但使用最为广泛的是同行评议。

2）专业性审查：也称编审或内容审查，由具有出版领域的技术知识或具有跨学科经验的个人或团体负责，一般由技术出版办公室负责。专业审查主要任务有两个：一是评估文本内容可读性、特定领域的适用性；二是确定科技报告的出版类型，并根据不同的出版类型设定相应的审查标准。从审查方式看，主要有自查和机构审查两种。

在 NASA 公开的 NPR2200《NASA 关于科技信息记录、审批和发布的要求》附录 B 和附录 C 中，提出了专业性审查的自查列表和出版审查列表（表 4-8），每类审查均包括 11 项基本审查项。

此外，专业审查阶段应由作者或者专业审查人员提供科技信息的主题分类、报告号、推荐意见等。

（2）科技报告 DAA 审查

科技报告区别于一般期刊论文或科技文献的重要特征是实践应用性，科技报告的研究数据或研究结论或可直接应用于企业形成创新优势或技术优势，或可应用于国防、核工业、化工等关键应用领域而关乎国家或国际安全，或涉及公众隐私、知识产权以及社会舆情，因而其公开可能涉及国家安全或社会安全，需要对其可公开性进行综合评估，进而需要进行保密审查或者文件公开授权审查，即 DAA（document availability authorization）审查。

表 4-8　NASA 科技报告专业审查事项

作者出版报告自查列表	出版审查列表
（1）NASA 的 STI 报告序列号是否适合需求？	（1）报告表达清晰
（2）所在中心的技术管理和技术出版办公室是否同意报告类型和技术报告等级	（2）所有的数据项或字母项（如图形、表格、等式、参考文献和附录）格式正确
（3）联系所在中心的技术出版办公室，进而决定：	（3）所有的数据项或字母项来源权威
・何种出版服务，需要多久周转时间，成本？	（4）没有不正确的或不存在的拼写，没有典型的语法或功能错误
・是否使用 NASA 文件模版？	（5）没有会使 NASA 或美国政府处于尴尬境地的观点
・如果需要印刷版本的，需要何种服务？电子版直接参照 NASA 的 CASI 需求规范	（6）所有的结论都是由文本支持的
・何种格式的电子版本？	（7）参考文献是可获取的，并且信息充分
・依据 NF1676 需要填写的信息是否完成？	（8）图形和表格数据清晰和完整
・依据 SF298 完成报告首页和相关页？	（9）报告与信息管制、专有性和保密管理要求一致
（4）完成文稿草案	（10）相应的技术评审已经完成
（5）完成 SF298 所规定的封底	（11）NASA 信息发布的相关审查
（6）是否具有技术性评论或者相关技术专家证实该文本的专业性	
（7）修订版本	
（8）通过机构或中心交付文稿	
（9）交付给中心技术出版或印刷中心	
（10）申请将个人文本添加到中心的技术报告服务，如果可行	
（11）协助出版机构或者中心出版办公室，将文本提交给 NASA 的 CASI	

DAA 审查一般居于优先审查地位，是一种强制审查机制，即当出版物需要通过印刷提交到外部出版社时，或者以任何媒介形式出版电子信息时，必须通过 DAA 审查，以确保公共获取的 NASA 信息没有禁止公开或受限获取的信息。在实施流程上，DAA 审查应在专

业审查前；而对于重要的、敏感性信息，则可能启动委员会进行再审查评估机制。

公开获取是指不涉密的、不包括出口限制、优先敏感信息，或者不受限、不涉及信息屏蔽和干预，具有清晰的标题和知识产权归属信息。如果信息通过公共网站公开，则应该同时符合各机构的网络信息公开指南。以 NASA 为例，NASA 的 DAA 审查通过 NF-1676 表单强制审查标准执行，该表单共十个部分，涉及国家安全审查信息、出口控制信息、优先或敏感信息、不宜公开信息或者需要屏蔽与干预的信息等九种待审查类型。其中，主要类型有：

1）NASA 网络指南：NASA 在公共网站发布信息时，应该遵照 NASA 信息技术需求法案 NITR-2810-3 附件 7《NASA 网络出版内容指南》，采用合适的技术标准和格式发布相关信息。

2）管理性控制信息（administratively controlled information，ACI）：虽然 NASA 发布了 NPR1600《安全程序和指南》以及 1686 表单进行管理性控制信息的甄别和管理，但 ACI 主要用于行政业务专用（for official use only，FOUO）信息、非加密敏感（sensitive but unclassified，SBU）信息等决策性判断信息，因而具有一定的弹性空间。

3）国家安全审查：通过 NF-1676 来决定信息是否需要进行安全加密。如果需要向外国政府提供出版、发布或展示时其内容有涉及国防部相关内容，例如航空项目、航天发射或空间管制，不论何种材料都必须接受审查。

4）出口控制审查：出口控制受限信息主要参照四个指令标准：①武器出口控制法案；②出口管制法案；③国际军火交易条例（ITAR）；④出口管制条例（EAR）。上述规章设置了有出口控制的技术数据和信息的相关分类，上述信息在缺乏授权时禁止出口或向外国公开，而网站信息中不包括出口受限的信息。

国际军火交易条例详细定义了与国防有关的数据或文献的范畴。比如美国国防物品的技术性数据记录或者物理设备，以及以任何形式可以直接获取和揭示的技术性数据，例如运载火箭，包括专门设计或改装组件、零部件、配件、附件和相关设备；遥感卫星系统，包括地面控制站的遥测、跟踪系统及地面信息接收站设备，以及上述系统所有的组件、零部件、配件、附件及相关设备（包括地面支持设备）。

出口管制条例则主要源于商务部制定的受控物品清单：包括商品、技术和软件。具体包括：技术，涉及受限物品的开发、生产和利用中的相关信息；技术性数据，包括蓝图、计划、图表、公式、等式、表格、工程设计和物种、手册以及其他记录；软件；开发信息，处于设计、设计研究、设计分析、设计理念、装配和原型测试、试产计划等任何阶段的开发信息，包括设计数据、设计数据转换的产品样品、配置信息和集成电路布局等；生产信息，具体在任何生产阶段，如产品设计、制造、集成、组装（安装）、检验、测试和质量保证必要的信息；利用信息，包括操作、安装（包括现场安装）、维护（检查）、维修、大修、翻新信息。

5）有限权利数据（limited rights data）：有限权利数据是指数据基于私人投入开发，因合同关系而交付美国政府使用或者在内置设备中的信息，包括商务性、财务性和义务性信息、记录或处理过程。基于 FAR 52.227-14 的"有限权利声明"，因研发项目而产生的专有设备或专有软件中的内置数据属于有限权利数据，不经合同承接方同意不得传播或复制上述数据。

6）小型业务创新研究数据（small business innovation research data，SBIR）：是指由某

些中小企业为创新研究合同承约方首次开发或提供、并不为公众所获取，以及不必让政府获知的信息。SBIR 合同信息一般需要 4 年后才可以为公众获知。

7）知识产权或商业秘密数据：商业秘密和产权信息是指未在合同承约方认可情况下，不能主动公开的信息。

除 NASA 之外，其他机构部门也有各自的发布审查规定，比如 DOE 的非机密性涉核信息（unclassified controlled nuclear information，UCNI）也被纳入保密范畴。随着 2009 年奥巴马总统签署 13526 行政指令，美国保密审查标准有所松动，美国政府也一直在平衡公众知情权和国家保密需要，逐渐加大了档案解密力度，但当前美国仍存在 2000 多个定密指南。总之，对科技报告的 DAA 审查仍然是美国科技报告审查的重要工作内容。

4.7.4　科技报告公开与服务质量管理

（1）信息更正申请制度

信息更正申请制度（request for correction 或 petition for correction，RFC）制度，即政府公开与公众需求相关的信息，公众如能提供相应的证据证明公开的信息中存在错误，可提出信息更正申请。在美国《信息质量法》中，RFC 是政府信息质量改进的重要途径和改善方式之一。

在美国政府信息公开法律制度中，科技报告网站发布被视为政府信息公开的范畴，科技报告不仅需要履行信息公开义务，而且应该接受公众的质疑和申诉，客观上推动了科技报告公开后的公众监督和 RFC 制度设计。比如 NSF 根据《信息质量法》制定了美国自然基金会信息更正申请流程和标准表格。

根据 OMB 对美国政府机构信息更正申请制度实施情况的调查，科技报告领域的信息更正申请制度实施效果并不理想，仅交通运输部、能源部的信息更正申请数量超过 10 000 次，大部分部委在 100 次以内。但从 NASA 的反馈情况看，已有一定数量的研究报告内容通过 RFC 制度得到一定修正和回应，例如，2009 年 Calum Eric Douglas 对 NASA Technical Paper 1622 第 30 页的若干公式提出了修正申请，2014 年 Eytan Suchard 对 NASA/TM-2004-213283 中若干公式的修正申请等。

未来如果能通过一定激励机制配套推动，RFC 应能在科技报告质量管理体系中发挥更为重要的作用。

（2）科技报告网络服务质量控制

《美国法典》第 15 篇第 23 章中（15 U.S.C. 1151-1157）确定了 NTIS 作为国家科学技术信息集散中心的基本权利，明确 NTIS 可以为它的产品和服务收取适当费用以弥补所有运行成本。而在实际运营过程中，为适应科技报告商业化服务的要求，NTIS 开展了大量的"再数据化"工作，即通过加工或改变相应的元数据记录格式，以适应不同的数据服务商的数据库要求。目前，除了 NTIS 自身运营的 NTRL 在线数据库，NTIS 还向 Data Star、Dialog、Ebsco、Elsevier Engineering Information、Ovid Technologies、ProQuest、SilverPlatter Information、STN International 等大量在线数据服务商提供科技报告资源，因而需要适应各自不同的元数据记录格式和检索系统的需求。

　　为此，NTIS 自身开发了集成的元数据记录库，并要求各科技报告提供机构尽可能提供相应的管理元数据，并建立了不同来源标准之间的映射机制，以加强数据之间的一致性。元数据映射机制包括两部分：一是来源数据与 NTIS 加工标准之间的映射，如科技报告编号遵循 NASA、DOD 和 DOE 的基本编码规则，同时将 DOC 编码规则与上述编码规则进行相应地映射和转化；二是 NTIS 与数据服务商之间的元数据映射方案。

第五章　中国科技报告质量管理体系建设与应用

科技报告质量管理通过跟踪科技报告形成的过程，为消除科技报告形成过程中所有引起不合格或未达到标准的因素而采取相关措施，其最终目的是得到较高质量水平的科技报告。科技报告质量管理过程应是闭合的循环，应包括质量标准设置、质量评价、质量反馈与质量改进等多个环节。而在科技报告的产生、呈交、保存收藏到科技报告的开发利用等各个环节，通过制定系统全面的标准体系来进行质量管理是当前的通行做法。我国科技报告质量管理体系主要由组织架构、标准规范、操作流程等部分构成。在组织架构上形成国家、部门/地方和基层科研单位多层管理体系；在标准规范上已经出台了科技报告编写规则、编号规则、保密等级代码与标识规则、元数据规范等。

本章提出的科技报告质量管理体系的设计主要依据最低质量控制、分阶段控制、多样化控制和评改结合的原则，规定了科技报告撰写人员、项目承担部门、科技报告管理部门、科技管理部门等不同主体在科技报告质量管理体系中的目标和职责。本章详细阐述了科技报告的质量管理操作流程，包括事前控制、事中控制和事后控制等环节，可以为科技报告质量管理工作实践提供参考和指南。

5.1　科技报告质量管理的趋势

科技报告在功能定位、产出源头、流通方式、利用方式、服务方式上的多样性决定了科技报告质量维度的立体性，在纵向上形成了文献层面质量、专业层面质量、效益层面质量等维度，在横向上形成了撰写质量、审查质量、入藏质量、购买质量、发布质量、服务质量、利用质量等维度，由此带来了不同的科技报告质量管理重点与管理路径。随着当今科技进步速度的加快和科技影响范围的扩大，科技报告质量管理工作也表现出许多新变化、新趋势和新特点，主要表现在以下三个方面：

第一，科技报告质量控制重心前移。以往通过科学家、科研机构、采购机构、收储加工机构、服务机构的科技报告流通链条控制模式，随着多源科技报告服务和开放服务提升流通链条变得更短，科技报告加工和服务机构的质量控制比重下降，并使得科研机构和采购机构在科研管理、科技报告审查发布环节的重要性日益凸显。

第二，科技报告质量控制周期更短。当前为保障科技报告研究者的权益，方便科研工作者基于科技报告申请专利或发表研究论文，一般有3~5年的时间延迟。随着全球范围内将科技报告公开纳入政府信息公开范畴，在项目审计中科技报告公开成为考量依据之一，客观上缩短了科技报告的保护周期，对科技报告质量控制带来了更大的时间压力。

第三，科技报告质量控制影响更大。因非保密科技报告的公开和开放服务，科技报告的传播范围扩大，利用范围相对更广。一方面加快了科技报告的成果转化速度，增强了科技报告资源对社会科技创新的影响；另一方面则更加凸显科技报告资源质量的重要性。高质量的科技报告作为科研成果的重要载体和科研人员互相交流学习的重要媒介，也有助于提高科技成果转化率，促进科技成果转化，从而推动科技创新。

考虑到科技报告质量管理的以上挑战，保障科技报告质量的关键在于构建一套行之有效的科技报告质量管理体系，核心在于通过一系列机制设计和改进活动来促进科技报告最终产品及其生产环节符合有关质量控制标准和规范。

5.2　科技报告的质量管理体系

科技报告质量管理体系架构与内容设计在遵循"三阶段质量控制原理"和"三全质量控制原理"的基础上，充分借鉴了国际上比较成熟的 ISO9001：2005 质量管理标准。科技报告质量管理体系总体框架设计如图 5-1 所示。下面就其设计原理和组成部分加以详细介绍。

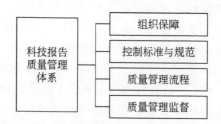

图 5-1　科技报告质量管理体系总体框架设计

5.2.1　科技报告质量管理体系的设计原理

科技报告质量管理体系建设要以科技报告质量管理理论为指导，也要依据我国现阶段基本国情循序渐进实施。考虑到我国科技报告体系建设的现状，本书引入工程质量管理领域较为成熟的"三阶段质量控制原理"与"三全质量控制原理"，设计形成我国科技报告质量管理体系。

"三阶段质量控制原理"注重从时间维度进行科技报告质量管理，而"三全质量控制原理"注重从要素维度进行科技报告质量管理，二者相互补充、相互融合。

（1）三阶段质量控制原理

三阶段质量控制原理已在工业生产和工程领域中得到广泛应用。在科技报告工作中引入三阶段质量控制原理，可以从时间维度将科技报告质量管理过程分为事前控制、事中控制和事后控制，如图 5-2 所示。三阶段质量控制原理要求遵循一定的时间顺序，即前一阶段作为后一阶段的控制条件，三个环节各有侧重、紧密联系，共同构成一套质量控制的有机统一系统。

1）事前质量控制。就是要求预先进行周密的质量计划。一是强调质量目标的计划预控；二是按质量计划进行质量活动前的准备工作状态控制。

2）事中质量控制。包含内部自控和外部监控两大环节。一是对质量活动的自我行为约束；二是对质量活动过程和结果引入外界监督控制。

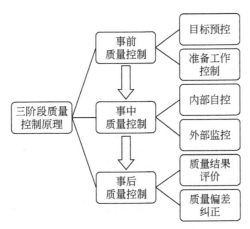

图 5-2　三阶段质量控制原理释义

3）事后质量控制。包含两个方面，一是对质量活动结果的评价认定；二是对质量偏差的纠正。

（2）三全质量控制原理

三全质量控制原理最初发源于全面质量管理思想。三全质量控制原理包含于质量管理体系标准（GB/T 19000/ISO 9000）中，它提倡质量控制应该是全面、全过程和全员参与。

1）全面质量控制。不仅要对产品本身进行质量管理，还要对与产品生产相关的一系列活动进行质量管理。

2）全过程质量控制。质量管理活动贯穿于产品或者服务生成的整个过程中。

3）全员质量控制。组织调动全体员工的质量管理参与意识，提高个人质量管理素养，使全员参与到质量管理过程中来。

5.2.2　科技报告质量管理体系的设计目标

科技报告质量管理的目标在于全面完整控制科技报告的质量，建立事前规范的质量标准与指标，以及事后控制的方法，全面保障科技报告的质量。同时，不同质量管理主体对于科技报告具有不同的需求，科技管理部门通过科技报告寻求决策信息支撑，科研人员通过科技报告获得创新信息保障，社会公众通过科技报告实现对政府科研投入产出的知情权，因此不同参与主体对于质量管理目标也有不同的侧重，这些都需要反映在科技报告质量管理体系的设计目标上。

（1）科技管理部门

建立科技报告质量管理体系有助于科技管理部门更高效地对科技报告资源进行综合分析，避免不同科研管理体系中的重复立项，减少财政资金浪费。在科研项目的进行过程中以及结项阶段，科技管理部门通过对科技报告的质量管理实现对项目质量的控制，利于增加科研工作的透明度，利于杜绝虚假行为，建立科研诚信体系，防止学术腐败。

（2）科研人员

对于科研人员来说，建立科技报告质量管理体系有利于规范科研行为。科研人员一方面遵循科技报告质量管理体系的要求，确保自己的科研产出在形式上规范化，另一方面也通过质量管理体系形成高质量的知识积累，提高自身的影响力和竞争力。

（3）项目承担机构

对于项目承担机构来说，科技报告质量管理制度是科研项目管理制度、机构知识资产管理制度的重要组成部分。科技报告质量管理工作是机构知识管理的基础性工作。建立科技报告质量管理体系既是对科研项目承担机构的约束，从目标导向上促使其认真对待科研项目进程，有利于项目高质量的知识产出。

（4）社会公众

对于全社会来说，建立科技报告质量管理体系归根结底是为了保障社会公共知识资产的质量，有利于提升公共资金的使用效果，同时有利于强化政府投资科学研究活动的公信力和透明度，使社会公众接触和了解高价值的科技信息。

5.2.3　科技报告质量管理体系的设计原则

在设计科技报告质量管理体系时，需要遵循和满足国家标准和专门标准，并将其作为最低质量要求。在此基础之上，分级、分层、分面、分类、分阶段设计质量管理体系，以反映不同质量管理主体的质量需求，同时遵循以下原则。

（1）最低质量准入原则

最低质量准入原则主要是指科研人员所呈交的科技报告应该满足国家规定的最低要求，即符合全国科技报告体系控制规范、准则、地方/部门颁布的部门规章、部门标准或体系控制工具的建设范畴。最低质量准入原则是一项强制性原则。

（2）分阶段控制原则

分阶段控制原则即科技报告质量管理需要体现事前控制、事中控制和事后控制。事前控制要求科技管理机构事先发布科技报告政策法规和标准规范，对科技报告质量控制起到预先立规的作用；事中控制要求地方/部门科技报告管理机构和基层科技报告管理机构针对科技报告文献层面和专业层面进行管控，起到过程控制的作用；事后控制要求对科技报告产生的经济效益和社会效益等绩效层面进行综合评价，起到事后监督的作用。

（3）多样化控制原则

多样化原则是指坚持主观与客观评价结合、定性与定量分析结合。在科技报告质量管理过程中，既有量化的客观评价和审查指标，也有同行评议的主观建议。科技报告不是工业产品，其质量内涵具有多样性，因此既需要有通用的客观质量要素评价，也要有特定的同行评议准则；多样化原则还要求坚持通用指标与特性指标结合，在科技报告质量管理过程中，既需要考虑文献格式和学术规范的通用准则，也要考虑科技报告的应用性、安全性、保密性、技术产权的特殊性；多样化原则还意味着分级控制，不同层次的报告对应不同的质量等级要求。

（4）评改结合原则

评改结合原则要求科技报告质量评价应该具有反馈和改进环节，构成科技报告质量管理的完整闭环。建立质量评价反馈机制和整改机制，以评促改，最终实现报告质量的持续提升；将科技报告质量评价反馈和科研信用制度挂钩，将科技报告质量作为科技工作者的常态评价指标，并在科研信用管理中有所体现。

5.3 科技报告质量管理组织保障

5.3.1 科技报告质量管理组织架构

在我国的科技报告质量控制体系的组织架构中，设立了国家科技报告管理办公室，负责科技报告的统筹管理，同时设立科技报告集中收藏与服务机构，负责科技报告管理与服务工作的具体操作。在管理模式上采用了自上而下、汇总归一、分层收集的模式（贺德方，2013b），形成国家、部门/地方和基层科研中心（基层科技报告管理部门）多层管理体系，组织架构如图 5-3 所示。

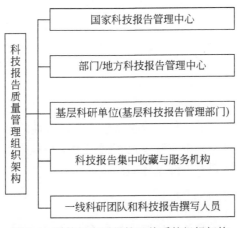

图 5-3 科技报告质量管理体系的组织架构

5.3.2 科技报告质量管理组织职责

科技报告管理与服务机构分工负责，统一衔接，在各自职责的基础上形成一套有机系统。

1）国家科技报告管理中心负责加强对科技报告工作的统一协调，充分发掘科技报告的作用，发挥科技项目成果在经济、社会发展建设中潜藏的巨大价值。具体来讲，一是组织和制定全国科技报告管理的有关法规和标准；二是建立科技报告系统编号，作为单独系列出版发行；三是组织国内外科技报告相关的学习与交流活动。

2）部门/地方科技报告管理中心主要是将国家科技报告的相关规定传达给项目承担单位，并检查项目承担单位提交的科技报告的质量，合格的提交到国家科技报告管理部门，不合格的退回。

3）基层科研单位（基层科技报告管理部门）需要负责本单位科研人员所撰写科研报告的质量监督及管理，传达科技报告质量的标准及相关规定，并负责检查提交的科技报告，如果有不合科技报告质量的规定，需要退回科研人员修正后再提交。

4）科技报告集中收藏与服务机构主要是接收、整理、保存、管理科技报告并对外提供相关的服务，具体包括科技报告的搜集工作、登录工作、编目工作、文献标引工作、出版工作、用户需求和订单管理工作、订购登记建档工作和复印与发行工作等。从这些工作内容可以看出，科技报告集中收藏与服务机构主要负责科技报告文献层面的质量控制。从科技报告集中收藏与服务机构直接介入科技报告流程的时机上看，主要处在科技报告流程的后期，但这并不意味科技报告管理部门仅仅是做事后的检验和审查，而是可以超前介入科技报告流程的早期，通过制定标准、展开培训等方式开展事前控制和事中控制。

一线科研团队和科技报告撰写人员实际上是控制科技报告质量的第一道环节，是科技报告的第一责任者。科研项目组和科技报告撰写者需要切实执行好科技报告撰写标准，遵守学术规范，从源头上确保科技报告的质量。

5.4 科技报告质量管理标准规范

国际标准化组织将标准定义为在一定范围内获得最佳秩序，对活动或结果规定共同的和重复使用的规则、导则或特性的文件。标准和规范是对已有活动的总结和提炼，应以促进最佳效益为目的。在科技报告质量管理工作中，尽管涉及不同的质量管理主体，也涉及不同的阶段环节，但是都需要遵循标准规范的约束。不同部门在不同阶段所遵循的标准共同形成了科技报告标准体系。

当前，我国的科技报告标准体系还处在建设和完善过程中，不同的质量管理主体应在遵循最低质量控制原则的前提下，积极构建和形成有针对性的科技报告质量管理规范。

目前，在科技报告标准体系中，我国已相继出台了科技报告编写规则、编号规则、保密等级代码与标识、元数据规范等国家标准。

5.4.1 科技报告编写规则

科研项目涉及学科众多，且不同研究人员具有各自的撰写风格。为了便于科技报告的统一管理，《科技报告编写规则》（GB/T 7713.3-2014）用于规范其编写方式，包括科技报告的结构与内容组成要素、编写、编排等，以利于科技报告的撰写、收集、保存、加工、组织、检索和交流利用。该规则适用于印刷型、缩微型、电子版等形式的科技报告，对于同一科技报告的不同载体形式，其内容和格式应该统一。

《科技报告编写规则》的核心内容是规定了科技报告的组成部分和编写格式。

（1）科技报告组成

科技报告的结构与内容一般包括三个部分：前置部分、正文部分、结尾部分（图5-4）。

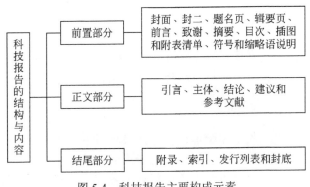

图 5-4　科技报告主要构成元素

其中，一般要求正文部分由引言开始，描述相关的理论、方法、假设和程序等，讨论结果，阐明结论和建议，以参考文献结尾。由于涉及的学科、选题、方法、工作进程、结果表达、写作目的等不同，主体部分的内容可能会有很大的差异，但必须客观真实、准确完整、层次清晰、科学合理、文字顺畅、可读性强。

1）引言部分。应简要说明相关工作的背景、意义、范围、对象、目的、相关领域的前人工作情况、理论基础、研究设想、方法、预期结果等，同时可指明报告的读者对象。但不应重述或解释摘要，不对理论、方法、结果进行详细描述，不涉及发现、结论和建议。

2）主体部分。是科技报告的核心部分，应完整描述相关工作的基本理论、研究假设、研究方法、实验/试验方法、研究过程等，应对使用到的关键装置、仪表仪器、材料原料等进行描述和说明。本领域的专业读者依据这些描述应能重复调查研究过程、评议研究结果。

主体部分应陈述相关工作的结果，对结果的准确性、意义等进行讨论，并应提供必要的图、表、实验及观察数据等信息。不影响理解正文的计算和数学推导过程、实验过程、设备说明、图、表、数据等辅助性细节信息可放入附录。

主体部分可分为若干层级进行论述，涉及的历史回顾、文献综述、理论分析、研究方法、结果和讨论等内容宜独立成章。

3）结论部分。科技报告应有最终的、总体的结论，结论不是正文中各段小结的简单重复。结论部分可以描述正文中的研究发现，评价或描述研究发现的作用、影响、应用等，可以包括同类研究的结论概述、基于当前研究结果的结论或总体结论等。结论应客观、准确、精炼。如果不能得出结论，应进行必要的讨论。

4）建议部分。基于调查研究的结果和结论，可对下一步的工作设想、未来的研究活动、存在的问题及解决办法等提出一系列的行动建议。也可在结论部分提出未来的行动建议。

5）科技报告中所有被引用的文献都要列入参考文献中，未被引用但被阅读或具有补充信息的文献可作为附录列于参考书目中。引文的标注方法、参考文献和参考书目的著录项目和著录格式应符合国标 GB/T 7714 关于参考文献的规定。参考文献应置于报告主体部分的最后，宜另起页。

（2）科技报告编排格式

编排格式对科技报告的字体字号、计量单位、幅面版式、文件格式等做了一般性要求，并就科技报告编号、图示和符号资料、注释、勘误表、书脊等格式做了规范。

5.4.2 科技报告编号规则

由于科技报告在产生、收集和管理过程中涉及项目承担单位、科技管理部门、科研人员、社会公众等多个主体，一个科研项目有可能形成多篇科技报告，为了能够对科技报告的呈交、识别、存储、查询以及再利用等进行有效管理，需要对科技报告的编号进行统一规范，赋予它区别于其他科技报告的唯一的识别编号。

在网络环境下，数字化的科学技术报告已经成为主流，越来越多的机构收集自己内部的科技报告并形成系统性资源，需要通过对单件科技报告分配 ISRN（国际标准科技报告编号）或卷号等识别符、成系列的科学技术报告分配 ISSN（国际标准连续性资源号）进行管理和共享。

《科技报告编号规则》（GB/T 15416-2014）规定了我国科技报告编号的结构、特征以及管理和维护，适用于各类科学技术项目所创建的科学技术报告，含各种载体的科学技术报告。

（1）科技报告编号结构

科技报告编号采用字母、数字混合字符组成的用以标识中国科技报告的完整的、格式化的一组代码。编号是由科学技术报告的创建者标识、记录号、附加记录号之后的后缀三个标识功能区域构成，科学技术报告所属部门代码、年代、顺序号组成的部门编号共同构成。

1）基层编号。基层编号是由科技报告撰写机构依据该标准的规定赋予每一份科技报告的编号。根据该标准，中国科技报告的基层编号由 **XXX** 个二进制位组成。当以人工可读形式呈现时（人工可读格式与主要借助于数据加工设备不同，主要是指由人来阅读和书写的一种格式），表现为由阿拉伯数字 0~9 和拉丁字母 A~Z 组成的最长可有 **XX** 个十六进制字符。一个完整的中国科技报告基层编号由科技报告的创建者标识、记录号和后缀三个功能区构成（表 5-1）。每个功能区的代码又可根据标识信息的不同划分若干段，各段之间用斜线"/"（占 1 字符位）分隔；而对于每个功能区中具有从属关系的子项则用连字符"—"（占 1 字符位）分隔。

表 5-1 中国科技报告基层编号结构

结构	创建者标识									分隔符		记录号																分隔符	后缀
位数	1	2	3	4	5	6	7	8	9	10	11	12	13	14	15	16	17	18	19	20	21	22	23	24	25	26	27	28	
表示方法	X	X	X	X	X	X	X	X	X	—	—	N	N	N	U	U	N	N	N	N	N			/	N	N	N	+	计划项目下达部门、密级
编码含义	九位数字字母混合组织机构代码									二位功能区分隔符		科学技术计划项目编号												一位报告顺序号分隔符	三位数字报告顺序号			一位后缀分隔符	

其中创建者一般指科学技术计划项目的承担单位；记录号最多采用 14~17 位数字字母

混合字符表示，由科学技术计划项目编号和基于该项目所创建每件报告的顺序号两部分组成。在记录号之前应当使用两个连字符"--"与创建者标识分隔。记录号中，科学技术计划项目编号与科学技术报告顺序号两部分之间用斜线"/"分隔。科学技术计划项目编号，直接采用科学技术计划制定机关编制的项目编号。报告顺序号采用 3 位数字表示，用于区分同一科学技术计划项目（或课题）形成的一件以上多件科学技术报告；多个单位协作承担的科学技术计划项目（或课题）应当分别依次赋予报告顺序号。后缀由 11 位字母、数字混合字符组成。其前用加号"+"与记录号分隔。后缀中的科技计划下达部门信息和密级信息可作为子项处理。其顺序为：科技计划下达部门、密级。两者之间用斜线"/"分隔。

2）部门编号。部门编号是由国家科技行政主管机关指定的科技报告管理中心依据本标准的规定对所提交的每一份科技报告赋予的编号。部门编号由部门代码和年代标识以及顺序号组成。

（2）科技报告编号特征

根据《科技报告编号规则》规定，中国科技报告编号的基层编号作为科技报告的申报号，由计划项目（课题）承担单位分配，主要用于科技报告的计算机管理和识别。中国科技报告编号的部门编号作为科技报告的文献号，由国家科技行政主管机关指定的科学技术报告管理机构统一分配，主要用于检索、查询和共享服务。中国科技报告编号的基层编号和部门编号都具有以下特征：

1）双向对应性。中国科技报告编号的基层编号与部门编号之间具有双向一一对应性。一个中国科技报告编号的基层编号只能对应一个中国科技报告编号的部门编号。

2）稳定性。一个科技报告编号应当被永久地赋予一个科学技术报告，并且不能被改变、替换或者重新赋予其他报告使用。

3）显示位置和方式。无论科学技术报告采用数字或物理介质格式，中国科技报告编号都要永久性地嵌入或者贴附到科学技术报告文本中。

4）前置符。中国科技报告编号以大写拉丁字母"CRN"作为前置符，与紧接其后的创建者标识（或部门代码）之间用一个半角字符空格分隔。前置符"CRN"用于对中国科技报告编号进行标识，不作为中国科技报告编号的组成部分。

（3）科技报告编号的管理

根据《科技报告编号规则》规定，所有中国科技报告编号都应当进行登记。中国科技报告编号的维护机构由国家科技行政主管机关指定的科学技术报告管理机构承担。国家科技行政主管机关指定的科学技术报告管理机构负责中国科技报告编号部门编号的分配，以及基层编号、部门编号的登记、维护和管理。

5.4.3 科技报告保密等级代码与标识

由于科研项目的研究目的与需求不同，作为研究成果呈现形式的科技报告并不是所有内容都可以对外公开，而是具有一定的保密等级以及受限范围。因此，需要对科技报告的保密范围进行统一规范管理，以确保能够在密级安全许可的范围内提高科技报告的利用率。

《科学技术报告保密等级代码与标识》（GB/T 30534-2014）规定了科技报告保密等级的确定、变更和解密的原则，规定了科技报告保密期限，科技报告保密等级代码与标识（表 5-2）。

该标准适用于对科技报告保密等级的标识，以促进科技报告信息的管理、交流和使用。

表 5-2　科技报告保密等级代码与标识的主要内容

数字代码	保密等级	说明	汉语拼音代码	保密期限	汉字代码
01	公开级	国家公开的科技计划项目产生的科技报告，或项目承担单位认为可以公开的科技报告	GK		公开
02	限制级	在一定时期内不适宜全社会知悉的研究成果或技术信息	XZ	采取文摘公开，全文技术报告延迟公开的方式。限制使用期限一般不超过 5 年	限制
03	秘密级	技术内容涉及一般国家秘密的科技报告	MM	一般不超过 10 年	秘密
04	机密级	技术内容涉及重要国家秘密的科技报告	JM	一般不超过 20 年	机密
05	绝密级	技术内容涉及最重要国家秘密的科技报告	UM	一般不超过 30 年	绝密

5.4.4　科技报告元数据规范

科技报告元数据主要用于对科技报告的文献特征和项目来源基本信息进行描述、组织和管理。科技报告元数据元素包括题名、作者、作者单位、报告类型、密级、科技报告编号、摘要、关键词、分类号、计划名称、项目名称及编号、承担单位、完成日期等。

《科技报告元数据规范》（GB/T 30535-2014）规定了科技报告元数据规范的元素集，并详细定义了元素及其修饰词，适用于各类科学技术项目所创建，含各种载体的科学技术报告。科技报告元数据集由 13 个元素、27 个元素修饰词、8 个编码体系修饰词构成（表 5-3）。

表 5-3　科技报告元数据集

13 个元素	题名	日期	语种	报告类型
	作者	格式	关联	科技项目
	主题	标识符	权限	馆藏信息
	描述			
27 个元素修饰词	交替题名、作者单位、责任者说明、责任者顺序、分类号、主题词、关键词、目次、图表清单、符号说明、摘要、特别声明、资助机构、参考文献、起止日期、完成日期、提交日期、范围、页码、权限声明、辑要页密级、科技报告密级、计划名称、项目/课题名称及编号、承担单位、收藏日期、馆藏号			
8 个编码体系修饰词	中国图书馆图书资料分类法			
	汉语主题词表			
	由万维网联盟（W3C）制定的日期和时间的编码规则 W3C-DTF			
	统一资源标识符（uniform resource identifiers，URI）			
	中国科技报告编号（China scientific and technical report number，CRN）			
	资源的因特网媒体类型 IMT			
	国际标准化组织制定的三字母语种识别代码 ISO639-2			
	根据 RFC4646 确定的语种识别标签集合			

5.5 科技报告质量管理操作流程

5.5.1 科技报告质量管理流程总体框架

（1）科技报告工作流程

根据科技报告质量管理体系的设计原则，科技报告质量管理工作全面贯穿于科技报告工作的全流程。因此首先需要对科技报告工作流程及其各个环节加以识别和确认。科技报告的工作流程可以分为五个阶段：计划、撰写、审核、验收和利用。在工作流程之内，对应科技报告工作的每一阶段，都有一些可能的情形会影响到最终科技报告的质量。在计划阶段，项目承担单位可能与科技计划管理部门对科技报告的内容、格式、要求的理解并不一致；在撰写阶段，科技报告的格式、设定的密级、使用受限范围的设置、对专利信息和技术秘密的标识可能会不恰当，知识产权的归属也不明晰；在审核阶段，项目承担单位可能对科技报告的审核工作不到位、走过场，部门/地方科技报告管理中心审核工作量也可能过重；在验收阶段，科技报告的加工整理工作可能没有统一的标准；在利用阶段，存储的科技报告可能被闲置，价值没有被深入挖掘，也可能存在科技报告传播渠道不畅通的情况。

（2）科技报告质量管理流程及内容

基于上述科技报告工作流程，融合"三阶段质量控制原理"和"三全质量控制原理"的科技报告"三三制"质量管理流程包括三个阶段，分别是事前规范、事中控制和事后评价，如图5-5所示。

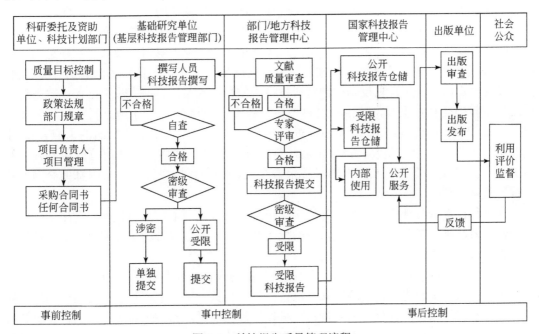

图 5-5 科技报告质量管理流程

　　根据科技报告的工作流程，每个流程中都要对科技报告的质量进行保证，国家科技报告制度的实施，需要规范科技报告计划、撰写、审核、呈交、验收、利用工作流程。

　　科研人员撰写科技报告，并对技术秘密等信息进行标记，设定密级或受限范围，填写科技报告审定表，并提交给本单位的科研管理部门或科技报告联络人（贺德方，2013b）。

　　从科研人员上交科技报告到研究所/高校/企业接待报告中心（即科技报告基层管理部门）开始，就已经进入文献层面审查阶段，这一阶段主要由基层科技报告管理部门负责，首先基层单位对科技报告进行保密审查，然后对科技报告文献层面质量进行审查，例如科技报告的内容是否符合国家制定的科技报告的标准、格式是否规范、是否有错别字、语法错误及表述不清等问题。如果科技报告有相关问题，应返回科研人员修改，修改审核没有问题后，对审查合格的科技报告在审定表上盖章确认，并将审定表返还项目承担单位。基层科技报告管理部门负责将非涉密科技报告全文呈交至部门/地方科技报告管理中心。

　　部门/地方或国家科技报告管理中心在收到科技报告后，审核其格式，进行科技报告验收，向承担单位反馈或出具科技报告收录证书，并对照任务书对项目/课题完成科技报告的情况进行统计分析，反馈或报告给科技计划管理部门进行项目/课题监督管理和项目/课题验收考核。从提交到部门/地方科技报告管理中心开始，就进入了专业层面审查阶段，专业层面审查阶段主要审查科技报告的专业内容，例如科技报告是否具有创新性；数据来源、调研及引用的文献来源是否准确、真实、有效；实验或者实施部分是否翔实，是否具有可重复性等。

　　专业层面的审查需要采用同行评议或者读者评价的方法来进行审查，由于相关专业层面的指标测度具有主观性，需要参加评议的同行具有极高的专业水平，并且对学科前沿及已有研究非常了解，因而同行评议专家的选择尤为重要，部门/地方科技报告管理中心需要根据科技报告的类型和学科选择该学科或研究方向上的若干位高水平专家作为同行评议的专家，同时需要对专家的水平和评审素质进行管理，尽量保证同行评议的公平性。

　　部门/地方科技报告管理中心将科技报告提交到选定的同行评议专家处，评审专家在特定的时间内反馈评审意见，需要由特定的机制保证评审专家能够对科技报告反馈意见。部门/地方科技报告管理中心需要将专家的评审意见反馈到基层科技报告管理部门，由基层科技报告管理部门将评审意见反馈给撰写科技报告的科研人员，科研人员根据评审意见进行修改后重新提交科技报告，再由基层科技报告管理部门提交至部门/地方科技报告管理单位，由部门/地方科技报告管理中心审查后接收。到此便完成了专业层面的审查，部门/地方科技报告管理中心验收科技报告后，进行加工整理，严格按照使用范围限制开展利用工作，同时及时将公开或解密的科技报告全文和受限科技报告元数据信息上交国家科技报告管理中心。

　　国家科技报告管理中心将可公开的科技报告进行开放获取，对科技报告产生的经济效益和社会效益进行考查，包括科技报告的投入产出比、科技报告的采用率等，从效益层面上对科技报告的质量进行评价。

　　科技报告的质量责任应落实到人。科技报告撰写人员一般是负责项目研究的科研人员，科技报告撰写人员首先应该了解国家对科技报告的相关标准，根据科技报告的标准进行撰写，并针对科技报告的各项组成结构提高科技报告的质量。科技报告评审人员需要对科技报告进行鉴定评审验收。评审人员要严把报告成果鉴定的政治关和学术质量关，评审基础研究成果的原创性、学术性及应用研究成果的实践意义、咨询价值。

5.5.2　科技报告质量管理的事前规范环节

科技报告的产生是科技报告生命周期最初的阶段，涉及科技报告任务合同以及科研委托与资助单位的科技报告采购合同的下达，计划管理部门或者科研委托与资助单位的任务合同书或者采购合同书中应明确规定提交科技报告的类型、数量和时限等。

这一过程中的质量管理环节主要涉及科技报告质量事前规范。事前规范包括两个方面的内容：①计划预控。依据科技报告合同中提出的质量目标计划进行质量预控制；②为确保科技报告质量而对事前相关准备工作进行预先控制，即按照质量计划进行质量管理活动前的准备工作。这要求在国家层面建立起完善的科技报告政策法规体系，在部门/地方科技报告管理机构和基层科研单位，应建立起相应的部门规章制度。此外也应进行与科技报告质量相关的知识推广与培训等工作，从而引导科技报告工作的有序展开（图5-6）。

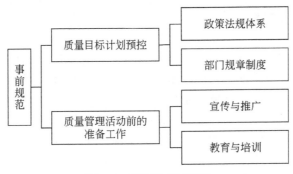

图 5-6　事前规范示意图

5.5.3　科技报告质量管理的事中控制环节

事中控制分为自控和他控两部分：①自控：自控层面要求科研人员在相关标准规范的引导下进行自我行为约束，充分发挥其主观能动性，运用技术能力去达到质量目标。在提交报告之前事先对科技报告的格式规范与报告内容质量进行自查，审查合格后还要对科技报告进行密级审查，对于涉密的科技报告需要单独提交，可公开的科技报告或者公开受限的科技报告经审查合格后提交。②他控：对完成质量目标所实施的质量活动过程和结果进行来自于外部的监督与控制。

（1）自控阶段：科技报告质量特性审查

从科研人员撰写并提交科技报告开始，就已经进入自控阶段，这里所说的科技报告质量特性审查，主要是指对科技报告是否满足科技报告质量客观性方面的指标，即文献层面的质量控制，主要对科技报告的撰写是否符合国家制定的科技报告标准、格式是否规范、是否有错别字、语法错误及表述不清等问题进行控制。如果科技报告存在问题，应返回科研人员修改。对合格的科技报告则本单位的科研管理部门负责将非涉密科技报告全文呈交到科技报告管理单位。

文献层面质量控制主要是在科技报告撰写标准、加工标准、组织管理标准和服务标准的基础之上，来满足相应的具体要求，具体如图 5-7 所示。

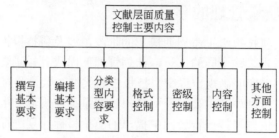

图 5-7　科技报告文献层面控制内容

1）撰写基本要求。按规范撰写科技报告是科研人员应具备的基本能力之一。科研人员在撰写科技报告时，应严格遵循科技报告编写规则，按要求撰写高质量的报告。国家标准《科技报告编写规则》对科技报告的构成、类型、主要内容、编写格式等进行了详细规定。统一科技报告编写格式，主要目的在于保证科技报告的内容质量和整体编写水平。

2）内容编排基本要求。科技报告的组成部分应符合一定的基本要求，包括前置部分、正文部分和结尾部分。前置部分包括封面、封二、题名页、辑要页、序或前言、致谢、摘要、目次、插图和附表清单、符号和缩略语说明，其中封面、辑要页、摘要和目次为必备要素。正文部分包括引言、主体、结论、建议和参考文献，其中引言、主体和结论部分为必备要素。最后结尾部分包含附录、索引、发行列表和封底。

3）分类型内容要求。根据现阶段我国科技报告实践，科技报告主要分为专题技术报告（实验/试验报告、分析/研究报告、工程/生产/运行报告、调查/考察/观测报告）、技术进展报告（技术节点报告、时间节点报告）、最终报告和组织管理报告，每个类型的科技报告都有不同的内容要求（表 5-4）。

表 5-4　典型科技报告类型内容要求

类型		内容要求
专题技术报告	研究/分析报告	引言：研究综述，目的意义，脉络结构，理论基础
		主体：研究理论，方法假设，提出公式和程序，进行理论设计，对研究过程和结果进行分析、计算、验证
		结论：研究结论，理论价值，新颖性，应用前景
	工程/生产/运行报告	引言：介绍相关背景、意义，工程或运行的概况
		主体：任务及工具设备及具体型号、预算，工程或运行完成的标准或指标，重大技术问题，重大设计，对工程和运行有较大影响的事件，对工程或运行的测试和评价
		结论：结果，水平、效能检验，教训，工程移交和遗留问题
技术进展报告		引言：描述合同规定的阶段或年度研究任务的目标、内容、方法等要点
		主体：阶段研究的过程，技术内容，必要的数据图表，进展或阶段成果
		结论：阶段研究工作完成情况，经验教训，计划调整情况，下年度或阶段的工作计划或建议
最终报告		引言：国内外现状，研究意义，目的，方法，技术路线，技术指标，研究内容
		主体：按项目研究任务全面论述研究方法，假设和研究程序以及研究结果，建议和方案
		结论：总结研究结果，论述研究发现，创新点，存在的问题，经验和建议等内容，评价研究成果的作用影响，展望应用前景

4）格式控制。格式控制主要依据《科技报告编写规则》检查各部分的必要元素是否完备，各数据项的填写是否准确完整和一致，封面要素要求完整准确，摘要应就研究工作的目的和方法，结果结论等进行概括性介绍，科技报告中的插图和附表较多时，应分别编制插图清单和附表清单，清单应列出图表序号、图表标题和页码等。

5）密级控制。密级控制主要是审查科技报告的密级设置是否合理，既维护国家技术安全，合理保护知识产权，又确保最大限度的开放共享。在经过密级审查后，涉密科技报告需要单独提交，公开级和限制级科技报告可以向下一环节的管理部门提交，进入他控阶段。

6）内容控制。主要是从专业的角度，对科技报告内容论述是否系统、完整、可读等进行分析评判。例如：试验报告是否包含了试验条件、试验设备、试验数据及相应的结果分析等关键内容。

7）其他方面控制。其他方面的控制主要指科技报告呈交、登录、编目、文献标引、出版和交流共享等方面的文献层面质量控制，不同方面对质量控制内容各有侧重。

（2）他控阶段：专业层面质量控制

从提交到科技报告管理单位开始，科技报告质量控制就进入了专业内容层面的控制阶段。专业角度的质量控制需要考察科技报告是否具有创新性，数据来源、调研及引用的文献来源是否准确、真实、有效，实验或者事实部分是否翔实，是否具有可重复性等。在此基础之上，专业层面控制需要从专业角度，对科技报告的学术价值、技术价值和实用价值进行综合评价。

由于上述这些方面的内容审查具有一定的主观性，无法依靠单纯的技术指标进行评判，所以科技报告管理部门或者科研委托与资助单位需要根据科技报告的类型和学科，选择该学科或研究方向上高水平的若干位专家作为同行评议的专家，同时需要对专家的水平和评审素质进行管理，尽量保证同行评议的公平性。

1）控制原则。科技报告专业层面的质量控制，应坚持实事求是、科学民主、注重质量、讲求实效的原则，采用多元化的评价指标体系，既评价科技成果的学术水平和技术水平，也要评价其使用价值。

2）控制流程。科技报告管理中心将科技报告提交到选择的同行评议专家处，评审专家在特定的时间内反馈评审意见，需要由特定的机制保证评审专家能够对科技报告反馈意见。科技报告管理中心需要将专家的评审意见反馈到计划管理部门，由计划管理部门将评审意见反馈给科技报告的撰写者，科研人员根据评审意见进行修改后重新将科技报告呈交到科技报告管理单位，由科技报告管理单位审查后接收，到此便完成了专业内容层面的质量外部审查控制。

3）控制内容。学术价值、技术价值是科技报告在理论、方法、技术和工艺等方面所具备的技术水平的体现，以科学性、创新性和先进性为表征。判断科学性的标准包括研究设计是否严密，分析论证是否符合逻辑，实验条件是否符合有关标准，统计是否处理正确，数据是否真实可靠，结果是否可重复；判断创新性的标准包括研究方法、设计思想、工艺技术特点及最终结果是否属于国际、国内或区域内首创，有无实质性的突破改进和补充；判断先进性的标准包括是否解决该领域的技术难题或行业的热点问题，与同行业相比达到国际、国内或区域内的何种水平。

使用价值是指科技成果转化、推广和应用的价值，由技术可行性、知识产权、市场效果等表征。判断技术可行性的标准包括研究的成熟程度、技术的适用性，成熟程度指科技报告的技术系统的完整性和成果实际应用的可靠性，技术的适用性指政策环境、自然环境、资源条件、技术开发能力等方面的生产适应程度及经济合理性。判断知识产权的标准包括知识产权的保护方式、法律状态、类型、数量。判断市场效果的标准包括市场的占有程度、竞争能力、年销售量、销售趋势、成果应用的广泛性和推广的急迫性。

4）控制方式。专业层面的质量控制需要引入领域专家的力量，多采用专家评议的形式实现。专家评议主要采用会议评价和通讯评价两种形式。对于需要进行现场考察、测试，或需要经过答辩和讨论才能做出评价的科技报告成果，可以由评价机构组织评价咨询专家采取会议形式对科技报告做出评价。评价负责人综合归纳每位咨询专家的评价意见，并形成评论结论，请评价专家组通过；对于不需要进行现场考察而通过答辩和讨论即可做出评价的科技报告成果，可以采用通讯评审的形式。由评审组织机构聘请专家通过书面审查有关科技报告，通讯评价必须出具评价专家签字的书面评审意见。评价负责人综合归纳每位专家的评审意见，并形成评价结论。

5.5.4　科技报告质量管理的事后评价环节

（1）科技管理部门的事后评价

对于科技管理部门来说，事后评价一般是在科技报告所在科研项目已经结束或进入应用、运营时间后，对科技报告所产生的经济效益和社会效益等方面进行系统的评价。考察的对象包括科技报告的投入产出比、科技报告的采用率与引用率等。事后评价的意义主要在于确定项目预期目标是否达到，主要效益指标是否实现，总结其中经验教训，获取反馈信息，提高未来新项目的管理水平（叶海，2011）。

（2）社会公众的事后评价

当科技报告出版对外公布后，可能会接收到公众对相关科技报告的质疑和内容反馈。随着社会公众对信息公开获取需求的增加，科技报告管理中心也应针对可以公开发布的科技报告提供对外公开获取服务，社会公众在利用科技报告时，可能会发现科技报告中存在错误，并向科技报告管理部门反馈，这在客观上有助于科技报告的事后评价。

（3）出版发布环节的质量控制和事后评价

为了推进科技报告的利用以及促进其经济效益与社会效益的实现，对于不受密级限制的科技报告有出版与发布的需要，科技报告出版发布不只局限于传统的纸质出版，还包括科技报告网站发布或者非机构渠道的公开等多种形式，比如期刊摘录、图书出版、会议演示、会议录、新闻报道等方式。在这一过程中，科技报告出版审查一般采用项目承担机构自查与出版机构审查相结合的方式。其中出版机构对科技报告通常要依次经过内容公开审查、技术性审查和专业性审查，并最终按照相关的报告文本格式、标准进行报告加工。在出版前的审查过程也有助于科技报告的质量控制。在科技报告出版发布之后，所获得图书销量、文献引用量、电子版下载数量等指标也可以作为科技报告事后评价的依据。

5.6 科技报告质量管理监督工作

5.6.1 科技报告质量监督的特征和内容

与科技报告的质量管理相比，科技报告质量监督一般多指政府行为，是政府有关管理部门依据国家法律法规，对科技报告质量进行的一种具有监督性质的检查活动。在健全的科技报告质量管理体系中，科技报告质量监督工作必不可少。

科技报告质量监督工作具有如下特征：①由特定的管理部门对特定范围的科技报告产品进行监督。科技报告质量监督的主体可以是科技报告管理部门、科研管理部门以及其他行业主管部门或领域主管机构。监督的范围是在生产领域、流通领域以及归档入藏的科技报告产品。②科技报告质量监督需要依据相关政策法规、质量管理标准规范进行，不能主观臆断。③科技报告质量监督需要使用科学方法，可以授权专业质检和评价机构。④科技报告质量监督的过程和结果需要对全社会公开。科技报告监督的标准和程序要以规章形式公布，并向受检查单位说明。监督检查的总体情况、存在问题、评审意见、处理意见都要以报告形式向有关质量管理主体送达（朱智勇，2007）。

从狭义上看，科技报告质量监督的主体主要是政府部门。但从广义上看，科技报告质量监督的主体包括科技报告的生产者、管理者、收藏者、服务者、传播者、利用者，可以鼓励多方参与质量检查审核、监督反馈和防患促进活动，因此从广义上看科技报告质量监督主体包括国家监督、社会监督和科研部门自我监督几种形式。国家监督在科技报告质量管理体系中处于顶层地位，是法定国家机关及其授权机构对科技报告质量进行监督；社会监督是科技报告的获取者、利用者、社会公众、第三方机构及其他社会组织对科技报告质量进行的监督；科研部门自我监督是科技报告的撰写者、提交者对科技报告生产过程所进行的管理。

5.6.2 科技报告质量监督的形式和环节

基于产品质量监督工作的一般性经验，科技报告质量监督形式主要包括：质量监督抽查、质量检验、统一监督检查、定期监督检查、日常监督检查、跟踪检查、质量等级认证等（图5-8）。

以政府部门为主体的科技报告质量监督机构要合理控制质量检查的频率和次数，质量监督检查工作应以样本抽查为主要方式。质量检验可以委托具有专业技术资质的机构，这样可以减少检验误差，客观反映检验对象的实际情况，提升检验结果的权威性。质量监督抽查可以分为定期和不定期两种。定期检查可以以每季度为单位实施。根据产品质量监督工作的实践，科技报告监督还可以分为日常检查和跟踪监督检查两种形式。日常检查包括了监督部门受理来自用户日常的科技报告使用问题和反馈意见。跟踪监督检查主要是对存在问题的科技报告及其所处环节、所在单位进行跟踪，检查其整顿和改进情况。

科技报告质量监督工作的主要程序包括了制定计划、下达任务、制定抽查方案、抽取样品、检验和判定、检验结果反馈、综合汇总分析和报告、抽查结果的发布、抽查问题的处理、跟踪检查整改情况等环节。

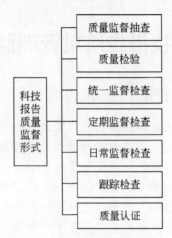

图 5-8　科技报告质量监督形式

第六章　中国科技报告质量分类评价体系构建

科技报告质量管理过程是一个闭合的循环，包括质量标准和质量期望设置，以及持续的质量反馈与质量改进。而从质量标准设定到质量反馈改进的重要中介就是质量评价。但作为我国科技报告体系建设中的重要一环——科技报告质量评价领域，尚未形成一套系统、科学和完善的体系，也尚未建立较为全面的科技报告质量评价制度。因此，构建一套符合我国国情的科技报告质量评价体系，对加强我国科技报告质量监管，推动科技报告的传播、利用与创新，进而推进对科学研究项目的有效管理，具有重要的实际应用价值。

本章根据我国科技报告质量评价的发展情况和关键问题，结合信息质量评价的相关指标和评价方法，提出了科技报告分类评价体系。该评价体系由文献层面质量指标、专业层面质量指标和效益层面质量指标组成。科技报告质量分类评价体系的构建既有利于管理者和评价者对科技报告质量做出全面系统评估，也为科技报告的生产者提供参考标准和行动依据，有利于做好科技报告质量的自控。

同时考虑到科技报告质量评价指标体系是以客观质量属性为依据的评价方式，在科技报告质量评价与控制中，科技报告各层面质量有时并不能通过相应的定量化指标完整反映，因此在评价体系的实施过程中，也需要引入多级质量审查、同行专家评议、在线评议等手段。

为了有效指导科技报告质量分类评价体系的运用和实施，本章也专门就科技报告各个质量层面评价的操作手段和应用规范进行了说明，其中文献层面质量对应科技报告多级审查，专业层面质量对应同行评议，效益层面质量对应在线评价。从而增强了该评价体系的针对性、实用性和可操作性。

6.1　科技报告质量评价研究现状

从全球范围看，科技报告质量评价主要源自科技报告服务的兴起。从早期"先藏后选"的低效后控质量方法，逐渐延伸到前端计划、中期标准、后期审查的全周期质量控制办法，逐渐产生了科技报告标准与规范、同行评议、质量审查等质量控制工具。

从科技报告的评价对象上看，在科技报告发展过程中，科技报告质量评价要素在持续发展。以美国为例，1945～1951 年，为美国科技情报体系的初创时期，科技报告服务体系主要集中于战后缴获文本的吸收转化与服务提供，科技报告的质量要求主要以可得性和有用性为主，而且服务内容也以"技术报告"为主，因而科技报告整体利用率仅有 20%左右。1951～1964 年，随着 NSF 的成立，委托研究和基础研究报告的比例大幅增加，而且科技报告范围也拓展到商业和统计信息、产业报告和基础研究等领域，推动形成了科技报告流通和交换体系，因而对科技报告的格式规范和著录体系的要求增加，初步建立了科技报告的格式规范和著录体系。1970 年以后，随着基础研究报告成为美国科技报告的主体，对其科学水平、创新性的评价比例越来越高，成为科技报告质量评价的首要因素。而 20 世纪

80 年代的科技成果转化和科技研究采购相关立法又增加了对科技报告效益指标的考量，使得科技报告质量评价要素更加体现出多层次、多维度的特点。

科技报告质量是"非精确评估，具有综合性"的概念。因此，美国科技报告制度体系并没有科技报告质量的精确定义，但提出了最低质量准入原则和最大质量努力原则的概念。前者要求科技报告提供者必须满足一定最基础的质量要素要求，后者要求提供者或资助者尽最大可能来保证和最大化科技报告质量。比如美国《信息质量法案》提出通过制定政府标准来保证和最大化信息传播质量，需要各联邦机构尽可能地保障政府公开信息的质量，并建议从可用性、客观性和完整性三个角度来描述和评价信息质量。在理论研究中，信息资源评价、信息可用性以及数据质量管理等理论推动了信息质量和信息审计理论的发展，提出了从外部特征和内容属性综合评价信息质量的多维评价框架，但针对具体信息类型时，其描述框架也呈现较大差异性。

从科技报告的评价方法上看，目前国内外基本形成了三类主要科技报告质量评价方法：科技报告审查制度、科技报告评议制度以及科技报告评价制度。科技报告审查制度依托科技报告标准、事实标准或项目评审标准等建立，审查体系较为规范和通用，如呈交审查、登记审查、出版审查和公开审查等均已经制度化；科技报告评议制度作为科技报告审查制度衍生的制度体系，目前在美国也已经正式将同行评议纲领作为一项国家信息指令颁布，并要求各联邦机构予以配套和完善，对同行评议的界定、适用范畴、评议形式、评议内容以及评议组织都进行了较为详细的规范；科技报告评价制度提出采用文献计量、统计测度以及综合的量化评价分析方法，系统综合地反映科技报告的质量、价值以及社会影响。由于评价范围和评价成本的制约，目前国际上还没有大范围开展科技报告评价的制度，但美国在能源、环境保护以及尖端技术研究等领域已经开展了报告质量评价体系的尝试。

具体到中国的信息质量评价制度建设，目前在图书质量、印刷品质量、报刊出版质量以及工程咨询报告质量等领域已经出台了若干部门规章制度，建立了相应的质量评价指标体系和实施细则，积累了一定的质量评价制度建设经验，具备了科技报告质量评价的建设基础。

当前，通过对国内外实践经验的总结与借鉴，学术界和科研管理部门对科研项目评价中存在的问题和改进路径已经逐渐达成共识，普遍认为质量评价应采取定性的同行评审和定量的指标评价相结合的多元评价方式；不断完善、及时更新同行评审专家库是建立评价体系的重要工作；评价不应过于关注数量性指标，而需要关注成果的创新性与影响力；对于不同类型的科学研究，应选择与之相适应的评价指标；对于周期长、意义大、见效慢的基础研究项目，应探索更为长效的评价方式；对于应用研究，应重视发明专利，成果的应用推广及其创造的经济价值等（王艳等，2014）。

然而，如何实现以上设想，成为当前面临的紧要问题或改进评价体系的瓶颈（罗彪等，2014）。有关研究不是停留在定性探讨和提出建议的层面，就是陷入具体指标的构造与改进等细节研究，或仍处于建立一个较为笼统的评价体系的阶段，缺乏对于建立评价体系操作层面的研究。

6.2 科技报告质量分类评价理论基础

6.2.1 科技报告质量分类评价的内涵

我国科技报告遵循强制呈交制度，由科学技术部及其委托机构对全国范围内收集的科技报告进行统一加工与统一管理。根据《关于加快建立国家科技报告制度的指导意见》，凡是财政性资金资助的科技项目必须呈交科技报告，新立项目均增加科技报告的考核指标要求。将科技报告任务完成情况作为中期检查和结题验收的重要依据。那么到底应该依据什么标准来进行验收、由谁来进行验收、如何来实施验收，这些问题背后都指向了科技报告质量评价体系，也使建立科技报告质量评价体系成为迫在眉睫的问题。

我国科技报告质量评价体系的构建是一项相对复杂的系统工程，不能一蹴而就，也不能照抄国外经验或其他文献类型的评价体系，既要快速推进，又不能急于求成，而是需要边实践、边研究、边构建，因此在构建我国科技报告质量评价体系时，完善、系统、周密的顶层设计显得尤为重要。

在我国以往的科研领域评价机制中，经常存在"大一统、一刀切"的问题，即科研评价的评价主体单一、评价方法单一、评价标准单一、评价阶段孤立，忽视了不同学科、不同科研领域、不同科研人员、不同研究类型、不同成果类型的差异性和特殊性。

科技报告是一种涉及多学科、多领域、多层次、多阶段、多类型的科研产出形式，因此无法用单一的评价体系来衡量，而是需要构建分类评价体系。

分类评价就是依据同类事物可比、不同类事物不存在可比性的原则（何影，2016），按科技报告归属学科领域和研究类别、科技报告类型和呈现样式、科技报告质量的不同层面制定有针对性的评价标准和细则，将定性研究和定量研究结合进行。

分类思想体现在质量评价指标方面，主要是指评价指标的多样化。同时，在设计分类评价指标体系时，需要切实遵循质量管理中的"目标适应性"原理（赵婷婷，2003），即（事后）衡量质量的标准应来自于（事前）设定的目标。由于不同阶段、不同领域、不同主体目标的多样性，也决定了事后质量评价标准的多样性。

科技报告从文献的层面上来讲，其质量要达到预先设定的具有尺度化的标准，但由于各种原因，提交的科技报告的质量参差不齐，所以有必要建立一套科学完备的科技报告质量评价指标体系。要使得这套指标体系具有针对性，就需要对科技报告进行精准分类。按照科技报告反映的研究阶段进行分类，主要可以分为两类，其中一类是指研究过程中产生的报告，如现状报告、预备报告、进展报告、非正式报告等；另一类指研究项目结束时产生的报告，如总结报告、终结报告、竣工报告、正式报告、试验结果报告、公开报告等。按科技报告的文献形式分类，主要可以分为以下七类：科技报告书、科技论文、札记、备忘录、技术译文、通报、特种出版物。

综上所述，科技报告质量分类评价指标体系的内涵就是依据系统性、科学性、实用性、可发展性和可操作性的原则，运用科学的方法与工具，选取可以表征科技报告各方面特性及其相互联系的多个指标，所构建的具有内在结构的有机整体。

6.2.2 科技报告质量分类评价的作用

目前，就科技报告管理流程看，科技报告在提交和管理过程中尚未实行严格的同行评审评价，科研人员按照科技报告标准和要求完成报告以后，由承担单位审核提交，而报告的各级管理部门和收藏部门缺少对科技报告内容进行审查的环节。从科技报告质量评价实践发展看，科技报告从产生、加工、收藏、保存、流通到开发利用等各个环节，都需要有一定的标准参考来进行质量管理与控制。科技报告质量评价既是对科技报告质量管理效果的事后检验，也是质量管理工作全流程的有机组成部分，应当融入科技报告质量管理的事前规范、事中控制环节中。美国在科技报告交流体系建设时期，针对科技报告流转的各个环节，专门提出建立相应的质量管理与控制体系。由于我国科技报告的制度建设正在快速推进，科技报告的质量管理与控制体系亟待完善。从科技报告服务对象的角度来讲，科技工作者、科研项目管理机构、科技报告出版机构和科技报告服务机构等也需要一套评价体系来对科技报告进行质量管理与评价。科技报告质量分类评价体系的建立，有利于为上述群体提供决策参考，同时也为进一步推进科技报告制度的实践建设提供支撑。

从科技报告质量评价理论发展上看，科技报告的质量评价是科技报告制度建设过程中的重要一环。目前我国在科技报告质量评价领域内的理论研究较少，科技报告质量评价体系的构建有利于推动我国在科技报告质量管理与评价领域理论研究的进一步丰富与发展，为后续的研究提供铺垫（毛刚等，2013）。在有关科技报告宏观制度建设理论研究相对丰富，而微观理论研究相对匮乏的情况下，从微观层面建立科技报告质量评价指标体系，将有利于进一步发展和完善我国的科技报告资源理论研究体系。

6.2.3 科技报告质量分类评价的挑战

我国对于科研项目的评价实践已有长期的经验积累，尤其在近年来取得了显著进展。国家自然科学基金委员会管理科学部早在 1998 年就开始对 1992 年以后资助的管理科学面上结题项目进行"后评估"（李若筠，2007），以此了解基金项目研究进展，掌握资助效果。在 2010 年，国家自然科学基金委员会开展了国际评估，对自然科学基金资助与管理绩效进行评价，开创了我国基金整体绩效评估的先河。然而，具体到科技报告的评价，与发达国家相比，由于我国科技报告体系建立时间较晚，还处在由探索向规范的过渡阶段，科技报告质量分类评价体系构建面临以下关键问题。

（1）科技报告文献层面质量评价标准设计的复杂性

科技报告的质量要素非常复杂，其评价不能仅依靠单一的文献计量指标，还要考虑成果转化和应用价值。因此，科技报告质量评价需要建立一个基于多类型产出的综合评价体系。论文、图书和专利都有专门的公开发行渠道。学术论文是经同行评审的公开出版物，对内容的独创性有严格的要求。专利是科技活动中创新部分和成功经验的提炼。而优秀的出版社对于学术专著的出版也是严格把关的，图书销售量以及一些数据库包含的图书被引情况，其数据也可以用于评价。专利和软件的价值可以用经济收益来衡量。总之，对特定类型的科研成果进行学术评价都有章可循，其研究和实践也比较丰富，尤其是对于期刊论文的评价已经较为成熟。但是如何将一个科技报告中不同类型成果的评价结果进行适当加权，形成可在相同学科领域中进行比较的标准化指标是该评价体系需要着重考虑的问题。

评价标准中权值分配的复杂性在于两个方面：首先，不同的学科门类，其项目成果类型之间的比重不同。有些学科看重高质量论文的发表，而在另一些学科，更看重发明专利。那么，在这两类学科中，论文与专利的权值分配应该不同。例如，在信息科学评估中占有相当分量的"发明专利"指标，在管理科学评估中则较少采用。其次，同一种成果类型也存在设定权值的问题。比如，由科技报告衍生的 SCI 收录论文与 EI 收录论文不宜等同，且在不同的学科，它们的相对重要性也不相同。因此，无法统一设定不同成果类型的权重值，必须根据每个学科领域的具体情况而定。

（2）科技报告专业层面质量评价标准设计的集成性

科技报告作为科研项目的记录，具有集成性、实践性和跨学科性，科技报告记载的内容往往是利用多学科理论和多领域知识、集成不同研究方法和操作技术，做出的整体性、系统性描述或解决方案。因此如何平衡"专精"与"广博"，是科技报告专业层面质量评价指标设计与评价组织需要解决的问题。

（3）科技报告社会效益的滞后性和非显性

全国科学技术名词审定委员会认为，社会效益是指一项工程对就业、增加收入、提高生活水平等社会福利方面所做各种贡献的总称。而科技报告的社会效益是指科技报告对社会有良好的影响，能够推动科技进步，为国家创造更多的财富。有些科技报告单从经济角度看收益很小，甚至短期内无法看到收益，但它对人类社会发展和进步、精神文明建设等起着至关重要的作用。这类科技报告应该得到国家和社会的大力支持。

科技报告的社会效益具有两个基本特征：滞后性与非显性。滞后性是指科技报告的社会效益需要一段时间后才能显示出来，非显性是指科技报告的社会效益并不能直接显示出来，其效益有时是通过被研究者消化吸收后产生新的科学技术而显现。这两个特征在不同程度上影响了科技报告评价的客观性。但是如果过多考虑社会效益的滞后性，延长结项与质量评价之间的时间，则降低了项目管理的时效性。

（4）科技报告跨学科评价的困难性

交叉学科研究对于科学研究来说非常重要，因为新学科或研究领域往往产生于现有学科交叉重叠的部分，同时，学科交叉对于解决现实社会问题常常是必需的。然而，对于交叉学科项目成果的评价一直令科研人员和项目管理部门困扰，科技报告评价也可能面临类似的问题。例如，我国科学基金使用的学科分类代码体系自1986年来经过了五次较大调整，但是仍然有三分之一的面上项目负责人表示并非一直可以找到合适的学科代码，只是"有时"可以找到，而青年科学基金项目负责人认为找到适合的代码更为困难。不仅项目申请时如此，项目结题鉴定时也遇到同样的问题。在科研项目的实际评审过程中，也经常会出现交叉学科的研究成果很难获得同行评议共识的情况。因此，如何针对各个交叉学科项目所产生的科技报告，组建专门的评审组并有效工作，是科技报告评价时要面对的问题。

6.2.4　科技报告质量分类评价体系的构建策略

（1）建立评价指标事实数据库

由于科技报告的社会效益存在滞后性，科研项目结题时所提交的结题验收报告并不能够完全反映科研成果的质量。在结题验收时评出"特优""优""良""中""差"等级，难以做到准确和客观。鉴于此种情况，曾有学者提出建立科研项目的多次评价制度（马健，2010）。在结题验收之后，对已结题科研项目进行跟踪评价和持续评价，更有助于鼓励科研人员目光长远、深耕科研。但是，多次评价的评价次数和时间间隔如何确定并不明确，而且过多的评价次数将大大增加人员和经费上的成本。

评价体系既要支持项目结题后的即时评价，也要能够支持全面反映项目成果社会效益的后继评价。兼顾科研管理的便捷性和科研激励的有效性，解决二者的对立。应建立以"科技报告质量分类评价指标事实数据库"为基础的评价制度。该数据库全面如实地记载了科技报告各质量评价指标的历年得分，即不经过加权处理，或时间窗口处理的原始数据。无论评价的时间窗口如何调整，该库都能为科技报告的后继评价以及不同年份科技报告质量的纵向比较提供客观、可靠的基础数据。

科技报告质量分类评价指标事实数据库中的评价指标，如影响力评价指标、创新力评价指标等，从项目结题以后逐年计算。对于评价时间窗口的设定建议如下：①项目结题时，成果达到结题标准即可结题，实行最低质量准入原则。②第一次质量评价的时间窗口可根据学科特征具体设定。根据学科特征，可参照引文峰值、引用半衰期出现的时间。比如生命科学领域可在结题 2 年后进行质量或社会效益评价，而一些学科领域的评价应该延后更长的时间，以确保成果的影响力和创新力已经得到较为充分的彰显。③质量跟踪评价。在常规的质量评价结束后，继续利用科技报告质量分类评价指标事实数据库，监测各科技报告评价指标的变动情况。如有异常变动，比如发现延迟认可（delayed recognition）的"睡美人现象"（Raan，2004），可以对评价结果做出实时修正。④可根据需要，比如以 10 年或更长时间为时间窗口，对科技报告的长期社会效益进行评价。

（2）采用新的评价指标揭示科技报告的非显性社会效益

科技报告的非显性社会效益是指通过被研究者消化吸收后产生新的科学技术，可以利用科技创新的扩散过程将之揭示出来。新的评价指标采用大数据思维，不局限于单一的因果关系和线性相关指标的设计，而是利用复杂网络的思想，考察科技报告在创新扩散网络中对每个后继节点的影响。如此，可以衡量科技报告对整个科技领域的影响。近距威望（proximity prestige）可以成为有效的测度指标（Lin，1976）。

基于被引量的影响力测度指标只关注了引文网络局部的直接结构，没有以创新扩散网络的整体结构为背景。为了把影响力的评估范围扩展到间接选择关系，可以计算科研成果的所有直接和间接被引量，就是把直接引用项目成果的文献或与被评估者之间存在中介的文献都纳入结构威望的评估范围。这种方法计算的是项目成果的入域，可以称为影响域（influence domain）。对于创新扩散网络中的一个节点来说，入域是指与它之间存在路径的其他节点的数量或百分比。入域越大，项目成果的结构威望越高。

特别地,在高度连通的紧凑网络模型中,创新节点之间彼此可达性良好,易导致节点的入域覆盖面重叠较高,反而难以通过节点入域的规模值评估项目成果的结构威望。这种情况下,可进一步引入创新节点 n-宗派(Clan)或近邻威望矩阵的概念。在 n-Clan 概念中,认定该节点的创新入域中与该节点的距离最远不超过 n 的所有关联节点,是相对入域关系更为紧密的节点,表明创新扩散受该节点创新影响较为密切的点的集合。近邻威望矩阵就是强调在一定距离内发生的引用关系,即节点之间的距离不超过一定的距离。通过可达性缩减或近邻威望矩阵,进一步强调了知识创新扩散的直接效应。

在间接效应考虑中,也可以通过加权方式处理,近距离的扩散节点采取较高的权重来体现知识创新扩散的贡献。典型的方法如 Katz 影响力指数、Hubbell 影响力指数的测算方法。当然,在实际应用过程中,近邻的取值边界也是难以界定。比如 n 宗派分析中,邻近点的最大距离的确定方法缺乏标准,但一般认为 n≥7 时,已缺乏实质的意义,最终宿点对项目成果的采纳已微乎其微。

6.2.5 科技报告质量分类评价体系的设计原则

建立科技报告质量分类评价体系涉及的内容很多,需要在顶层设计下,分阶段、分步骤推进实施。顶层设计是包括评价目的、评价主体、评价客体、评价方法、评价指标和评价制度以及它们之间的关系在内的逻辑完善、功能衔接的系统设计,实现判断、预测、选择和导向四大基本功能(冯平,1995)。而设计的原则应该紧紧围绕政府资金资助的初衷:①引导、协调和资助基础研究与应用基础研究;②发现和培养科学人才;③促进科学技术进步;④推动国家经济与社会发展。

此外,具体在构建科技报告质量分类评价体系时,要充分综合考虑主观和客观两种因素,以及定性和定量两个方面,从评价指标体系的设计、构建到检验等各个阶段都需要具有严谨性和科学性。构建科技报告质量分类评价指标体系,首先需要确定评价指标体系的设计原则,从而将指标的选择与确定纳入科学规范的系统轨道。为了使科技报告分类评价体系更加科学化、规范化,在设计和构建分类评价指标体系时应遵循如下原则。

(1)全面性原则

一套评价体系要能够对多个科技报告进行综合评价,因此,该指标体系的设计必须充分考虑到各个报告统计指标的差异,在具体指标选择上,必须是各报告共有的指标含义,统计口径和范围尽可能保持一致,以保证指标的可比性。

(2)系统性原则

从宏观上理解,按系统论的观点,当代社会可以看成是一个复杂的大系统,科技报告系统是社会系统中的一个子系统。从社会大系统出发,全面质量管理行为系统不仅要受自然规律的影响,也要受各种社会因素的制约。因此,所设计的指标体系应体现不同因素之间的关联关系。

从微观上理解,系统性原则要求所选取的评价指标之间需要具有一定的逻辑关系,要从不同的侧面反映出不同类型科技报告质量的内涵和特征。各指标之间应该相互独立,但又彼此联系,共同构成一个有机统一体。评价指标体系的设计和构建应该具有层次性,自上而下，主观与客观相结合，从宏观到微观层层深入，形成一套科学严谨的、不可分割的评价指标体系。

（3）代表性原则

代表性原则要求所选取的评价指标应该具有一定的典型代表性，要能最大程度上反映出不同类型科技报告质量的特征，也要反映科技报告的各个构成要素的水平，每个指标的选取力求能综合反映科技报告的质量，而不仅仅只反映科技报告质量的一个局部或具体方面。即使是在减少评价指标总体数量的情况下，也要便于数据计算和提高评价结果的可靠性。另外，评价指标的选取、评价层次结构设计、权重在各指标之间的分配以及评价标准的划分都应与我国现阶段科技报告制度建设的实践相适应。

（4）动态性原则

动态性原则要求用发展的态度看待我国科技报告制度建设实践，我国科技报告制度的建设正处于发展阶段，现有一些具有代表性的科技报告数据库只收录了科技报告书和科技论文两种类型的科技报告，但随着我国对科技报告制度建设的逐步重视，势必会出现更多的其他类型科技报告（如科技智库报告）。因此，在设计和构建科技报告质量分类评价指标体系时，也要更多地考虑到除科技报告书和科技论文类型以外的科技报告，以便为将来在这个领域的研究实践提供借鉴。

（5）简明科学性原则

评价体系的科学性是确保评估结果准确合理的基础，一项评估活动的科学性很大程度上依赖其指标、标准、程序等方面的科学性。因此，设计科技报告质量评价指标体系时要考虑到科技报告的构成要素及指标结构整体的合理性，从不同侧面设计若干反映科技报告质量的指标，并且指标要有较好的可靠性、独立性、代表性、可统计性。

简明科学性原则要求在评价指标的选取及评价指标体系的设计时，必须要以科学性为原则，评价指标要求能客观反映出各类型科技报告质量的内涵和特征，能客观全面地反映出各评价指标之间的逻辑关系。评价指标不能过多过细、晦涩难懂、相互重叠，又不能过少过简、信息不实、错误频出，同时应确保数据较易获得及计算方法简明易懂。

（6）易操作性原则

指标须具有实用性和可操作性，这主要包括科技报告评价指标的可计算性以及指标计算所需数据的可行性。在设计指标体系时应尽可能地采用可量化的指标和利用现有的统计数据，尽可能地考虑到能否进行定量处理，从而便于数量计算和统计分析。在评价指标的选取、评价指标体系设计和构建等方面要充分反映出科技报告制度建设的实践。只有具有易操作性的科技报告质量分类评价指标体系才是经得起时间考验的，所以务求要做到评价指标体系具有易用性、好用性、实用性。

（7）可比性原则

科技报告评价指标体系应符合动态可比和横向可比的要求。动态可比是指标在时间上的可比性，用于科技报告过去、现在和将来的比较，反映出科技报告全面质量管理能力的发展和变化趋势；横向可比是指各项目之间的互相比较和排序，以便总结经验，找出差距。

6.2.6　科技报告质量分类评价体系的设计维度

1996 年 Richard Wang 提出了 IQ 四维评价体系。该理论认为信息质量从管理方式上分为内部控制质量和外部影响质量两类，而从质量的表现形式看包括实质质量和表达质量两类。其中，实质质量是信息质量最重要的要素，包括内容的可用性、准确性、正确性、权威性和完整性等，而表达质量则是增强信息可获取和利用性，提升信息利用价值的重要指标。裴雷和孙建军（2014）认为中国科技报告评价体系建设是一项庞大的系统工程，涉及不同的利益主体，领域差异巨大，在实施层面也涵盖法律法规、管理机构、制度体系、信息管理和技术服务等多个层面，很难采用归一化、标准化的指标框架统一推进。该研究提出中国科技报告质量评价推进的重点主要包括：提高科技报告质量评价指标的可用性；建立科技报告质量保障体系；建立科技报告质量评价的反馈与激励机制；开发和建设科技报告资源库与质量评价工具。贺德方和曾建勋（2014）认为要建立严格的科技报告质量审核和评价制度，需要研究科技报告质量概念、用户满意度指标和测度标准，制定科技报告格式审查、内容审查和密级审查的标准、规范和评价方法，明确科技报告质量审核的多级责任主体和具体职责，确定各级审查主体的审查规范、审查制度和组织机制。此外，还需要从文献层面、专业层面及效益层面建立科技报告质量评价模型，开发科技报告质量审核和过程监控体系，实现科技报告质量在线评价功能。最后，应建立科技报告的认可激励机制和约束评价机制，充分发挥高质量科技报告在项目评审、机构评估和人才评价方面的作用。宋立荣（2012a）认为信息质量评价是信息质量管理的关键内容，对信息资源进行评价的意义包括：帮助用户识别和使用有价值的信息；帮助信息生产、管理及服务部门借此有针对性地提高服务质量。冯敏（2005）从信息质量的定义入手，引用产品性和服务性的概念，对信息质量概念进行了界定，在分析和文献统计的基础上，概括出了信息质量的定义指标和效益指标体系。石蕾等（2012）在对比分析中美科技报告制度建设的基础上，提出将科技报告的管理纳入科研管理全过程，在科技计划资源汇交基础上，进一步完善科技报告组织管理体系，重点推进国家财政支持的科研项目实施过程中形成的科技报告的收集和管理，充分发挥科技平台的载体性作用，分级分类提供科技报告开放共享服务。

总结有关研究可以发现，我国科技报告评价制度建设宏观层面的研究已经比较丰富，但从微观层面、内容层面对科技报告质量进行科学评价的研究仍然较少。当前的一项重要任务是依据信息质量管理的相关理论，借鉴已有的有关科技报告质量管理推进策略的研究，运用科学的方法与工具，构建一套系统的科技报告质量评价指标体系，从而为科技报告的理论与实践建设提供决策参考。

信息质量评价是科技报告质量评价的基础。信息质量评价要素常利用信息质量的多维特征通过对其众多质量维度进行识别、筛选和选择来实现（Ge and Helfert，2007），这也对应了科技报告质量分类评价的思想。到目前为止，关于信息质量维度的提法有上百个，尚没有一个统一的、能被共同认可的诠释（宋立荣，2012a）。不同的研究通常会使用不同的信息质量标准，通常信息质量的描述会从信息理论角度、信息实体存在角度和用户角度进行分析。

典型的定义如 Goodhue（1995）认为信息质量的标准包括准确性、可信度、通用性、细节一致性程度、意义、可获取性、易用性、位置等，Zmud（1978）认为信息质量的标准包括准确性、事实、数量、可信赖、布局。Stvilia 等（2008）从三个方面提出了质量评价的框架：①内在指标：准确性、凝聚力、复杂性、语义的一致性、结构的一致性、时效性、信息量、自然、精确；②关系/语境指标：准确性、完整性、复杂度、可获取、自然联系、信息量、相关、语义一致性、结构的一致性、安全、可验证、挥发性；③权威性。

由于信息质量的多维性、用户理解的多元化较难提出一个适用于所有领域信息质量评价的指标体系。表 6-1 列举了国内外信息资源评价典型指标，这些指标主要可以划分为以下维度。

1）信息的内容质量：如格式规范性、客观性、正确性、数据质量、引用质量、可信性、及时性、完整性、数据的数量、有影响力、再现性、创新性等；

2）信息的集合质量：如相关性、完整性；

3）信息的表达质量：如可解释性、可理解性、明确性、准确性、一致性、简洁性；

4）信息的效用质量：如实用性、实时性、背景性解释、适量性等；

5）信息的获取质量：如可访问性、安全性等。

表 6-1 国内外信息资源评价典型指标

提出者	主要一级指标
Betsy Richmond	内容、可信度、批判性思考、版权、引文、连贯性、审查制度、可连续性、可比性和范围
Wilkinson	可检索性和可用性、信息资源识别和验证、作者身份鉴别、作者权威性、信息结构与设计、信息内容相关性和范围、内容正确性、内容准确性与公正性、导航系统、链接质量、美观与效果
OASIS（结构化信息标准促进组织）	客观性、准确性、来源、信息门类和信息量、信息时间跨度
Robea Harris	有无质量控制的证据、读者对象和目的、时间性、合理性、有无令人怀疑的迹象、客观性、世界观、引证或书目
Stoker and Cooke	权威性、信息来源、范围及论述、文本格式、信息组织方式、技术因素、价格和可获取性、用户支持系统
Jim Kapoun	准确性、权威性、客观性、时效性、全面性
Alastair G. Smith	信息的覆盖范围、信息内容、图形和多媒体设计、信息资源设立的目的与用户对象、相关评论、便利性、成本费用
John R. Henderson	适用性、科学性、来源资质、网站目的、组织细节、原始信息关联
LII（Librarians' Internet Index）	权威性、范围和服务对象、内容、设计、功能、生命周期
IPL（the Internet Public Library）	提供完整信息且信息内容的使用频率高、信息定期和持续更新、图像内容不应转移用户视线、非图像浏览器只提供文本界面、信息没有语法和拼写错误、包含与信息相关的活链接
OPLIN（俄亥俄公共图书馆信息网络）	资源的目的性、权威性、广告和电子商务性、用户适用性、内容真实性、准确性、传播面、主题覆盖面、信息独特性、稳定性、可用性以及形式状况

续表

提出者	主要一级指标
Barnes	内容、设计与美感、信息的实时性、目标用户、联系地址及用户支持；链接数量；搜索引擎排名
网络健康基金委员会 HON code	权威性、补充性、保密性、归因性、合理性、网站人员联系、赞助商、广告及编辑政策的诚信
OMNI 资源评价标准	包括三个方面资源范围标准、资源质量标准和资源评价标准47项评价指标
AMA（美国医学会）	上网内容原则、广告和赞助原则、保密性和机密性原则、电子商务原则四个方面26项指标
Mitretek 互联网卫生信息质量标准	可信度、内容、网站声明、链接、网站的设计、互动性、免责公告
美国卫生信息技术研究所 HSWG 标准	可信度、内容、公开、链接、设计、交互性、忠告（警告）
健康信息 URAC 标准	八个方面53条标准，包括隐私和安全、内容编审、合作者公开、链接政策等
卫生互联网伦理联合会 Hi-Ethics	提供值得信赖最新信息内容，清楚标明网上广告、公开赞助者或其他财经关系，保证个人信息的隐私安全，对任何损害个人健康信息事先做出警告
Rouen 大学医学院 NetScoring	八大类49个指标：可信度、内容、超链接、网站设计、互动性、量化层面、伦理道德及可用性等
蒋颖	信息质量、范围、易用性
粟慧	内容、设计、运营
李爱国	信息资源覆盖的范围、内容、图形和多媒体设计、目的与用户群、评论、便利性、费用
田菁	网络信息资源的内容、网络信息的学术水平、网络信息的取用方式、网络信息的连续性和稳定性
左艺，巍良，赵玉虹	范围、内容、可使用性、图形和多媒体设计、目的及对象、评论
张咏	可信性、信息内容、链接质量；易用程度、站点美观和多媒体设计、反馈与交流、可达性
罗春荣，曹树金	内容、操作使用、成本
邵波	用户接受评价指标、资源内容评价指标
陈雅	信息内容、网站概况、网页设计、操作使用、网站开放度等
赵新莉，冯惠遵	站点的稳定性和连续性、信息质量、范围、易用性、交互
金越	网页内容信息资源定性评价指标、网页内容信息资源定量评价指标、网站相关信息资源评价指标
Zeithaml 等	接入性、导航便利、定制化、安全性、响应、信任、价格、美观、灵活、可靠
Barnes and Vidgen	有用性、易用性、娱乐性、互补关系

　　具体到科技报告质量评价体系，既要体现科技报告质量层次（文献层面、专业层面及效益层面），也要反映不同阶段的质量诉求（科研立项、研发实施、转移转化），尽管涉及的质量要素庞杂，但是可以梳理并建立起科技报告"最小质量要素"体系。

6.3　科技报告质量分类评价机制设计原理

6.3.1　科技报告质量分类评价的目标

　　科技报告质量评价的本质就是考察科技报告质量符合评价主体预期的程度，因此质量评价的目标实质上就是评估科技报告在某一阶段中的价值，并识别其与评价标准、评价期

— 139 —

望之间的差距，进而采取行动缩小这一差距，最终实现科技报告价值与期望价值的吻合。因此，开展评价活动不是为了评价而评价，质量评价的目的在于质量的持续改进和提升。而在科技报告的实际质量管理工作流程中，科技报告的质量评价体系是一个分层次、分类别、分阶段、多主体参与的复杂系统。不同层次主体和不同阶段对于质量的期望不同，因此也造成了质量评价目标的不同。

基于目标管理理论和结果导向的思想，在设计科技报告质量分类评价机制时，有必要将笼统的质量评价目标进行分解和识别，并且做好子目标之间的衔接，才能真正实现质量评价的总目标。造成科技报告质量评价不同细分目标之间差异的主要影响因素包括以下几个方面。

1）科技报告的本身类型不同。实验/试验报告、调查/考察/观测类报告、研究/分析类报告、工程/生产/运行类报告、技术进展报告、最终报告因其功能的不同，导致用户对其使用价值期望不同，继而影响到对其质量评价目标的差异。

2）科技报告质量组成层次的差异。科技报告质量的内容由文献层面质量、专业层面质量、效益层面质量三个层次构成，各个层次都具有各自的质量标准，决定了质量评价目标的不同。

3）质量评价参与主体的不同。科技报告质量评价参与主体包括国家科技管理部门、区域和专业领域科研管理部门、科研项目承担机构（科技报告承担单位）等，不同机构部门具有不同的职能分工，也具有不同的考核指标和利益诉求，必然造成对科技报告质量评价目标的不同。

4）科技报告生命周期和质量管理工作流程阶段不同。作为一种文献信息资源，按照文献的生命周期理论，科技报告从产生、加工、组织、交付、开放、服务、利用到转化，具有不同的形态，也具有不同的功能属性，面向不同的对象群体，造成了质量评价目标的不同。

综上所述，科技报告质量评价的目标受到评价客体、评价主体、评价载体、评价阶段的综合影响，是不同因素综合作用的结果，也是由不同因素组成的多维矩阵。在本节中，选取其中横向的阶段维度和纵向的阶段维度绘制二维的评价目标矩阵，以揭示科技报告质量评价目标的复杂性（图6-1）。

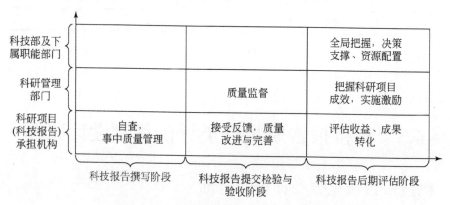

图6-1　不同阶段不同主体的质量评价目标

6.3.2　科技报告质量分类评价的对象

根据科技报告质量评价目标的不同，在设计科技报告质量分类评价机制时需要采用分类分层的思想，同时在不同评价体系之间建立关联。科技报告质量评价的内容可由 A（科技报告类型）、B（科技报告质量层次）、C（科技报告质量评价参与主体）、D（科技报告质量管理阶段）四个集合构成。而根据科技报告的质量特征，各个集合之间存在映射关系。把握这些关联关系，成为设计科技报告质量分类评价机制的主线。A、B、C、D 各个集合内部存在内生的评价标准，同时不同集合之间可以集成设计出评价方法组合。下面就有关原理和方法进行具体说明。

（1）A-B 组合：科技报告类型+科技报告质量层次

对于所有类型的科技报告来说，其质量内涵都可以归纳为文献层面质量、专业层面质量和效益层面质量三个层次。而这三个质量层次也是一个递进的关系。文献层面主要评价科技报告的格式、技术标准及文本规范；专业层面主要评价科技报告的专业层次的质量，包括创新性、准确性及客观性等多个维度；效益层面主要评价科技报告的经济效益及社会效益。

由此可见，文献层面质量最直接反映了文献的特征，是其他质量层次的基础。而到了专业层面质量评价时，其实质已经是从文献属性评价上升到了知识属性评价，其目标是考察知识内容的价值；在效益评价层面，将知识内容进一步上升为知识资源或知识资产，不再局限于文献载体本身，而是将其作为资产的一个整体来看待。科技报告质量层次映射到科技报告类型上，不同类型科技报告在质量层次上的差异主要表现为文献特征方面的差异。因此，综合考虑科技报告类型和科技报告质量层次之后生成的科技报告质量评价机制是：在评价科技报告的文献层面质量时，根据不同的科技报告类型特性设计不同的科技报告文献层面指标；而从文献层面质量评价过渡到专业层面质量和效益层面质量评价时，由于科技报告的质量属性已经从文献层面上升到知识层面，可以逐步将科技报告视为一个整体进行评价。具体在设计评价指标和实施科技报告评价时，对于不同类型的科技报告需要着重考虑其文献层面差异特征（表 6-2）。

表 6-2　科技报告特征差异

类型	实验/试验报告	调查/考察/观测类报告	研究/分析类报告	工程/生产/运行类报告	技术进展报告	最终报告
文献层面质量评价重点	引言、实验/试验环境描述、实验/试验过程、数据分析过程、结果讨论、结论、参考文献	引言、调查/考察/观测过程、数据分析与结果、结论、参考文献	引言、研究分析过程、结果、结论、参考文献	引言、研究/分析过程、结论、参考文献	引言、研究过程、成本评估、结果讨论、下一阶段研究规划、参考文献	引言、研究过程、结论、参考文献

（2）B-D 组合：科技报告质量层次+科技报告质量管理阶段

科技报告质量属性具有时间特征，同样可以和科技报告管理阶段形成映射：科技报告最先具有文献层面质量属性；而专业层面质量建立在文献层面质量基础之上，具有知识属性。要评价知识的质量，就必须以文献载体形式进入成熟的学术评价体系（当前主要依靠专家同行评议实现），因此专业层面的评价较文献层面的评价具有滞后性。而考察效益层面质量，就必须等到科技报告的知识内容实现了利用转化之后进行评价，因此在时间上更加滞后。

综上所述，在具体设计评价指标和实施科技报告评价时，可以按照不同时间段的科技报告中质量层面特征开展有针对性的评价工作（图6-2）。

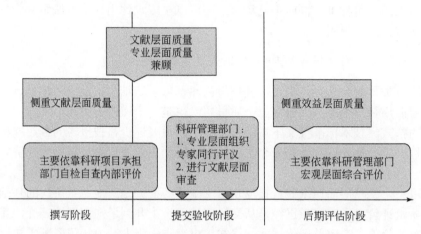

图 6-2 不同阶段的科技报告质量侧重点

（3）B-C 组合：科技报告质量层次+科技报告质量评价参与主体

由图 6-2 也可以看出，不同的质量管理参与主体对于科技报告质量层次的关注也各有侧重。科技报告的承担单位是各层次质量保障的关键，但首要的还是科技报告的文献层面质量，科技报告承担机构的自检、自控、自查也是从文献层面开始起步。这在一阶段，科技报告承担单位应根据上级发布的科技报告撰写标准规范，设计和执行更加细化的项目科技报告撰写准则，并颁布相应的管理办法。科技报告撰写阶段和科技报告提交验收阶段是以科技报告呈交行为作为分界点。借鉴欧美等国质量管理的经验，科研报告承担机构在呈交时不仅需要提供科技报告文本本身，也应当提交本单位、本项目的科技报告质量评价标准和管理办法，科技管理单位在进行验收时，不仅验收科技报告文本本身，也要验收和评价该项目对科技报告的质量管理措施，并参考项目提供的标准对报告文本进行检查，这样可以提升验收阶段的针对性和灵活性，同时发挥科技报告承担单位的积极性和主动性。

对于科技报告管理部门，其正式的评价工作主要开始于接收项目承担单位提交的报告之后，但前期质量评价和超前管理可以在承担单位提交之前介入。在提交验收阶段，需要兼顾科技报告的文献层面质量和专业层面质量。文献层面质量多具有硬性衡量标准，可由管理部门直接进行评价；专业层面质量涉及专业技术知识，需要由管理部门组织同行专家进行评议。

科技报告最终效益层面的质量需要由更高一级的科技管理部门承担。管理部门需要在收集和占有各类统计数据的基础之上，计算科技报告开发利用服务工作的成本收益和资源配置效率，并向社会及时发布和反馈评价结果。

（4）C-D组合：科技报告质量评价参与主体+科技报告质量评价阶段

最后最为重要的就是科技报告质量评价参与主体和科技报告质量评价阶段之间的匹配。经过上述分析，已经基本上明确A、B、C、D四类集合之间的关系，而这其中起到关键作用的就是科技报告质量评价参与主体和科技报告质量评价阶段之间的组合，因为这一组合反映了不同能动主体在不同阶段的工作要点和相互之间的协调和衔接。将在下文中着重介绍。

6.3.3 科技报告质量分类评价的流程

在横向的时间段上，科技报告评价工作全流程分为撰写阶段、呈交和验收阶段、后期评估阶段，并且可进一步细分为：①科技报告撰写；②科技报告呈交；③科技报告验收；④科技报告入库；⑤科技报告服务五个细分阶段（图6-3）。

图6-3　科技报告质量评价流程环节与节点

如图6-3所示，科技报告质量评价的细分流程由五大阶段和相应的五个环节节点组成。每一个节点都包含相应的评价工作。下面结合科技报告的质量评价参与主体具体加以说明：

1）环节1：撰写。撰写主要是指科研承担单位按照标准规范和相关规定撰写科技报告。这其中的重点是需要突出"标准规范"。有关标准规范一方面来自科研管理部门和科技报告管理部门的前期介入和宣传，另一方面也来自于科研项目承担单位根据自身情况制定的专门性规范和适用于本部门的科技报告质量管理办法。在撰写阶段，保障科技报告质量的辅助工具和方法包括使用科技报告撰写模板、科技报告撰写要点清单，通过系统平台查阅已有科技报告等。

2）节点1：节点1是整个科技报告质量评价流程中第一个评价点，同时也是第一个质量控制点。该评价点的评价主体是项目承担单位自身，评价性质是项目内部自查。评价的内容首先是文献层面质量，其次是专业层面的自我审查。同时根据内容给出推荐的密级划分。在项目承担单位内部，具体负责评价的人员可以是项目主管负责人，也可以是专门的质量管理人员，也可以由科技报告撰写人员进行自查，建议在科技报告提交前在项目内部成立一个专门的审查小组，比照质量管理标准进行自我评估和自我修正。评估的标准一方面来自项目承担单位根据权威标准规范制定的准则，另一方面也来自于系统提交时所要满足的必要选项。

3）环节2：呈交。呈交主要是指科技报告承担单位向科技报告管理部门提交报告文本，依靠科技报告管理系统的保障，这一过程可以通过在线提交数字化版本的形式来实现。

4）节点2：处于从呈交到验收之间，这一节点的控制与评价主要应依靠科技报告后台管理系统来自动实现。科技报告承担单位在线提交报告时，可以根据系统提示填写齐全模板中的各类字段。系统模板的设计与科技报告撰写标准挂钩，而且提交者在系统中选择不同的科技报告类型之后，可以出现对应的模板以供填写。在提交者填写模板时，系统可以实时提示完整性百分比，如果完整性低于某一阈值（如80%），或者缺少某一必要字段（例如结论部分），系统将无法进入下一步的验收环节。这样就从系统工具层面起到了对科技报告文献层面质量的自动评价与规范作用。

5）环节3：验收。项目管理部门可以配置规格统一的科技报告提交管理工具。在此基础上，科研项目管理部门通过科技报告管理系统接收报告文本，对其进行文献层面和专业层面质量的评价审核。对于文献层面质量，可根据有关标准规范进行审核，并给出审核意见；对于专业层面质量的评价，需要组织有关专家进行同行评议。因此，在验收环节的评价参与主体主要包括了科研项目管理部门和领域专家。对于项目管理部门来说，需要进行评议专家的遴选和组织工作。由于对参与科技报告同行评议的专家具有较高的要求，因此科研项目管理部门对于专家的选择以及专家评议过程的管理及评价至关重要。

一般来说，科技报告是科研项目的交付物之一，对于科技报告质量的评价和对科研项目的结项审核与评价一般放在同一时间内进行。为了有效保障科技报告的质量，科技报告能否通过验收应作为所在项目能否结项的必要条件。对于科研项目管理部门在科技报告验收中提出的意见，科研项目承担单位应该在规定时间内进行修订或回应。科技报告质量评价反馈应该是科技报告质量评价不可缺少的环节。科技报告验收的结论应以书面化形式记录并留存档案，而且需要纳入整个项目的结项审核材料中去。科技报告验收阶段所产生的评价的结果包括：①文献层面评价阶段关于格式、标准及规范的质量反馈；②专业层面质量评价阶段的同行评议意见。不同质量层面的评价结果和反馈意见需要传递到对应的科技报告管理主体或责任者，并对回应时间、回应形式做出明确规定。

6）节点3：处在验收和入库环节之前。这一节点的作用是确保只有完成验收、符合验收标准的科技报告才能入库，以免已经入库的报告因质量问题而返修返工。负责这项工作的评价主体仍应是科研项目管理部门。科技报告验收工作不仅仅是给出评价意见，科研项目管理部门还应负责对有关问题的跟踪，确保验收中发现的质量问题和隐患都得到整改和落实。

7）环节4：入库。入库主要指科技报告完成验收，正式提交给科技报告收藏管理与服务部门。在入库环节，同样需要对科技报告质量进行评价，此时的评价主体过渡到科技报告的管理机构，评价的内容也聚焦于编写质量和格式规范等问题。与科技报告管理部门对接的应该是科研项目管理部门，如果在入库审核时出现问题，需要由科技报告管理部门将科技报告连同评价意见返回给项目管理部门，再由其反馈给所管理的项目。

8）节点4：处在入库和服务环节之间，这一节点主要处理科技报告开放服务前的审核，特别是需要审核检查科技报告的密级是否适用于公开。另外如果科技报告进入流通环节需要正式出版，在该环节上还需要做出版审核。

9）环节5：服务。科技报告向用户群体的传播、流转以及被用户群体获取和利用是通过各类服务形式实现的。科技报告服务也是提升科技报告感知质量，实现科技报告增值作用的关键。随着科技报告服务体系的建立和完善，不同的科技报告下游服务部门（及其用户）都可以成为科技报告的质量评价参与主体，如政府部门、图书馆等文献情报服务机构、商业机构等，且不同属性的机构部门可以根据自身运营和经营目标制定各自的评价标准。

10）节点5：节点5的核心其实就是针对科技报告在进入服务流通领域所产生的效益层面质量进行评价。该节点上的评价主体应该是较高层级的科技管理部门，需要全方位地收集科技报告的效益数据，构建指标体系而进行综合评价。这一阶段的评价结果可以影响到全局层面科技报告的政策发展导向，从而作用于新一轮的科技报告产出活动，进而实现科技报告质量评价工作的循环回路。

6.3.4　科技报告质量分类评价的参与主体及其职能

科技报告质量评价的参与主体在科技报告质量评价的不同要素集合中占有核心的地位，是整个科技报告质量评价工作的牵引动力。科技报告质量评价的核心参与主体包括了科学技术部、科技报告管理部门、科研项目管理部门以及科研项目（科技报告）承担单位。此外，多元的评价主体还包括图书馆、企业、广大社会公众等。以下就核心的科技报告质量评价参与主体的职能及其协作进行说明。

（1）科学技术部

科学技术部是科技报告质量管理机制的总体设计、监督检查和最高统筹规划部门，是科技报告统一、权威的质量标准规范以及相关政策的制定者。科学技术部需要发挥国家最高科技管理部门的优势，当前的重点是要推动科研项目管理/验收和科技报告评价验收工作的结合，将科技报告工作纳入中央财政科技计划（专项、基金等）的项目立项、年度或中期检查、结题验收及监督检查和评估等管理过程。同时，作为保障措施，科学技术部还需要负责科技报告质量评价体系标准和评估流程的推广。

此外，科学技术部应该是国家层面科技报告资源总体质量情况的评价者，需要定期汇总下级各地区、各领域的科技报告质量评价结果，并监督检查下级的反馈和整改情况。针对科技报告质量的最高层次——社会经济效益，科学技术部也应承担科技报告效益层面评价的重要角色。

（2）科研项目管理部门

各地区、各领域的科研项目管理部门在科技报告质量评价体系中承担"上传下达"的中介角色，一方面负责贯彻和执行科学技术部对于科技报告质量管理的各项要求和规定，另一方面负责汇总收集下级科技报告管理评价结果，并上报上级管理部门。在具体评价流程中，科研项目管理部门需要将科技报告验收整合纳入科研验收的整体流程中，在项目立项、年度和中期检查、结题验收过程中执行科技报告工作的相关规定和要求。科研项目管理部门需要负责在科研报告撰写行为开始之前进行超前管理和前期介入，在项目中标的第一时间，就为项目承担者提供科技报告质量标准要求。在项目结项验收时，据此审查项目产出科技报告与标准规范的吻合程度，并给出评价结果，对于评价结果低于某一阈值的不达标科技报告，需要监督所在项目进行整改，否则不能结项。具体到科技报告质量管理实务，科研管理部门主要负责在科研承担单位提交科技报告之后，一方面组织同行评议专家对科技报告的内容质量进行评价，另一方面依据有关标准规范对科技报告的文献层面质量进行评价，在此基础上将两方面的评价结果进行汇总，并将评价结果及时反馈给科技报告承担单位，监督其修订和解决有关质量问题。

（3）科研项目承担单位

科研项目承担部门也是科技报告承担部门，是科技报告质量评价体系的基石。科技报告承担单位的主要职责如下。

1）依循科学技术部颁布的科技报告权威标准规范，充分考虑本单位、本部门和本项目实际情况，设计和制定内部科技报告质量评价标准和评估工作细则，并将其纳入科研项目内部管理办法中，未来在项目验收时，一并向科研项目管理部门提供。

2）在科研项目团队架构和资源配置中，设置负责科技报告工作的专门岗位或专项职能，该岗位可以设置为项目科技报告协调员，也可以定位于项目知识管理专员，统筹负责科研项目的科研数据管理、科研文档管理和科技报告管理。

3）发挥项目内部的主动性和灵活性，设计激励机制和强制规则，督促有关人员撰写高质量的科技报告。

4）在科研项目进展过程中和完成时，撰写相应阶段报告、进展报告和最终报告。在提交给科研项目管理部门之前，首先进行质量自控、自查，主要是比照内部质量标准规范，发现文献层面质量问题并进行弥补和解决。完善文献层面的特征著录，如编号、格式、密级等。

5）按时向科研管理部门及有关系统提交完成自查的科技报告文本和内部评估标准。及时对上级管理部门的评价意见进行回应和反馈。

6）根据内部和外部评价结果对项目成员实施激励和规制，对暴露的质量问题和背后的原因进行深入分析，并通过培训、研讨、评比等方式予以识别和解决。

（4）科技报告管理部门

科技报告管理部门的主要职责是收集、加工和收藏中央财政科技计划（专项、基金等）项目（或课题）科技报告；收藏部门、地方财政科技计划（专项、基金等）项目（或课题）公开科技报告和已解密解限科技报告；建设、运行和维护国家科技报告服务系统；开展科技报告共享服务，以及产出分析、立项查重等增值服务，推动科技报告交流利用；协助开展科技报告宣传培训工作。在科技报告质量分类评价体系中，科技报告管理部门主要是根据入藏标准对科技报告文献层面的质量进行评价，只有达到质量标准的科技报告才能够进入收藏体系。

科技报告管理部门应负责具体的科技报告管理制度设计、执行和技术设施建设维护。应通过技术方式便利和简化科研项目承担单位的科技报告提交流程，全面对接科研项目管理部门的科技报告管理流程，关键是做好由科研项目管理部门提交报告的收藏环节评价，主要关注于科技报告文献层面的质量。另外，还需要开发科技报告的服务指标标准，设计服务标准指标体系，监控服务质量，为更高级的科技管理部门提供决策依据。

6.4 科技报告质量分类评价指标设计原理

6.4.1 科技报告质量分类评价指标设计方法

（1）层次分析法简介

层次分析法（analytic hierarchy process，AHP）是将与决策相关的因素逐步分解成目标、准则、方案等层次，并在此基础上进行定性和定量分析的系统决策方法。层次分析法隶属于运筹学理论的范畴，是当前运用较为成熟和广泛的方法之一。该方法由美国著名的运筹学家匹兹堡大学教授萨蒂（Thomas L. Saaty）于20世纪70年代初期提出，他把人的思维过程逐层分解，力求做到相关元素层次化、数量化，以便用数量分析方法为相关分析和决策提供定量的依据。当前，层次分析法已被广泛应用于项目综合评价、工程方案选择、人力资源管理、政策绩效评估和科技成果质量评价等领域。

（2）层次分析法应用的基本步骤

层次分析法的基本原理是要把准备研究的复杂问题看作一个有机系统，对该系统的影响因素进行分类并划分层次，然后运用一定的科学方法进行逐层分析，确定评价指标及其相应的权重，进而得出决策依据和结论。层次分析法主要应用于内部结构相对独立的递阶层次结构系统分析，是一种层次权重决策分析方法。层次分析法应用分析的基本步骤如表6-3所示。

表6-3　层次分析法应用分析的基本步骤

基本步骤	释义
第一步	逐层分析目标的影响因素，构建影响因素递阶层次结构
第二步	构造两两比较判断矩阵
第三步	针对某一标准，计算出每一层次全部因素的相对权重
第四步	确定评价指标相对于目标的加权权重

6.4.2　层次分析法在评价体系设计中的应用

根据层次分析法的基本步骤，需要首先确定分析目标的影响因素。在设计科技报告质量分类评价体系时，根据前期研究成果、国内外实践经验和科技报告质量管理理论基础，可以明确将影响科技报告质量管理目标的因素归结到文献层面、专业层面和效益层面。

基于这三个层面的影响因素，根据全面性、系统性、代表性、动态性、简明科学性、可操作性和可比性原则对评价指标进行筛选和确定，并构建起评价指标递阶层次结构（图6-4）。

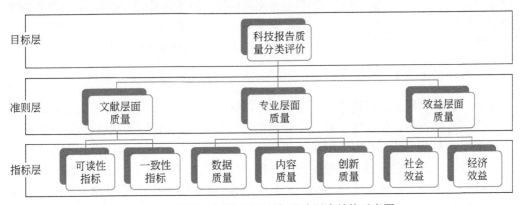

图6-4　科技报告质量评价指标递阶层次结构示意图

在建立起评价指标基本框架之后，可以根据评价主体、评价目标、评价对象、评价阶段、具体场景的不同，对各个指标赋予权重。在这里仅介绍评价指标权重赋予的一般性步骤以供参考，科技报告的评价单位可以根据自身需要构建有针对性的指标权重体系。

在对科技报告评价指标的重要性进行标度时，可以采用比较成熟的"9/9-9/1"标度法，其指标标度释义见表6-4。具体标度操作可以运用专家调查法，依据专家反馈的问卷，通过"9/9-9/1"标度法建立各层指标的判断矩阵。从矩阵理论的角度，对一些问题的建模要用到特征向量法，即把问题归结于求某个非负矩阵最大正特征根对应的特征向量作为模型的解，继而将特征向量作归一化处理，然后得到权重向量。在根据判断矩阵式计算权重时，要求矩阵具有较高的一致性，从而避免出现不符合逻辑的极端结果而导致评价失真，因此还需要对相容性和误差进行分析（杜淼，2012）。依据上述步骤，计算得出科技报告评价指标的相对权重，将指标层各指标的相对权重与其对应准则层指标的相对权重的乘积作为对总目标的加权权重，最终得到科技报告评价指标权重。

表 6-4　"9/9-9/1"标度法及其释义

标度 a_{ij}	释义
9/9	表示两个指标相比，具有同等重要性
9/7	表示两个指标相比，i 指标比 j 指标稍微重要
9/5	表示两个指标相比，i 指标比 j 指标明显重要
9/3	表示两个指标相比，i 指标比 j 指标强烈重要
9/1	表示两个指标相比，i 指标比 j 指标极端重要
a_{ij} 的通式为：$9/(9-K)$，其中 K 为自然数，且 $K \in \{0, 8\}$ 为上述相邻判断的中值	
若元素 i 与元素 j 的重要性之比为 a_{ij}，那么元素 j 与元素 i 重要性之比为 $a_{ji}=1/a_{ij}$	

6.4.3　科技报告质量评价指标体系的构建示例

由于科技报告的类型和科技报告质量的内涵具有复杂性，在国家层级一般性科技报告质量标准指导下，各类机构可根据自身具体情况制定有针对性的科技报告分类评价指标体系。而且科技报告按文献形式的不同，可分为科技报告书、科技论文、技术译文、技术备忘录、特种出版物等不同种类，但限于篇幅，不能逐一对其建立评价指标。因此，结合我国现阶段科技报告制度建设的实践，本节采取案例形式，暂时忽略科技报告的不同类型，将各类科技报告抽象为带有最大共性的一般意义上的科技报告书，进而确定相应标准，计算其各指标的权重，并对其进行一致性检验，主要是为了呈现和介绍科技报告质量评价指标体系的构建步骤。

（1）科技报告质量影响因素分析

依据《国家科技计划科技报告管理办法》和国家科技报告服务系统中关于科技报告的内涵、特征与作用的相关表述，科技报告是指描述科研活动的过程进展和结果，并按照规定格式编写的科技文献，具有反映最新的科研学术成果、技术属性强、报告内容多样化和具有保密性的特点。它是国家科技实力的重要表现和国家科技战略的基础资源，是科技信息公开的有效方式和科技计划结题验收的重要依据，有利于科技知识共享交流和科技投入绩效考评（张爱霞，2009）。上述定义揭示了科技报告的三个基本属性，即研究的规范性、成果的实用性和学术价值性，科技报告质量影响因素的确定必须基于科技报告的这三个基本属性，这样才能够保证评价指标的合理性与科学性。经过分析讨论，科技报告的质量影响因素可以选定为报告的撰写水平（文献层面质量）、报告的技术属性（专业层面质量）和报告的使用价值（效益层面质量）三个方面，有关科技报告影响因素的分析，为下一步评价指标的筛选和确定奠定了基础。

（2）评价指标的筛选与确定

头脑风暴法由美国学者奥斯本于 1938 年首次提出，它是一种集体开发创造性思维的方法。运用头脑风暴法，按照层次分析法应用分析的基本步骤，基于科技报告质量的影响因素进行评价指标的筛选，对评价指标进行确定。本例对科技报告书质量评价指标的筛选与确定总共进行了三轮。首先，研究小组采用头脑风暴法初步确定了一个较大的评价指标集合，选取了 21 个评价指标。第二轮是在第一轮选取指标的基础上，结合参考国内外相关研究成果，进一步选取了具有代表性的 15 个评价指标；第三轮在充分征求领域内专家意见的基础上，结合科技报告质量管理与评价的实践特点，突出简明科学与易操作的原则，最终确定了 9 个评价指标。这 9 个指标为：报告中英文摘要的编写情况、报告正文的撰写水平、报告参考文献的引用情况、报告的社会反响、报告的经济价值、报告被查阅的频次、报告技术内容的完备程度、报告技术内容的创新程度、报告技术路线的清晰程度。评价指标的确定为下一步建立科技报告质量评价递阶层次结构打下了基础。

（3）科技报告质量评价指标递阶层次结构

通过对科技报告质量影响因素的分析和评价指标的筛选确定，按照层次分析法的基本要求（申志东，2013），运用 Yaahp 软件（层次分析软件）可以构建科技报告质量评价指标递阶层次结构（图 6-5）。

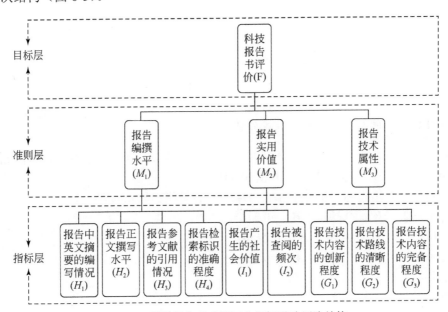

图 6-5　科技报告书质量评价指标递阶层次结构

（4）指标标度和构造判断矩阵

专家调查法是以专家作为信息索取的对象，依靠领域内专家的智慧和经验，由专家通过调查研究，对问题进行判断、评估和预测的一种方法（卢银娟等，2006）。运用专家调查法，选取情报学领域有影响力的专家作为咨询对象，通过制作指标权重调查问卷，获得专家反馈的调查问卷结果，根据"9/9-9/1"标度法建立各层指标的判断矩阵。

将准则层中的报告撰写水平（M_1）、报告实用价值（M_2）和报告技术属性（M_3）三个指标进行两两标度，并构建判断矩阵 M，其中，$P = [M_{i,j}]_{n \times n}$，其中，$M_{ij}$ 为 M_i 相对 M_j 的重要性，即 $M_{ij} = M_i/M_j$（M_i/M_j，$0 < i$，$j \leq n$，n 为该层次的个数，i，j 为自然数）。

$$P = \begin{bmatrix} 1 & 7/9 & 8/9 \\ 9/7 & 1 & 9/8 \\ 9/8 & 8/9 & 1 \end{bmatrix} 。$$

同理，构造指标层各指标的判断矩阵：

$$M_1 = \begin{bmatrix} 1 & 7/9 & 8/9 \\ 9/7 & 1 & 9/7 \\ 9/8 & 7/9 & 1 \end{bmatrix} ,$$

$$M_2 = \begin{bmatrix} 1 & 7/9 & 9/7 \\ 9/7 & 1 & 9/5 \\ 7/9 & 5/9 & 1 \end{bmatrix} ,$$

$$M_3 = \begin{bmatrix} 1 & 8/9 & 7/9 \\ 9/8 & 1 & 8/9 \\ 9/7 & 9/8 & 1 \end{bmatrix} 。$$

（5）评价指标的相对权重与一致性检验

计算得到 P 的最大特征根 $\lambda_{max} = 3.0000$，对应特征向量，即准则层 3 个指标的相对权重分别是 $W_{M_1} = 0.2933$，$W_{M_2} = 0.3751$，$W_{M_3} = 0.3317$。

同理可以计算出指标层相对于 M_1、M_2、M_3 各项指标的相对权重为
$W_{H_1} = 0.2925$，$W_{H_2} = 0.3911$，$W_{H_3} = 0.3164$；
$W_{I_1} = 0.3248$，$W_{I_2} = 0.4296$，$W_{I_3} = 0.2456$；
$W_{G_1} = 0.2933$，$W_{G_2} = 0.3317$，$W_{G_3} = 0.375$。
一致性检验过程如下。
设相容性指标为 CI，即

$$CI = \frac{\lambda_{max} - n}{n - 1} 。 \tag{6-1}$$

查找相应的平均随机一致性指标 RI（random index），获得一致性比例 CR 为

$$CR = \frac{CI}{RI}。 \tag{6-2}$$

当 CR＜0.1 时，可认为判断矩阵具有令人满意的一致性和相容性，**W** 值可以接受。当 CR≥0.1 时，就需要调整判断矩阵，直到符合条件为止。

根据以上分析，科技报告评价、报告撰写水平、报告使用价值、报告技术属性的一致性比率分别为 0、0.0015、0.0008、0，以上矩阵均满足一致性要求。

（6）评价指标的加权权重

根据上述计算得出的科技报告评价各指标的相对权重，将各指标的相对权重与其对应准则层指标的相对权重的乘积作为总目标的加权权重，计算结果如表 6-5 所示。

表 6-5 科技报告指标及其权重计算示例

目标层	准则层	相对权重	指标层	相对权重	加权权重
科技报告评价	报告编辑水平（文献层面质量）	0.2933	报告中英文摘要的编写情况	0.2925	0.0858
			报告正文撰写水平	0.3911	0.1147
			报告参考文献的引用情况	0.3164	0.0928
	报告实用价值（效益层面质量）	0.3751	报告的社会反响	0.3248	0.1218
			报告的经济价值	0.4296	0.1611
			报告被查阅的频次	0.2456	0.0921
	报告技术属性（专业层面质量）	0.3317	报告技术内容的创新程度	0.2933	0.0973
			报告技术路线的清晰程度	0.3317	0.1100
			报告技术内容的完备程度	0.3751	0.1244

以上就是本例综合运用科学方法与工具，以典型科技报告书样式为例构建的科技报告质量评价指标递阶层次结构，并计算了其各项评价指标的权重，这为以后其他文献形式的科技报告（如札记、备忘录、技术译文、通报、特种出版物）等质量评价指标体系的构建提供了参考。

在构建科技报告分类评价体系的实践工作中，尽管会面临不同类型的科技报告，但是普遍需要关注文献层面、专业层面和效益层面的质量要素，而按照最低质量准入原则，这些质量要素在各自层面都具有一些普遍共性。下面主要就三个层面的参考推荐指标进行介绍。

6.5 科技报告质量分类评价文献层面参考指标

文献层面质量是科技报告质量的基础，是指科技报告的表述、语言格式以及内容陈述等层面的基础质量。文献质量一般取决于科技工作者的科技素养，语法质量层面的可读性与形式质量层面的一致性，是文献质量最重要的评价指标（如表 6-6 所示）。

表 6-6　中国科技报告文献质量指标说明

二级指标	三级指标	指标说明
可读性	表述清晰	考察科技报告是否观点明确、简明通顺、层次清楚、结构严谨、文字流畅、逻辑性强、有无语病、有无不规范汉字、有无标点符号使用不当之处
	可理解性	不存在语法错误（如词性错误、虚词当实词用、成分残缺、结构杂糅、搭配不当、歧义、成分冗余等）；不存在语言障碍，如中国人的读写习惯是汉字及英文，但是若文章中出现日文及其他语言，就不具有可读性，需要将其翻译成汉语
	可获取性	引文、参考以及专业词汇附有注释和说明，易于获取
一致性	格式规范	要求科技报告的格式要符合一定的标准，符合国际通行的学术交流标准；采用最新的通行的科技报告技术标准和规范，需要结构完整、采纳准确、使用规范
	完整性	不存在格式项的遗漏、使用不当或错误

6.5.1　科技报告可读性指标解读

文献层面的可读性建立在语法层面上，主要针对科技报告的语法质量进行控制和评价，具体考察科技报告的写作水平，包括科技报告是否观点明确、简明通顺、层次清楚、结构严谨、文字流畅、逻辑性强、有无语病、有无不规范汉字、有无标点符号使用不当之处（潘启树等，2001）。可读性反映在文献基本特征和语言特征上，可以用以下标准来进行判断。

（1）规范性

规范性是指科技报告的格式能够符合规定的标准和规范。判断规范性的标准包括论文题名是否贴题、是否明确、是否太长、文题是否相符；中文摘要是否简明扼要，四要素（目的、方法、结果、结论）是否齐全，是否用第三人称书写；英文摘要是否与中文摘要相符，译文是否有误；关键词是否选词恰当；计量单位是否正确；外文符号书写是否规范；图表设计是否合理、规范，内容是否与正文一致，数据是否准确（潘启树等，2001）。

（2）语法正确性

语法正确性是指科技报告中的表述必须符合语法规范，不应出现病句而降低报告的可读性。一般说来，语法错误存在以下几种：词性错误、虚词当实词用、成分残缺、结构杂糅、搭配不当、歧义、成分冗余等。

词性错误是指在某句法位置上的词性错误，例如名词作动词用等；虚词当实词用、介词等虚词当作实词用；成分残缺是指不符合隐含、省略的条件却缺少应有的句法成分，从而造成句法结构的不完整，表达的句义不准确，常见成分残缺类型有主语、谓语、宾语、修饰语及补语残缺；结构杂糅是指把两种不同的说法或结构套在一起，造成语义混乱；搭配不当是指：主语与谓语，谓语与宾语，谓语和补语，修饰语（定语、状语）与中心语，这些相互搭配的成分在语义上不能贯通；歧义是指表达的意义可以有多种理解；成分冗余是指句子中语义相同的成分重复出现，或者出现了不应该出现的成分。

（3）语言组织水平

科技报告的语言组织水平主要表现为主旨/观点鲜明，文章主题凝聚力强而不散乱，语言表达客观不带有主观情绪，表达简洁不冗余等。主旨/观点鲜明是指科技报告在开始就要明白地展示报告的主题，报告内容要与题名等一致，不能整篇报告读下来，读者都不能明白报告的主题；文章主题凝聚力强是指科技报告整篇报告必须清晰地表达一个主题，不能一篇报告表达多个主题，也不能一篇报告表达多个观点，从而产生冲突；语言表达客观是指科技报告在评述其他研究的观点或者在陈述自己的论点时，行文不能带有强烈的主观情绪，必须要公正客观地对待研究和观点，不能片面表达意见而有失公允；表达简洁是指科技报告的语言表达必须简洁，尽量避免报告中的冗余表达。

（4）语意可获取性

可获取性是指科技报告中的信息能否被读者充分吸收掌握。其中，语言障碍、文章组织形式差都会导致可获取性问题。语言障碍可以理解为：中国人的读写习惯是汉字及英文，但是若文章中出现日文或其他语言，就不具有可读性，需要将其翻译成汉语。文章组织形式可以理解为：文章中的引用需要注明来源，文章需要具有良好的可读性，对于一些基本信息的介绍需要充分具体，涉及关键信息时不能仅仅给出一个参考文献来源，而是应全面陈述，不应该让读者花大量的时间和精力来补充这些信息。

（5）语言准确性

准确性是指一个信息对象正确表示一个环境中另一个信息对象、过程或者现象的程度。准确性包括数据的准确性及文本的准确性两种。文本的准确性具体来说可以分为三种：字的准确性、词的准确性以及语法的准确性。字的准确性是指没有错别字，词的准确性是指没有使用一些无效或者精确度不高的词汇，而语法的准确性是指不出现语法错误。除此之外，准确性还包括信息来源的准确性，即来源可靠、权威。

（6）语言客观性

依照美国《信息质量法案》的定义，客观性是指科技报告是以公正、客观的态度来陈述事实，具有公正、可靠、无偏的特性。

（7）内容完整性

科技报告提出的数据需要有全面而准确的背景。科技报告中需要全面解释所涉及数据、各种假设、具体的分析方法以及程序等。

6.5.2　科技报告一致性指标解读

科技报告的一致性是指科技报告文献层面所表现出的特性要尽量与科技报告质量管理标准规范保持一致。科技报告所遵循的标准规范主要有两类：①专用标准，是指特定用于控制科技报告的产生、管理和交流的标准，需要专门制订，如科技报告撰写标准、科技报告编号标准、科技报告保密等级代码、科技报告元数据规范等，它们是科技报告的核心标准。科技报告技术标准体系按应用阶段和具体内容可分为撰写标准、组织管理标准、加工标准、服务标准等；②通用标准，即业界已有的通行标准，如内容标记语言、元数据规范、数据格式、长期保存、信息组织、信息安全技术等方面的标准。

6.5.3　科技报告文献层面质量评价与质量审查实施

文献层面的质量评价指标一般遵循了专用标准和通用标准，因此具有较高的客观性和可执行性，这也决定了在对科技报告的文献层面质量进行评价时，一般不需要采用同行评议，只需要检查评价对象与相关标准的一致性即可，但是需要进行多轮、多级的检查。在国内外的科技报告实践中，对于科技报告文献层面质量的评价与控制主要是依靠多级质量审查制度来实现的。因此本节将专门就科技报告文献层面质量评价中的质量审查实施进行说明。

（1）多级质量审查的内容、层次和主体

由于文献层面的质量控制并不需要进行同行评议，为保证质量，需要进行严格的多轮多级审查，因此也形成了质量审查中的多层责任主体。例如 NASA 在审查责任的规定中，要求专业性审查和技术性审查应该确保 NASA 的科技信息遵循 NASA 关于专业报告的标准、技术准确性标准、满足数据质量标准。科技报告作者及其指导者应该提供科技报告的详细信息和初始推荐意见。

我国国内也提出了科技报告多级审查责任主体的框架：①科技报告由课题负责人组织科研人员按照标准格式撰写，并进行内容把关，标注使用级别或提出密级建议；非涉密项目（课题）产生的科技报告如涉及国家安全等相关内容，应进行脱密处理。②项目（课题）承担单位在呈交之前应对科技报告进行全面审查，包括格式审查、内容审查和密级审查。③项目管理部门审核科技报告内容是否覆盖课题任务内容；对涉密项目（课题）科技报告的密级和保密期限建议进行审核（唐宝莲等，2014）。④科技报告收藏部门对其格式进行审查，确认是否合格，对于不合格的科技报告，应退回呈交单位修改。⑤在科技报告共享过程中，将接受社会公众的监督，保证内容真实完整，对社会举报的科研不端行为将予以处理（如图 6-6 所示）。

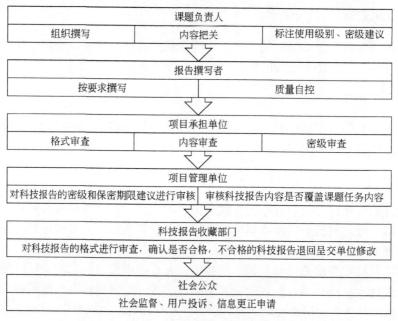

图 6-6　多级质量审查示意图

（2）专业审查和技术审查

科技报告文献层面的专业审查和技术审查并不是指对专业内容学术价值的评价，而是从出版发布要求、信息交流的角度，对科技报告文本在信息交流中的有效性进行审查，可以由具有出版领域的技术知识或在项目管理方面具有跨学科经验的个人或团体负责，主要关注文本的质量、可读性、适用性。

（3）格式审查、密级审查与内容审查

1）格式审查。格式审查由出版办公室或具有出版经验的管理者实施，是指依据《科技报告编写规则》有关要求，检查必备要素的完备性，各数据项填写的准确性、完整性与一致性，是否按技术论文手法撰写（表 6-7）。

表 6-7　科技报告格式审查要点

项目	审查要点
封面	科技报告必须具备封面，封面要素完整、准确，并使用全称
名称	报告名称应简明、明确，准确反映报告最主要的内容，不能使用"科技报告"等笼统的名称
编号	报告编号正确，机构代码准确，顺序号不得缺失
密级	保密等级标识正确，延期公开科技报告的延期期限不得缺失
摘要	摘要应就研究工作的目的、方法、结果、结论等进行概括性介绍，特别是要把报告的新理论、新方法、新结果等最有价值的信息表述出来
来源	计划名称、主管部门、项目（课题）名称、承担单位等信息，填写完整准确
目次	科技报告应有目次，目次包括章节编号、标题和页码，采用阿拉伯数字编号
图表清单	科技报告中插图和附表较多时，应分别编制插图清单和附表清单。清单应列出图表序号、图表标题和页码

2）密级审查。密级审查由机构保密委员会或相关管理机构审查，审查科技报告的密级设置是否合理，确保对科技报告中涉及的技术秘密、商业秘密、专利等知识产权信息进行标记和合理设定。值得注意的是要在保证国家对核心技术资源的知情权和合理控制权的同时，保护项目承担者的合法权益（表 6-8）。

表 6-8　科技报告密级审查要点

类型	处理
非涉密项目（课题）的科技报告	原则上标注为"公开"级。如涉及国家安全和重大利益等相关内容，应进行脱密处理
涉及技术诀窍以及尚未进行论文发表、专利申请等知识产权保护的科技报告	可标注"延期公开"级，延期公开时限原则上为 2～3 年，最长不超过 5 年。对延期公开时限超过 5 年的，须说明理由并报科学技术部相关中心审核、相关业务部门批准
涉密项目（课题）的科技报告	按照国家相关保密规定，由承担单位提出密级和保密期限建议。科学技术部相关业务部门应对涉密项目（课题）科技报告的密级和保密期限建议进行审核，及时做好定密工作

3）内容审查。内容审查一般由专业学术委员会审查，主要从专业角度评判内容是否清晰、系统、完整、可读等（表 6-9）。

表 6-9　科技报告内容审查要点

科技报告的引言部分、正文部分、结论部分齐全。"引言""结论"可以作为章标题，"主体""正文"等措辞不能作为章标题	
文中不使用"本项目""本课题""项目（课题）组"等字眼，改用"本书"或"本报告"等措辞	
科技报告全文中应少涉及或不涉及组织管理方面的内容，不包含项目（课题）财务信息	
引言部分	可以"引言"为标题或另立更贴切的标题。引言主要介绍有关研究背景、目的、范围、意义、相关领域的前人工作情况、研究设想、方法、实验设计、预期结果等。国内外现状、研究内容、研究目标、技术指标、研究思路、技术路线、技术方案等内容也可以作为研究概述、总论等单独成章论述
主体部分	应针对主要研究内容中各个技术点，自拟标题，按照研究流程或技术点，分章节论述
	应完整描述项目研究工作的基本理论、研究假设、研究方法、试验/实验方法、研究过程等，应对使用到的关键装置、仪表仪器、原材料等进行描述和说明
结论部分	以"结论"或者"结论与建议"作为章标题。归纳有关研究成果、研究发现、创新点，以及问题、经验和建议等内容，可以评价研究成果的作用、影响、应用前景等。如果不能得出结论，应进行必要的讨论
参考文献	科技报告中所有被引用的文献都要列入参考文献中

（4）呈交审查、登记审查、出版审查与公开审查

科技报告质量审查还可以从流程角度划分，包括呈交审查、登记审查、出版审查和公开审查。

呈交审查是科技报告提交机构组织的关于科技报告保密性以及内容合理性的审查。中国科技报告实施五级保密体系，而美国实施保密信息、敏感信息、受限信息等多重审查标准。

登记审查是科技报告提交时科技报告收储机构依照科技报告相关标准规范履行的审计流程，主要检查收集上来的工作报告是否可以公开发行，是否涉及国家机密或版权问题，并根据实际情况进行处理。目前，登记审查主要检查科技报告的文献层面质量以及前期呈交审查相关事项是否完备、是否符合机构收藏要求以及是否需要再次进行保密性核查。

出版审查与科技报告出版制度相关。以美国科技报告制度为例，科技报告的登记采纳与公开被视为一种非正式的出版行为，必须严格对科技报告出版格式和流程进行规范与审查。

公开审查涵盖信息发布范畴、发布流程以及信息审查实施办法、信息审查的例外、信息发布后争议处置等事项。

6.6　科技报告质量分类评价专业层面参考指标

6.6.1　科技报告专业层面质量评价指标解读

专业质量是反映科技报告质量的最重要指标，体现了其学术价值和应用价值，不同类型的科技报告应设定不同的指标标准。一般由科技报告所在机构或科技管理机构组织审查和评估科技报告质量。科技报告所在机构或科技管理机构根据科技报告的不同，选取相应的质量评价标准。

专业质量评价模式，可以是同行评议，也可以借助计量、引证或影响因子等客观指标进行测度，在国外信息质量评价体系中，数据质量、创新质量和内容质量是最重要的三个因素。但不同领域的专业质量评价要素及其指标要求差异较大，一般详细指标由科技管理

机构在规划阶段予以定义。

在专业质量评价中，国外强调要注重同行评议制度的实施质量，同行评议是由从事该领域或接近该领域的专家来评定一项工作的学术水平或重要性的一种机制，美国《关于同行评议的最终信息质量公告》认为，科学评估是对科学知识或技术知识本身的评估，本身具有不确定性，是否采用或采用何种形式的同行评议，完全取决于机构的自身要求，但是同行评议需要具有透明的评审流程、高质量的评审专家筛选要求以及同行评议的独立性三个基本要素。科技报告专业层面的质量评价指标如表 6-10、表 6-11 和表 6-12 所示。对于其内涵有以下进一步的解释说明，可以为评价提供更为详尽的判断依据。

表 6-10　科技报告的数据质量指标说明

二级指标	三级指标	指标说明
数据质量	准确性	指数据科技报告的来源数据必须真实准确，而且不是概数。排除假数据、错误数据和不精确数据。例如一些研究的调查数据或者实验数据是捏造的，在没有数据的情况下，编造数据作为来源
	完整性	数据和文字描述完整，具有一定上下文说明
	时效性	时效性是指信息对象存在的时间。不同领域的科技报告对于数据的时效性要求不一样，有些领域对于数据的时效性要求很高。科技报告中出现陈旧的数据对于当前的研究来说就会降低其研究价值
	透明度	透明度是指保持不同机构在分析过程中的透明性，包括数据的类型、采用的研究假定、采用的分析方法以及采用的统计程序
	可复性/一致性	可复性是指数据依据误差的接受程度，能够被完全再次测出。满足可复性的数据，可以被大幅转载和传播，并意味着该数据能够独立于原始数据或支撑数据而存在，能够应用于完全不同的研究方法

表 6-11　科技报告的创新质量指标说明

二级指标	三级指标	指标说明
创新质量	先进性	研究领域是否为学科或所在领域的前沿，所研究的项目是否是新的领域或某一领域尚未研究的难点、热点，是否为国际、国内首次研究，研究的方法、得出的结论是否达到国内外先进水平
	成果显著性	成果具有独特性，和以往研究有区别；是否得出了新见解、新成果，这些见解、成果能否转化成新的经验
	方法创新	是否提出了新方法、新技术，这些方法和技术能否在后期进行应用
	预期一致性	与研究预期一致，或研究结果得到很好解释、修正预期
创新质量	实验/调查	方法科学、独立、可重复、具有解释性
	分析/推理	逻辑关系显著，系统性和周密性，严谨并具有针对性
	其他因素	工程应用或市场反馈；研究者科研信用记录

表 6-12　科技报告的内容质量指标说明

二级指标	三级指标	指标说明
内容质量	相似查重	不存在相似文献或相似报告；不存在高同被引率文献
	来源引证	来源引证为真实引证（无引证欺诈）；引证文献质量和影响因子
	学术影响	该报告被引情况，及在某专业领域的影响（文摘收录、推荐）

（1）数据和信息来源

很多科技报告中都包含有大量数据，特别是像计算机科学等领域的科技报告需要有评测数据集，此类数据应尽量出自最新和广泛使用的评测数据集，从而使结果能够与其他研究进行对照。科技报告中如有需要引用已有的调查数据来论证自己观点的，引用数据必须真实有效，并且引用来源需要具有权威性，引用来源不能用模糊的语言来表述。

（2）数据质量

高质量的数据是精确、一致和及时可用的数据。数据应该尽量避免存有缺陷，需要是可访问的、精确的、及时的、完整的、相关联的、全面的、具有合适的详细程度、易读且易解释。在这其中，数据的精确性是指科技报告的来源数据必须真实准确，而且不是概数。造成数据质量低的原因有：①假数据（一些研究的调查数据或者实验数据是捏造的，在没有数据的情况下，编造数据作为来源，这样的数据没有任何价值）；②错误数据（数据与事实不符）；③不精确数据。

此外，不同领域的科技报告对于数据的时效性要求不一样，有些领域对于数据的时效性要求很高。科技报告中出现陈旧的数据对于当前的研究来说会降低其研究价值。

（3）引证质量

科技报告可能会引用论文、图书、网站信息等已有的研究成果，在引用其他研究时，必须考察被引研究的质量。例如引用其他研究的研究方法时，必须验证该研究方法的正确性，如果其没有得到验证，那么这样的引用就有失准确性。引用网络信息时，必须考察其最初来源的权威程度，必须引用正式的网站以及引用最初数据源。

（4）创新性

在不同的研究领域，随时都可能有新发现、新论点、新方法产生，这些新成果会以科技报告的形式表现出来。科技报告的创新性主要包括：①研究领域是否为学科或所在领域的前沿；所研究的项目是否是新的领域或某一领域尚未研究的难点、热点；是否在国际、国内属于首创研究；研究的方法、得出的结论是否达到国内外先进水平。②是否有新的见解；科技报告是否得出了新见解、新成果；这些见解、成果能否转化成新的经验（张文敏，2009）。③是否有新的研究方法产生；好的科技报告应当能够提出创新的方法，这是与已有研究方法的区别，也是报告的精华所在；科技报告是否提出了新方法、新技术；这些方法和技术能否在后期进行应用；方法的创新程度影响科技报告的质量，在引入新方法时，也要注意方法的适用性，确保该方法能够实现。

（5）首创性

首创性是创新性标准中的较高程度。首创性需要考察科技报告揭示的内容是否是专业、学科上的新发现，是处于理论阶段还是已经用某种方法实现，实验是否成功，是重复实验还是整个实验或实验关键部分从未有人做过，实验是否具备可重复性，实验细节是否介绍清晰，包括设备名称、性能、型号、材料及实验方法与实验步骤是否详细，重复实验是否可以得到相同的实验结果，调查统计结果是否有相关负责人，是否真实有效，并且需要注意调查的实效性。此外还需要考查研究人员是否是通过科学的计算、证明、推理或推论等理论探索性工作得到的研究结果，调查统计结果是否通过充分的考证，其探索过程是否充分、合理、严密和合乎逻辑，是否表达明确等。

（6）先进性

科技报告的先进性主要表现在：①选题的先进性（选题是否位于本学科的前沿，是否是学科热点、难点、重点及新学科的生长点，是否达到国内外先进水平）；②方法及应用的先进性（是否提出了新方法、新技术或方法、技术的新应用）；③结论的先进性（结论是否提出了新成果、新经验、新见解、新论点、新认识或提出具有研究意义的新课题）。

（7）实验/调查研究规范性

实验是在科学研究中用来检验某种假设或者验证某种已经存在的理论而进行的操作。科技报告中常见的实验类型有探索性实验和验证性实验两种。

1）探索性实验是一种对研究对象或问题进行初步了解，以获得初步印象和感性认识，并为日后更为周密、深入的研究提供基础和方向的研究。探索性实验主要面向的场景是：对某些研究问题，缺乏前人研究经验，对各变量之间的关系也不大清楚，又缺乏理论根据，如果在这种情况下进行精细的研究，可能会出现顾此失彼或以偏概全的问题，且浪费时间、经费与人力，因此需要先期进行探索性实验。

2）验证性实验是指对研究对象有了一定了解，并形成了一定认识或提出了某种假说，为验证这种认识或假说是否正确而进行的研究。验证性实验强调演示和证明科学内容的活动，科学知识和科学过程分离，与背景无关，注重验证的结果（事实、概念、理论），而不是验证的过程。

无论是探索性实验还是验证性实验，其最终结果都要以报告形式呈现。在评价记录实验结果的科技报告时，需要首先考察其内容要素是否完备。实验报告一般要包括实验目的、实验方法、实验步骤、实验结果及实验分析等，不同学科领域的实验报告也具有各自的特殊要求。如化学实验报告需涉及实验原理、实验仪器及药品等；物理实验报告需涉及问题、假设和猜想及实验现象等；计算机领域的实验报告需涉及实验数据、实施环境、运行结果等。

无论是何种学科的实验报告，都必须遵循一般性专业规范，主要包括：需要明确陈述实验是重复实验还是创新实验，重复实验必须详尽说明已有实验情况，对于创新实验，必须明确陈述实验目的和实验价值；实验方法具有可行性，需要评价其理论价值；实验步骤必须详尽且具有可重复性，当有条件的研究者采用同样的方法及步骤可以重复实验的结果；实验结果必须明确展示，实验结果数据必须真实有效，不可伪造数据；实验报告提供的数据需要具有可验证性，研究人员可以通过科技报告中提供的方法及原始数据，得出与报告一致的结论；实验分析必须切合实验，能够对实验的过程及结果进行客观评价；报告结论需要有可重复性，在一个可接受的范围内，报告中的结论能够最大程度的再现。

（8）分析/推理研究规范性

对于需要分析/推理的研究，推理论证过程需要清晰及逻辑性强。推理主要有演绎推理和归纳推理。演绎推理是从一般规律出发，运用逻辑证明或数学运算，得出特殊事实应遵循的规律，即从一般到特殊。归纳推理是从许多个别的事物中概括出一般性概念、原则或结论，即从特殊到一般。不管是演绎推理还是归纳推理，每个推理步骤都必须有理论支持、合乎情理。

论证研究主要探索某种假设与条件因素之间的因果关系，在认识到现象是什么以及其状况怎样的基础上，进一步探索事物和现象为什么是这样。论证研究通常是从理论假设出发，涉及实验或深入实地收集资料，并通过对资料的统计分析来检验假设，最后达到对事物或问题进行理论解释的目的。论证研究在实验的设计上更为严谨和具有针对性。在分析方法上，往往要求进行双变量或多变量的统计分析。

6.6.2 科技报告专业层面质量评价与同行评议实施

在科技报告质量分类评价体系的文献层面、专业层面和效益层面中，专业层面处于核心的地位，也是较难以控制和评价的层面。对专业层面质量的评价不像文献层面有明确严格的技术标准规范可供执行，也不像效益层面可以开发量化的数据指标，专业层面的评价涉及学科背景和领域专业知识，需要对科技报告的学术价值、技术价值和实用价值进行综合评价，这些方面的评价具有一定的主观性，因此更需要由具有专业资质的评价者来实施。国内外科技报告质量管理和评价工作的实践表明，同行评议是对科技报告专业层面质量进行控制和评估最为常见和迄今为止最为有效的手段。

科技报告专业层面质量标准与规范有效的同行评议是相辅相成、融为一体的，专业层面的指标体系如果离开了实践中的专家智慧和规范操作，而仅仅是被僵化执行，那么评价指标体系的效果将会大打折扣。因此本节将专门就科技报告专业层面质量评价中的同行评议实施进行说明。

6.6.2.1 科技报告的同行评议操作规范

（1）同行评议的内容

同行评议是指利用若干同行（即有资格的人）的知识和智慧，按照一定的评议准则，对科学问题或科学成果的潜在价值或现有价值进行评价，对解决科学问题方法的科学性及可行性给出判断的过程（卢宝锋，2012）。按照库恩的观点，"同行"是指"科学共同体"，因此同行评议也可以理解为由从事同一领域或相近领域的专家来评定一项工作的学术水平或重要性的一种机制（林培锦，2011）。同行评议不仅是科学评价的重要方式，也是科学研究资助机构资源配置的主要方式之一，公正高效的同行评议是保证科学质量的基础（龚旭，2005）。同行评议不仅是学术评价系统的重要组成部分，也是确保学术健康发展的重要规范机制，被广泛应用于诸如项目资助、职务晋升、学术奖励、论文和专著出版等学术评价活动中。美国《关于信息质量同行评议的最终公告》认为同行评议能够加强科学信息的质量和可信性。因此，同行评议应成为确保科技报告质量满足专业标准的重要程序。

对于科技报告这种评价对象，同行评议主要关注科技报告在专业层面上的假设是否清晰、研究设计是否有效、数据收集程序是否恰当、所采用的方法是否合理、假设被试方法是否合适、结论是否可靠以及科技报告整体的优点和局限。在完成同行评议之后，评议专家一般会给出评议报告，内容涉及意见、评论和建议等，相关评议内容是科技报告获得反馈、改善质量的重要依据。

（2）同行评议的作用

同行评议不能与公众评议或者其他利益相关人的评价程序混淆。同行评议意见有助于使科技报告的假设、发现和结论更加清晰。同行评议可以过滤偏见，并且检查出科技报告中存在的疏忽、遗漏和矛盾之处。同行评议可以鼓励科技报告的作者，并使其更加了解相关研究项目的不足之处和不确定性。同行评议还可能从专业层面给予科技报告作者更进一步的建议，如精炼假设、重构研究设计、修改结论等。

（3）同行评议的组织形式

科技报告同行评议可以采用多种形式，这取决于科技报告的类型、属性和重要程度。评议专家的数量可能从几人到数十人；每位评议专家的身份有可能公开，也有可能采用匿名评审（比如为鼓励正直评价）；评议专家可能对报告作者是盲评，也有可能是公开评审；评审专家可能填写每个人的评议报告，或者以协作方式提交集体评议报告；评议有可能采用通讯评议方式，也可能集中讨论和现场评议；评议专家可能是有偿的，也有可能是义务的。对于较为复杂的科技报告，可能采用分步评议，由不同的评议专家针对不同的章节或主题进行评议。

至于选择何种科技报告评议形式，评价管理机构可以依据以下要素进行判断：时间要求、评议范围、评议专家的范围、披露与归属、公众参与度、同行评议的优先级等。

在科技报告同行评议的时间要求上，一般来说在科技项目进展中就要对其产生的科技报告进行评议，而不是等待项目结束后再对其积累的科技报告集中评议。国外经验已经表明"早期介入"的同行评议能够有效指出科研项目进行中出现的不足并帮助其改善。

在科技报告同行评议的组织方式上，有个人通讯评议、小组评议、混合评议几种形式。个人通讯评议往往适用于仅仅包含一个学科或单一专业领域的科技报告，或是不宜过早大范围披露的限制级科技报告。如果对于时间和质量有更高要求，则小组评议更加合适。混合评议一般适用于有价值的、复杂性、跨学科科技报告，其操作过程是先对科技报告采用通讯评议，然后进行规范的小组评议，这样的评议方式更加严格，但成本也更高。

（4）科技报告同行评议的成本考量

组织实施科技报告的同行评议需要付出一定的成本。同行评议的成本包括同行评议活动的直接成本以及潜在的延迟成本。而同行评议的收益相对清晰，如果同行评议公平、公正并严格执行，应该可以促进利益相关人达成共识，并减少对评价结果的争议。虽然评价管理单位严格测算同行评议的收益和成本比较困难，但是在实施同行评议操作时，建议有关单位结合自身实际，采取成本收益的视角予以考量。

6.6.2.2　同行评议专家的选择标准

评审专家的质量会影响到同行评议的效果，在选择同行评议专家时，主要需要参考以下标准。

1) 专长：评审专家选择的首要因素就是专业素质，需要确保所选的评审专家具有相关评论的知识、经历和技能。

2）均衡：确保专家观点的多样性。在大多数学科领域，都存在观点的冲突或竞争，评审专家的邀请应该考虑不同专家背景。另外，专家的风格不宜过于尖锐，或者观点过于狭隘。

3）独立：从狭义角度看，独立性是指评议专家有无参与草稿的起草。广义的独立性是指必须确保流程的完整性，包括流程的透明性、开放性、冲突或利益的回避、对公众评议的采纳与吸收、与既定流程一致等。

4）利益冲突回避：包括两种类型，一类是评审专家与承接、完成报告者的利益关联回避，如机构回避（评审专家回避科技报告撰写单位）；另一类是评审专家与政府机构的利益关联回避。

6.6.2.3 实施同行评议需要遵循的原则

1）差异性原则。不同的科技报告类型也决定了同行评议方法的差异。需要考虑的差异因素包括：科技报告内容的复杂性、科技报告内容与决策制定的相关性、同行评议的采纳程度、同行评议的期望成本收益等。需要注意的是，科技报告如涉及时间敏感性和内容敏感性（如健康和安全决策信息、突发事件处置专业报告等），需要谨慎使用同行评议。

美国国家公共管理学会建议，同行评议的深度应该与信息的显著性以及政策的潜在隐含意义密切关联。评价管理机构应该充分考虑同行评议的深度和时间的取舍。更加严格的同行评议往往适用前控方法（precedent-setting）。

2）灵活性原则。科技报告管理部门需要灵活平衡实施同行评议的成本和收益。具体、适用的同行评议机制取决于评价管理机构本身的自由裁量，但评价管理机构应该明确同行评议的形式、程序，以及同行评议专家的选取流程。

3）透明性原则。同行评议应该保证过程的透明，评价管理单位应该能够得到同行评议专家的反馈，以及被评价者对同行评议的回应。评价管理机构在选择评议专家时，应该考虑评议专家潜在的学术观点冲突（包括商业和相关利益冲突）。

6.6.2.4 充分认识同行评议的局限

尽管同行评议具有悠久的传统和各种优点，但是在科技报告评价领域，同行评议也存在着许多局限，并不能以同行评议代替所有的科技报告专业层面质量评价。例如同行评议适用于一些具有较强同行共识的领域（如工程、技术），但在本身具有一定争议的领域（如社会经济、政策分析），同行评议的价值可能会受到流派和观点的影响。此外，同行评议成本较高、周期较长，对于时效性较强的政策性、突发性和涉及重大事件的科技报告，需要慎重实施同行评议。

综合有关研究，科技报告同行评议的局限性主要表现在（王志娟等，2012；龚旭，2005；马峥，2013）：①对于客观性的潜在影响。评议人可能由于专业不对口、学术水平不够和能力不足、个人习惯或外在条件缺陷等导致的无法做出正确的评价。不同领域专家的意见可能会有很大差异，甚至截然相反，不能形成准确科学客观的评议意见。②对于公正性的潜在影响。评议人可能因经济利益或遭受来自各种社会关系所施加的压力导致权力滥用。评议人有可能想将科技报告中的数据或思想据为己有而做出不公正的评议结果。评议人可能因为科技报告中的创新思想不符合自己接受的观点而做出不公正的评议结果，从而对创新思想形成障碍。③由评议本身的缺陷所造成的不公正，包括在有些前沿和交叉领域难以找到真正的同行作为评议人，评议准则的使用存在主观性，不同的评议人和评议方法的选择可能产生不同结果，同行评议易造成"马太效应"。此外，同行评议是一种基于已有知识进行判断（而且往往是共识性判断）的活动，具有天然的保守倾向，不利于创新性的研究。④结果发布的非透明性。评议人如何评议是秘而不宣的。⑤对于评议结果可靠性的潜在影响。评议人一般仅做出对数据的分析是否有误、数据和分析是否支持所得出的结论、内容是否可信等一般评价，很少作其他实质性的评价。⑥预测价值较低。评议人的意见和科学界中有意义的工作之间关联度较低，同行评议对成果的预测价值得不到体现。

6.6.2.5 对科技报告同行评议的改进措施

制约同行评议的因素是多方面的，社会风气、学术传统、学术体制、学术利益以及学者的个人道德修养、学术水准等都可能影响到同行评议结果的公正，因此，同行评议需要有科学的制度设计，要有严格的执行和监督机制（朱剑，2012）。在组织科技报告同行评议时，可以采取一些改进和强化措施，并运用一些辅助和补充手段，例如盲审与公开评审名单相结合、披露与回避制度相结合、评审专家异地选择与本地挑选相结合等。除此之外，需要完善和加强同行评议的全文反馈制度。全文反馈制度是指被评审者能够获得来自评议人对科技报告的完整评审意见，这样有利于接收反馈，及时改进缺陷，实现质量提升。同时需要提高同行评议的开放性。在评审中用公共性较强的确认方式代替主观性较强的评价。弱化投票结果，重视客观规律。对于在重大或关键问题上做出创新，或是争议较大的科技报告，可以采取"面对面"公开答辩的方式进行评议，确保创新性内容得到公正准确的认识和评价。

（1）实行小同行评审，优化专家遴选机制

选择适当的评价者是评价能否合理最基本、最重要的前提条件（叶继元，2010）。小同行由于是同一领域的研究者，熟知该领域的学科发展概况和学术思想，并且遵循同一套研究范式，因此他们比外行人更清楚某学者或某成果在学术上所达到的高度以及应用前景（中国社会科学院外事局，2001）。某个学科门类或学科内部的不同研究领域各有侧重，其成果形式和内容也不一样。由某一研究领域的小同行确定该领域科技报告中不同类型成果产出的权重，并对科技报告的质量进行综合评价是较为合适的。

美国已经正式将同行评审纲领作为一项国家信息法令加以颁布。美国科技报告审查和基金评审采取的就是"大学科，小同行"的方式。NSF将科技领域分为六大学科门类，对基金项目的内容评审基本是由相关度很高的"小同行"具体执行的。目前，我国评审的实质是大同行背景下的学者声望机制，还未真正实现"小同行"评审，这会产生一些弊端：其一，评审组内大多是大学科领域的同行，其知识结构和研究经验限制了他们对具体学科领域学术评价中的作用，其评价难以客观、准确；其二，评审专家往往比较固定，缺少退出和进入机制，自我更新缓慢，使得评审组的整体气质较为保守，不易接纳新兴研究领域和超前创新成果。

实行小同行评审就需要优化专家遴选机制。目前，国内一些评审系统是基于学者的注册信息来确定其学科领域的。此种方法不但高效、快捷而且成本低。但是有其不足之处。一方面，专家学者的研究领域不是固定的，可能会随着人事变动、兴趣转移等情况而发生漂移，而学者的注册信息很可能不会及时更新或者更新滞后。另一方面，就是没有合适的退出和进入标准。因此，小同行专家的遴选除了依靠自我登记的方式，还需要有基于科学大数据的推荐系统作为补充和校正。利用科研成果形成的大数据，对其进行挖掘，可将每个学科大类中的科学共同体可视化，根据专家遴选工作的实际需求调整焦距与视域，就可以确定合适的小同行，标识领域标签，通过定时截取科学发展的演化图谱，更新小同行成员及领域标签。这样，既能实现小同行专家的准确推荐，也能为小同行的退出与进入机制提供依据。这一过程可以通过自建遴选推荐系统，也可以通过利用一些成熟的数据挖掘软件完成。

（2）确立交叉学科评审组的组建机制

1）允许项目负责人推荐科技报告评审专家。对于非共识项目，项目负责人最清楚谁是这个领域的小同行。因此，应允许项目负责人自行推荐评审专家，并且可推荐国际同行，以扩大特殊领域的专家选取范围。从英美两国对科研项目评审专家的选取中也可以看出，评审委员会中有一定数量的国外专家参与是其评价制度的成功经验之一，其过程可参考欧美近年来对国际同行评审改进的经验，项目负责人提供包含多名评审专家的候选名单，再由科研管理部门商议，从中选出若干名加入该评审组中，且选取结果对项目承担者保密。其中需要注意的是，除了项目负责人推荐的专家，该评审组中占大多数的专家应由管理部门选取。如此，既能确保评审组中有合适的评审专家，也可避免项目负责人利用自荐机制作弊。

2）增加跨领域评审专家的遴选。可以利用学术交流网络遴选跨领域评审专家，包括引文网络、科研合作网、关键词共现网络等。引文网络记录科学发展的轨迹，它不仅体现科学知识纵向上的积累与继承，也揭示不同学科领域之间横向上的交叉与渗透。因此，该网络可以确切地反映科研工作者在科学知识地图中占据的桥接位置。科研合作网直接呈现不同研究机构或不同研究领域的合作，以及合作的规模与影响力。关键词共现网络可及时定位新近涌现出的研究领域与学者。可利用其中一种或融合几种网络进行测度。

跨领域评审专家的筛选过程如下：首先，建立学术交流网络。以引文网络为例，建立以作者为节点的同被引网络、作者耦合网络或作者互引网络。其次，利用网络理论与方法的中介性指标进行测度，得出跨领域专家。最后，当需要组建交叉学科评审组时，可先选取项目所涉学科中的各领域专家，再从跨领域评审专家库中选取对应的跨领域专家。在交叉学科评审组中，跨领域专家不但是该项目的小同行，而且能够在评审组各领域专家中起到知识桥梁作用，促进评审组对交叉学科项目的客观评价。

节点中介性指标可选择中介中心度（betweenness）（Freeman，1978）和媒介角色（brokerage roles）系数（Gould and Fernandez，1989）。中介中心度测量一个节点在多大程度上位于网络中其他节点的"中间"。中介中心度高的节点位于网络中不同信息流的交路上，对异质资源起到了重要的中介作用，非常适用于识别跨领域专家。媒介角色系数是基于桥理论发展起来的。所谓桥是指连接那些不相连接的行动者的结构性位置。媒介角色根据桥连接派系的情况，将代理行为分为五类。有协调同一子群中信息流的"协调人"（coordinator）和"桥接人"（itinerant broker），也有协调不同子群间成员信息交流的"发言人"（representative）、"守门人"（gatekeeper）和"联络人"（liaison）。后三种角色是在测度节点中介性时需要考察的。发言人控制本子群信息流，与其他子群交流信息；守门人控制群外信息的流入；而联络人则协调不同子群成员的信息交换，其本身不属于其中任何一个子群（宋歌，2014）。

中介中心度指标偏向于测度节点控制不同信息流的总量，媒介角色系数更注重区分中介的类型。二者在应用中均需先借助因子分析等方法对网络中的研究领域分群，以便确定跨领域专家所涉及的学科。

6.7　科技报告质量分类评价效益层面参考指标

效益层面质量作为事后评价的质量，其影响因素与科技报告的学术水平相关。一般学术价值较高的科技报告产生的效益更大，一篇科技报告的效益层面的价值主要分为经济效益与社会效益两个方面。而经济效益又包括科技报告本身所产生的经济效益，主要考察报告的投入与其经济产出的关系，以及科技报告的成果转化所产生的价值，科技报告成果转化产生的经济效益也应当计入科技报告的经济效益中。

效益层面质量一般由科技报告服务机构、科技报告产权所有机构以及科技报告利用机构提供数据，由科技管理机构实施评估。效益评价作为科技报告完成后的质量要素，可选择科技报告完成 1 年后 3 年内进行评估。科技报告的效益质量指标如表 6-13 所示。

表 6-13　科技报告的效益质量指标说明

二级指标	三级指标	指标说明
学术影响	学术肯定	转化为其他同行评议方式的学术成果或奖励，如同行评议学术论文的转化，学术成果奖励等
	报告采纳	被实际应用机构采纳，并转化为应用成果
	学术成果转化	科技报告的成果转化从另一个方面也可以考察科技报告专业层面的质量，科技报告可以转化为图书、专利、商用软件的数量等
社会影响	经济效益	科技报告的经济效益是指科技报告的撰写、呈交、管理和消费过程中所消耗的全部劳动与科技报告带来的实际成果和利益的比较
	社会效益	是指科技报告对社会有良好的影响，能够推动科技进步，为国家创造更多的财富，主要表现为决策优化、社会认知和文化建设的提高

6.7.1　科技报告经济效益指标解读

（1）科技报告经济效益的特点

经济效益是指人们在经济活动中的劳动消耗或资金的占用同所取得的成果之间的比较，即成本与收益的关系。科技报告的经济效益是指在科技报告的撰写、呈交、管理和消费的过程中所消耗的全部劳动与科技报告带来的实际成果利益之间的比较。

科技报告的经济效益在许多方面都不同于物质经济效益，具体而言，它有以下几个特征：

1）间接性。科技报告作用于科研活动、生产活动、经营活动和其他社会活动，要经过用户消化、吸收，间接地在用户所从事的领域中发挥作用，从而产生经济效益（李治宇，2011）。例如用户通过研究前人的科技报告成果，经过消化吸收后，开发出相关的产品。

2）滞后性。科技报告的作用不是立竿见影的，往往需要一段时间，甚至是相当长的时间之后，其效益才会显现出来，科技报告的经济效益既有短时间的显性效益，也有潜藏的隐性效益。所以，对科技报告的评价既要开展即时评价又要进行最终评价。

3）模糊性。科技报告的经济效益，受多种因素的综合影响，不仅与科技报告本身的质量、科研人员的素质有关，也与宏观环境及国家政策等因素有很大关系，所以科技报告的经济效益很难从社会经济活动中分离出来，具有很大的模糊性，需要对其进行综合评价。

（2）科技报告成本和收益的构成

评价科技报告经济效益的实质是考察科技报告成本与收益的关系。因此，首先需要明确科技报告成本和收益的构成。

1）科技报告的成本包括研究成本和管理成本。其中研究成本包括：项目研究人力成本；购买固定资产、器材、设备、实验材料等购置成本；书籍、文献、资料购置成本；有些调研报告还有调研成本，等等。管理成本包括：科技报告从各级上缴过程中对科技报告管理所产生的成本、行政成本；科技报告保存成本，等等。科技报告的各项成本组成科技报告的总成本。

2）科技报告的经济收益包括两个部分：一是科技报告自身所产生的经济收益；二是科技报告成果转化所产生的经济收益。科技报告自身所产生的经济收益是指科技报告公开可获取后，科技报告管理机构授权用户使用科技报告，对使用科技报告的个人或企业用户进行收费。科技报告的成果可以转化为相关的书籍、文献、专利及商用软件等，这些成果也可以带来经济效益，有些书籍能够产生销售利润，文献在商业文献数据库中提供公开获取后可以得到使用的利润，企业购买专利可以带来专利的销售利润，商用软件同样也可以产生商业价值，这一切经济收益总和为科技报告的总收益。

通过考察科技报告成本和收益的关系，可以评价科技报告的经济效益。科技报告产生的经济效益越高，也可以间接说明科技报告的质量越高。科技报告主要来源于财政基金支持的科研项目，这些项目可能涉及不同领域、学科和行业，从这个角度来讲，科技报告会对这些领域、学科和行业产生不同的作用，这些作用类型主要包括了技术转让、节约原材料和能源、增加产量、提高质量和扩大销售等，科技报告所产生的经济效益也主要来源于此。

（3）科技报告产生经济效益的计算方法

借鉴我国档案管理领域计算科技档案所创经济效益的方法，可以设计出针对科技报告产生经济效益的计算方法。

1）开发利用科技报告所创造经济效益的通用计算方法。

开发利用科技报告所创造经济效益=科技报告的作用系数（α）×某项科技措施获得的全部经济收入-开发利用科技报告的费用成本。

2）技术转让和科技成果推广中，开发利用的科技报告所创造经济效益的计算方法。

技术转让和科技成果推广中开发利用科技报告所创造经济效益=科技报告作用系数（α）×技术转让或技术成果推广获得的经济效益-成本。

3）开发利用科技报告节约原材料和能源所创造经济效益的计算方法。

开发利用科技报告节约原材料和能源所创造经济效益=科技报告作用系数（α）×节约原材料和能源数量×原材料和能源的单价-成本。

4）开发利用科技报告增加产量所创造经济效益的计算方法。

开发利用科技报告增加产量所创造经济效益=科技报告作用系数（α）×增加产量×单位产品净收入-成本。

5）开发利用科技报告提高产品质量所创造经济效益的计算方法。

开发利用科技报告提高产品质量所创造经济效益=科技报告作用系数（α）×提高质量的产品产量×（提高质量后的产品单价-提高产量前的产品单价）-成本。

6）开发利用科技报告扩大销售所创造经济效益的计算方法。

开发利用科技报告扩大销售所创造经济效益=科技报告作用系数（α）×扩大销售所取得总收入-成本。

7）科技报告作用系数（α）的确定方法。

科技报告作用系数（α）是为了合理计算和正确评价科技报告对于科研、生产、建设所创造经济效益而采用的系数。α不是一个常数，它随着科技报告开发利用的内容、目的、条件、作用效果的不同而不同，α值在0～1变动。α值可以通过专家调查结合求平均数或加权平均数、数学期望值等方法获得。

6.7.2　科技报告社会效益指标解读

社会效益是指一项工程对就业、增加收入、提高生活水平等社会福利方面所作各种贡献的总称。科技报告的社会效益是指科技报告对社会有良好的影响，能够推动科技进步，为国家创造更多的财富。

科技报告的社会效益具有两个基本特征：滞后性与非显性。我们可以通过科技报告的成果转化来考查科技报告的专业质量和社会效益。科技报告可以转化为图书、专利、商用软件等。下面介绍两种典型的转化方式及其评价方法。

（1）专利价值

科技报告的社会效益可以通过所转化的专利数量和专利价值来考量，所转化专利的价值越高，可以反映出科技报告的质量也相对较高。

研究表明专利有价值的表现为专利权要求的数量多而且技术覆盖范围广，遭遇侵权和诉讼的频率也较高。专利权要求的数量也可以用来表征专利的技术覆盖范围。专利被引次数也是考察专利价值的一项指标，专利的被引次数越高，说明该项专利的价值越高。目前比较权威的专利价值计算方法来自美国知识产权咨询公司 CHI Research。CHI 提出了企业专利影响指数（citation impact index）的概念，即某企业的专利在某年的影响指数，为该企业前 5 年授权的专利在该年的总被引用次数，除以数据库中所有企业该指标的平均值。若该年为当年，则影响指数为当前影响指数（current impact index）。该计算方法可以引入到科技报告转化专利的评价，将企业单位改为科技管理单位。据此可以通过科技报告成果转化专利的专利权要求数量及专利被引次数考查科技报告的效益层面质量。

（2）图书文献价值

科技报告转化后的图书文献的被引次数可以考察其社会效益，同时图书的发行量、文献发表的期刊层次、影响因子等都可以作为考察其社会效益的一种指标。

6.7.3 科技报告效益层面质量评价与在线评价实施

科技报告效益层面质量评价是一种事后评价，评价依据来源于科技报告的使用过程。在当前的数字化、网络化、开放化环境下，用户对科技报告的利用行为较 20 世纪已经发生了巨大的变化。科技报告的主要流通和获取方式已经不仅仅通过纸本或缩微形式，而是通过网络在线形式传播，传播范围和传播对象也得到极大拓展，从而产生出大量的网络在线使用行为数据，以往难以直接量化计算的科技报告效益质量在网络环境下有了新的评价依据。基于在线行为和网络数据的新型评价方法很可能在未来对科技报告的评价体系和实施方式产生更大的影响。因此本节将专门就科技报告效益层面质量评价中的在线评价实施进行说明。

（1）在线评价的总体框架

在线评价从狭义上看就是实现在网上对科技报告文献及服务质量进行评价。在线评价和传统的线下评价一样，也需要明确评价的目的和原则、评价主体、评价模式、评价内容和反馈及改进措施（图 6-7）。在线评价需要遵循分类评价原则、易操作原则和以评促改原则。但是在评价目的、评价主体、评价模式和内容等方面在线评价有自身的特点。

（2）在线评价的目的

科技报告实现在线评价实质上是引入第三方（社会公众、科研同行、企业、社会组织）参与科技报告评价、监督、管理和质量控制，极大拓展了传统评价体系，符合开放创新环境和开放科学环境的要求。在线评价一方面是对现有科技报告评价制度的补充完善，另一方面可以使社会公众在更大程度上参与到科技报告工作中，对于形成健全的科技报告体系、良好的科学研究氛围都能起到促进作用。另外，在商业领域已经发展出较为成熟的在线评价模式（如电子商务网站的用户评价），并且通过用户"长尾"的力量催生出新的评价机制和筛选机制（如根据用户评价进行优质产品和服务推送），这些在线评价手段也可以为改善科技报告的评价体系提供有益参考。

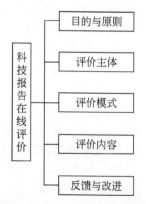

图 6-7　科技报告在线评价框架

（3）在线评价的主体

得益于网络技术进步（网站平台、机构知识库）和政策推动（开放获取政策、政府信息公开、科技报告政策），科技报告的评价主体得到了极大拓展（图 6-8）。从狭义上看在线评价属于事后评价，也属于第三方评价，原则上所有社会公众都可以参与到对可公开科技报告的评价中来。另外，在线评价的一个重要评价主体就是各类企业，企业是创新的主体，也是科学研究的重要服务对象，也应是科技报告的重要受众，但是受制于条件，企业无法完全参与到传统的科技报告评价机制流程中来。在科技报告在线评价体系中，需要将企业作为重要的评价主体，可以提供专门面向企业的科技报告传播渠道和评价反馈渠道。企业最为关注科技报告的经济价值和使用价值，也是科技报告产生经济效益和社会效益的重要场所。因此来自于企业评价主体的反馈在未来将成为科技报告效益层面质量评价的重要组成部分。

（4）在线评价模式与内容

科技报告在线评价可以分为主动评价和自动评价两种主要模式。主动评价是指用户主动提交评价意见；自动评价是指网络平台通过自动收集用户对于科技报告的利用数据（如浏览、下载、引用、推荐、收藏）等，继而分析得出反映用户倾向的信息，作为评价的依据。

用户的主动评价需要网站平台和在线服务机构提供便捷的评价输入途径，具体可以分为两种形式：①问答式评价，即通过设计相关问题，由评价主体进行回答或选择。②自由式评价，即通过设置自由评论区，没有评价问题的限制，评论主体可以自由发表评价意见。

在未来，科技报告在线评价还可以积极吸收其他类型网络服务的先进经验，尝试设计开展类似众包、众测、征集、纠错等更多样化的在线评价模式。

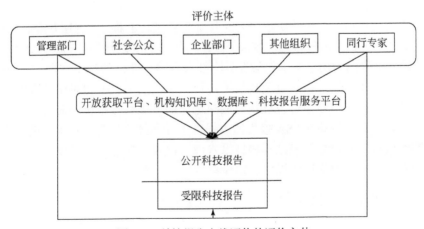

图 6-8　科技报告在线评价的评价主体

第七章 中国科技报告质量分类评价实证研究

为了有效把握现阶段我国科技报告质量现状，并运用已经形成的理论与工具解决科技报告质量实际问题，本章承接第六章内容，基于第六章的科技报告质量分类评价体系构建模式，采用实证研究方法，对国内外科技报告的实体样本进行调研。

在内容安排上，本章首先分析归纳国外科技报告撰写的特点，结合科技报告质量管理理论构建适合我国现状的科技报告评价指标体系并进行实证研究，诊断和鉴定国内已有科技报告出现的问题，从而有针对性地提出相关改进策略和建议。

7.1 国外科技报告样式分析

科技报告的本质目的是传达信息，即科研项目研究者将详细记录的科学研究过程以科技报告的形式展现出来，不仅需要对科研过程的记录与保存，更需要有助于其他科研工作者学习、交流、再利用与创新。科技报告质量是实现科技报告管理与有效利用的基石，高质量的科技报告需要周密的行文安排与规范撰写，对科技报告内容所包含要素及其组织方式的分析是对科技报告进行质量评价的基础。科技报告具有类型多样的特点，从管理的归属看，可以划分为国防科技报告和民口科技报告；按研究进程可分为初步报告、进展报告、中间报告和总结报告等。在 NTIS 的报告体系中，将科技报告按内容划分为专题技术报告、技术进展报告、最终科技报告和组织管理报告四大类型，其中专题技术报告又分为调查/考察/观测报告、研究/分析报告、实验/试验报告、工程/生产/运行报告等类型（周杰，2013）。这些类型的科技报告都包含较为丰富的科学研究信息，对相关科学研究工作者开展科研活动具有较高的参考价值。

科技报告的实质内容在于其所承载的对科学研究过程的描述、研究方案的选择和比较、科研结果的分析、可供参考的数据和图表、成功与失败的实践经历等科学技术知识和经验。因此，保证科技报告撰写质量是确保与提升科技报告整体质量的基本前提。在全球范围内，美国在科技报告数量、撰写格式以及科技报告管理制度上来说都相对比较成熟与完善。因此，本章研究抽样选取科技报告发展相对成熟稳定的美国科技报告为研究对象，对其 AD 报告、DE 报告、PB 报告和 NASA 报告四大报告中专题技术报告、技术进展报告、最终报告的撰写要素进行调研，分析整理其科技报告撰写特点，并总结各类报告一般包含的写作要素，以期为提高科技报告质量提供一定参考。

7.1.1 专题技术报告样式

7.1.1.1 调查/考察/观测类科技报告

调查/考察/观测类科技报告是对某些现象/事件/问题/经验进行客观的实地调查与调研研究，详细记录相关分析考察情况与观测的数据，对其现象本质与经验规律进行一定的分析讨论。通过抽样调研发现，调查/考察/观测类科技报告撰写具有如下特征，具体如表 7-3 所示。

表 7-1　调查/考察/观测类科技报告撰写要素

要素大类	AD 报告	DE 报告	PB 报告	NASA 报告
引言	研究背景	研究背景	研究背景	研究背景与前期调查
	研究任务	任务目标	现状分析	研究对象与概念
	调查/考察/观测内容的章节安排	研究对象	研究程序描述	任务说明
		研究现状	研究方法	调查/考察/观测方法
调查/考察/观测过程	详细记录调查/考察/观测过程	研究任务安排	详细记录调查/考察/观测过程	设备与器材
	数据搜集	调查/考察/观测方法	调查/考察/观测控制技术	记录调查/考察/观测的相关详细过程
	数据分析	调查/考察/观测计划安排	数据分析	设备与器材
		数据收集与分析		对调查/考察/观测的结果进行数据分析
结果与讨论	—	—	—	—
结论	—	—	—	—
参考文献	—	—	—	—

注："—"表示无细分要素。

由表 7-1 可知，调查/考察/观测类科技报告与实验/试验类科技报告的撰写要素比较相似，所包含的内容要素基本相同。具体有如下说明。

1）引言。引言部分一般首先介绍相关调查/考察/观测的研究背景，前期的调查相关情况；其次是对调查/考察/观测的对象与概念进行说明，相关调查/考察/观测的研究现状以及调查/考察/观测所要达到的目标。此类科技报告有的还会在引言中简要介绍开展调查/考察/观测的程序或者计划安排。

2）调查/考察/观测过程。该部分一般是正文的内容主体，一般包括调查/考察/观测过程所采用的观测方法以及所采用的设备、器材等相关基础配置信息，以使其他相关研究工作者依据调查/考察/观测过程的描述，在误差允许的范围内，能尽可能还原调查/考察/观测过程。也有一些报告将调查计划安排在该部分进行说明，依据计划安排，分步骤详细记录调查过程中所观察到的现象，以及采集观测数据，基于调查数据对其进行数据分析，并对相关结果进行讨论。

3）结果与讨论。这两部分可分开也可合并在一起进行介绍。结果一般是基于上述调查/考察/观测过程及分析得出的发现，对调查/考察/观测到的现象和实验数据进行处理，包括数据分析的基本信息，即所采取的数据分析方法、数据分析过程以及数据处理的结果。

4）结论。结论部分是解释调查/考察/观测结果在讨论中得到的证实，并探讨其影响，调查/考察/观测发现的意义与应用前景，指出相关调查/考察/观测过程中的不足与对前景的展望与建议。

5）参考文献。

7.1.1.2 研究/分析类科技报告

通过抽样调研发现，研究/分析类科技报告撰写具有如下特征，具体如表7-2所示。

表 7-2 研究/分析类科技报告撰写要素

要素大类	AD 报告	DE 报告	PB 报告	NASA 报告
引言	研究背景	研究目标	研究背景	研究对象
	研究历史	分析过程概述	研究问题陈述	研究背景
	研究对象定义	研究结果概述	研究目标	研究现状
	研究目标与需求		研究范围	研究目标
	研究分析活动记录工具		研究路径	研究任务的描述
			相关研究文献回顾	研究配置
研究分析过程	研究方法	依据研究内容与技术节点等记录研究过程	依据研究内容与技术节点等记录研究过程	依据研究内容与技术节点等记录研究过程
	依据研究内容特征记录研究内容			
分析结果与讨论	—	—	—	—
结论	—	—	—	—
参考文献	—	—	—	—

注："—"表示无细分要素。

研究/分析类科技报告是科学研究与相关技术分析研究过程的详细记录。一般分为如下几个部分。

1）引言。引言主要是引导读者对某一特定的研究领域进行大致的了解。研究/分析类科技报告引言部分一般先指出其研究背景，分析问题的重要性及研究目标；之后，引出研究对象，以及对该研究分析问题已有的研究进展和研究范围。

2）研究分析过程。该部分一般为研究/分析类科技报告的主体部分，一般主要阐述本书为了解决什么问题，要达到什么样的标准。此外还应该明确，研究/分析类科技报告的研究范围以及相关研究路径。一般研究分析过程是依据实际的研究过程来回答研究问题，包括研究配置、研究方法、研究内容安排以及具体的研究分析过程记录几种要素。

3）研究分析结果与讨论。这两部分可分开也可合并在一起进行介绍。结果一般是基于上述科研活动过程得出的研究成果，对相关研究成果与发现的意义进行讨论。

4）结论。结论一般是基于研究分析的结果与发现，撰写者加入个人对研究结果的认知与观点，对研究结果的新颖性、不足等进行评价，并探讨研究成果的应用意义与价值，也可提出相关建议。

5）参考文献。

7.1.1.3　实验/试验类科技报告

通过对美国科技报告撰写要素进行抽样调研发现，实验/试验类科技报告撰写具有如下特征，具体如表 7-3 所示。

表 7-3　实验/试验类科技报告撰写要素

要素大类	AD 报告	DE 报告	PB 报告	NASA 报告
引言	任务背景	研究内容	研究目标	研究背景
	任务需求	研究目标	研究背景	任务描述
	实验/试验数据输入	相关研究原理	研究内容	方法技术
	实验/试验数据输出	研究现状		相关原理/研究现状
实验/试验过程	实验/试验有效性描述	实验/试验材料，试剂，设备等的相关信息	实验/试验安排	材料/ 设备/试剂/相关信息
	实验/试验操作过程	解决思路与方法	实验/试验方法	实验/试验环境搭建/计划安排
	实验/试验相关操作概念介绍	实验/试验步骤	实验/试验现象观察，数据采集	实验/试验配置/要素
	实验/试验操作流程介绍	实验/试验后测试表征		实验/试验性能测试
	实验/试验资源需求：器材，设备，试剂，原料	数据分析		实验/试验数据采集
结果与讨论	—	—	—	—
结论	—	—	—	—
参考文献	—	—	—	—

注："—"表示无。

实验/试验类科技报告是对实验/试验开展的控制条件、过程与结果分析等详细记录的一类科技报告，由表 7-3 可知，实验/试验类科技报告的正文撰写要素一般包括引言、实验/试验过程、结果与讨论、结论、参考文献五个部分。具体有如下说明。

1）引言。主要是简要整体地描述整个实验/试验的基本情况。主要功能是描述相关实验/试验的研究背景，对实验/试验任务进行简要介绍，阐述实验/试验目标，即实验/试验要解决什么问题，研究什么新的发现等；之后论述该问题或者发现是否已经得到解决，前人对类似实验/试验的探讨如何。此外，有的科技报告引言中对实验/试验的任务需求，实验/试验数据输入，实验/试验数据输出等要素进行介绍。

2）实验/试验的主体部分。该部分可以说是整份实验/试验类科技报告的核心部分，也是其价值的体现。其描述过程一般要求详细准确，确保其他科研人员在阅读后，能够在误差允许的范围内最大限度地重现实验/试验过程。由表 7-3 可知主体部分一般可包括：实验环境描述、材料设备试剂等信息、实验/试验配置/要素，即实验/试验所用到的相关材料、试剂、设备等基础信息都应详细记录；实验/试验性能测试、实验/试验的解决思路与方法以及实验/试验的计划安排，即实验/试验一般需要一定的实验/试验环境基础或者相关控制条件，也可以包括对实验过程的计划安排，实验过程可能还需要一定的预处理或者性能测试，同时还需介绍解决思路以及所采用的方法；对实验/试验过程以及实验/试验现象、实验/试验数据采集等详细的记录。

3）实验/试验结果与讨论。这两部分可分开也可合并在一起进行介绍，结果一般是基于上述实验过程及分析得出的发现，对实验观察到的实验现象以及观测到的实验数据进行处理，包括数据分析的基本信息，即所采取的数据分析方法、数据分析过程以及数据处理的结果。

4）结论。该部分是科技报告的重要部分，科研人员一般先由阅读结论部分决定一份科技报告的技术价值。因此，该部分是一份高质量实验/试验科技报告的必备要素。结论部分解释实验结果在讨论中得到的证实，并讨论其影响，该部分不只是对研究结果的总结，还应包括作者自己的观点。

5）参考文献。将科技报告写作过程中所引用的文献置于参考文献中，不仅反映科学研究的严谨性，也是促进科学活动交流与传播的一种有利途径。

7.1.1.4　工程/生产/运行类科技报告

工程/生产类科技报告一般是详细记录某一工程/生产项目完成以及转化为相关产品的过程；运行类科技报告则多为具体记录某一项目/事件/活动/产品/系统等的具体操作、运转的过程。通过对美国科技报告撰写要素进行抽样调研发现，工程/生产/运行类科技报告撰写要素具有如下特征，具体如表 7-4 所示。

表 7-4　工程/生产/运行类科技报告撰写要素

要素大类	AD 报告	DE 报告	PB 报告	NASA 报告
引言	研究背景	研究目标	研究背景	研究背景
	任务介绍	研究对象	研究目标	研究现状
	研究现状	研究背景	研究方法	研究任务
	研究安排	—	研究结果效益	—
	—	—	相关研究现状	—
研究/分析过程	依据技术节点或者研究分析内容记录项目的研究过程	依据技术节点或者研究分析内容记录项目的研究过程	依据技术节点或者研究分析内容记录项目的研究过程	依据工程/生产项目的技术节点或运行状况对所研究的内容进行详细记录
结论	—	—	—	—
参考文献	—	—	—	—

注："—"表示无细分要素。

由表 7-4 可知，工程/生产/运行类科技报告的正文撰写要素一般包括引言、研究/分析过程、结论与参考文献四个部分。具体说明如下。

1）引言。引言一般是对工程/生产/运行的基本信息介绍，它主要是介绍相关背景、研究现状、任务安排及研究目标所采用的方法。有的工程/生产/运行类科技报告还对最终结果所产生的效益进行简单介绍。

2）研究/分析过程。该部分是工程/生产/运行类科技报告正文撰写的主体内容，一般包括工程/生产/运行的研究分析过程，也可包括对工程/生产/运行过程中所必须采用的辅助工具材料等基本信息进行介绍，还可包括项目的预算信息等。工程/生产/运行类科技报告，不仅要记录成功的经验，对于失败的项目也要记录，如工程/生产/运行过程中遇到的瓶颈或者相对比较难解决的研发问题、有关设计技术影响较大的问题和难以攻克的问题等。工程/生产/运行类科技报告一般还需要对工程/生产/运行过程进行检查、检测以及判别相关测试是否满足一定的标准。

3）结论。该部分是一份高质量工程/生产/运行类科技报告的必备要素，结论部分是对工程/生产/运行结果的逻辑性判断，提供对未解决问题的理解与讨论，平衡研究优势与不足。

4）参考文献。

7.1.2　技术进展类科技报告

技术进展类科技报告记录某一科学研究课题的阶段性研究成果或一些相关进展情况，也包括相关运行成本的评估，以及相关研究结果的讨论。其区别于其他类型科技报告的最大特点是，除了介绍科研项目的阶段性进展外，还需要为科研项目下一阶段研究做出规划安排，研究计划主要是对工作的调整或下一阶段的重要安排进行具体的说明。技术进展类科技报告的撰写特征具体如表 7-5 所示。

表 7-5　技术进展类科技报告撰写要素

要素大类	AD 报告	DE 报告	PB 报告	NASA 报告
引言	研究背景	研究背景	研究项目介绍	研究背景
	研究对象	研究目标	研究目标	研究对象
	研究目标与需求	研究对象	研究方法	—
研究过程	研究阶段性成果详细介绍	研究方法	以时间节点或者技术节点详细记录项目阶段性成果	以时间节点或者技术节点详细记录项目进行到某一阶段的研究内容
		研究材料		
		研究阶段性成果详细介绍		
结论	—	—	—	—
下一阶段研究安排	—	—	—	—
参考文献	—	—	—	—

注："—"表示无细分要素。

由表 7-5 可知，技术进展类科技报告一般包括如下撰写要素。

1）引言。主要对研究项目的研究背景、研究对象进行介绍，还包括一定的研究目标、研究需求、研究现状的描述。

2）研究过程。该部分为技术进展类科技报告的主要撰写部分，除了要分层次、分阶段地介绍研究项目取得的阶段性研究成果外，还应将研究工作中的进展、遇到的瓶颈或难以攻克的问题加以说明。通过调查发现，技术进展类科技报告主要是描述和说明其完成合同规定的各项目标的程度，阐述该项目目前的主要研究成果。对于成果部分的技术内容描写没有特别的写作要求，有的报告描述较为详细，而有的报告主要是对该项目在该阶段内完成的任务作概要式说明，没有过于详细地展开阐述。

3）结论。对该阶段内完成的研究计划进展进行归纳、总结、评价，如研究项目因实际情况与年度计划有所差别需要调整，应对其调整内容及具体原因与进一步计划安排做出详细说明。

4）下一阶段研究安排。该部分是基于该阶段研究计划的完成与调整情况，对下一阶段的主要工作任务进行安排，主要涉及研究目标、研究任务与重点、研究计划安排等。若有需要对之前研究计划进行调整的部分，也应说明调整原因与调整后的计划安排。

5）参考文献。

7.1.3 最终科技报告

最终科技报告是科学研究项目结束时必须呈交的一类科技报告，它是对科学研究项目从最初实施到最后结项整个科学研究过程的完整记录。最终科技报告的撰写特征具体如表 7-6 所示。

表 7-6 最终科技报告撰写要素

要素大类	AD 报告	DE 报告	PB 报告	NASA 报告
引言	研究背景	任务介绍	研究任务描述	任务背景
	研究任务	任务目标	研究范围	研究目标
	研究现状	研究方法/路径	研究方法	任务需求
	研究任务安排			
研究过程	以技术节点或者研究内容特征对已完成的整个项目研究内容进行详细介绍	以技术节点或者研究内容特征对已完成的整个项目研究内容进行详细介绍	以技术节点或者研究内容特征对已完成的整个项目研究内容进行详细介绍	以技术节点或者研究内容特征对已完成的整个项目研究内容进行详细介绍
结论	—	—	—	—
参考文献	—	—	—	—

注："—"表示无细分要素。

由表 7-6 可知，最终科技报告一般包括如下撰写要素。

1）引言。引言一般包括报告的研究主题、目的、背景、范围、研究的大致规划，但是不包括调查结果，结论或建议。主题的陈述一般定义主题和相关的术语，也可包括相关理论、历史背景及意义。

2）研究过程。最终科技报告的重点是对研究过程的描述，该部分是研究问题得以解决的具体过程。需要指出，最终科技报告与技术进展类科技报告在技术内容上会有些许重合，但并不是机械地将技术进展报告中的阶段性进展复制粘贴在最终报告中。因为最终报告是对整个科学研究过程的记录，应根据研究计划合理地安排报告撰写框架，将之前技术进展类科技报告中阐述的阶段性成果根据逻辑框架重新整理撰写。相对技术进展类科技报告来说，最终科技报告的技术内容撰写更加详细、严谨，并且整篇报告具有较强的逻辑性。

3）结论。结论同样是最终报告类的重点。结论部分，除了对整个研究过程所取得的研究成果进行总结归纳以外，还应由撰写者对相关研究的评价及应用价值进行分析，如研究的新颖性、研究存在的不足以及相关研究建议。

4）参考文献。

由上述分析可知，科技报告撰写特点因科技报告类型不同而略有差异，但总体上的框架却没有太大差别，一般主要由引言、主体内容、结论、结果与讨论、参考文献部分构成。

7.2 国内科技报告样本调查

近些年来随着我国科技报告提交数量的增多，科技报告质量问题也逐渐受到重视。如何加强科技报告质量管理工作，确保科技报告按质按量完成，是科研工作者以及科技报告相关管理部门需要共同面对的问题。本节研究随机抽取 600 份国内科技报告（包括技术进展类报告与最终报告类），对其质量问题进行调研，以期了解我国科技报告质量现状，为我国科技报告质量评价与管理工作提供一定的参考。由抽样分析结果来看，目前我国科技报告存在的质量问题主要体现在内容质量和格式质量两个方面，具体的调研分析结果如下。

7.2.1 内容质量问题

从抽样调查结果来看，科技报告在正文内容撰写方面还存在一定的质量问题（图 7-1），具体如下。

1）引言问题。引言作为科技报告的开篇，虽然国家标准《科技报告编写规则》中没有严格要求引言是科技报告的必备项，但是如果科技报告中撰写了引言部分，就应符合一定的撰写规范与要求。标准中指出引言部分应简洁凝练有关科学研究过程的研究背景、研究目的、研究对象、相关概念、研究范围、目前有关的研究现状等内容。对于篇幅较小的科技报告，引言也可用简洁的篇幅介绍科技报告研究的目的、意义、背景等。同时，标准中指出引言部分不需要对科研过程所阐述的研究结果做出过于强调的解释。从目前科技报告样本调研结果发现，有些科技报告存在将研究结果、结论等在引言中详细阐述的问题，这样表述往往不能够突出引言中所要强调的重点。同时，由于标准中尚未将其作为科技报告撰写的必备要素。因此，在抽取的样本中没有统计引言部分缺失以及引言介绍不完整的问题。

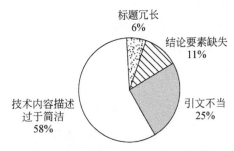

图 7-1 科技报告内容质量问题占比

2）报告主体内容问题。该部分的阐述无疑是决定一篇科技报告质量高低的关键。技术主体内容一般是科技报告的核心部分，技术内容的质量体现在研究技术方案的设计与论证、相关理论基础分析、各种性能指标参数、重要的实验方案、器材设备、原材料配比。工业制造流程、数学计算等能够体现该项目研究关键技术完整性与先进性所具备的要素。按照一般原则，在误差允许的范围内，其他科研人员基于阅读科技报告的技术研究内容，能够最大程度上重现该技术。由于科技报告不拘泥于篇幅，可以较为详尽地将研究过程中的技术阐述得更加完整、系统与准确无误。研究者在调研过程中却发现，部分科技报告技术部分阐述得过于简单，只简单说明该项研究采用何种技术或方法取得了某种研究结果，仅仅用简短的一句话或一段话作为一个章节。该种表述方式几乎未能将科技报告技术内容部分进行深入解释，既不能反映该科技报告中所研究重点内容的形成过程，也无法将科技报告的价值体现出来。对于科技报告技术内容部分阐述过于简洁的占比达到58%。

3）结论问题。不同于技术内容部分的详尽具体，结论部分需要一定的概括与综合。结论部分不仅仅是将正文中各章节的标题简单重复一遍，也不仅是整个科研活动过程的凝练总结，也是对内容的升华。结论部分反映的是对整个科技报告工作的总结，突出本书不同于前人的创新之处，同时也是对相关研究活动的展望与审视。标准中强调结论部分是科技报告的必备要素，即使没有得到显著的结论，也需要对研究过程进行一定的讨论描述，同时可对当前研究工作的不足之处做出反思，以及对下一步研究工作提出设想与建议。通过对科技报告样本调研发现，相关科技报告撰写过程中也存在结论要素缺失的现象，所占比例达到11%。

除了以上较多的质量问题外，科技报告内容质量上还存在一些小问题，如有的章节名称表述不当，过于冗长，有的近乎一个较长的句子，没能体现章节表述的重点。另外，还有一些细节质量问题，如科技报告对该领域前人做过的研究进行简要介绍时，未标注相应的参考文献，这些虽不是特别严重的质量问题，却让整篇科技报告有失严谨性，同时参考文献标注也是科技文献传播与利用的一种途径。科技报告具有准确性的特点，文中的每一部分内容都应是有依有据，而不是作者信手拈来的。因此，科技报告撰写者应确保科技报告的严谨性与科学性，必要的地方应添加一定的参考文献。这两种科技报告质量细节问题，在抽取的样本调研中所占的比例合计达到30%以上。

此外，技术进展类科技报告不同于最终科技报告的一大特点在于其结论部分，技术进展类科技报告相对于最终科技报告来说，除了要对当前工作进行总结与回顾讨论之外，还应将研究过程中未能按照计划完成、计划调整的原因以及下一步的研究工作进行阐述。而抽样调研结果却发现，相关技术进展类科技报告的结论部分并未对后续的工作做出书面阐述。除此之外，也有部分科技报告中存在多字少字、语句表达不当、撰写逻辑性不强等质量问题。

7.2.2　格式质量问题

研究者通过对样本调研发现存在如下一些问题，相关格式质量问题占比如图7-2所示。

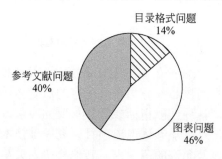

图7-2　科技报告格式质量问题占比

1）参考文献问题。标准中尚未对科技报告参考文献部分作强制的撰写要求，但从科学研究的严谨性以及科学交流与传播角度来看，参考文献对于科技报告来说应该是必要的。本研究抽取的样本中没有统计科技报告中未添加参考文献的占比，仅对添加了参考文献的科技报告进行质量问题统计。从抽样调查结果来看，引用参考文献的科技报告几乎都存在参考文献格式不准确的问题，诸如引用文献要素不完整，有的缺少页码、有的缺少时间，标引格式不规范等问题，占比达 40%。参考文献的准确标引不仅是对科技报告严谨性负责，同时是对其他科学研究工作者学术成果的尊重，更是为了加强科学研究的交流与传播。

2）图表问题。相对于科技报告文字描述部分图表更加清晰、直观，能更形象、简洁地描述科学研究过程中各研究要素之间的关系和内容等，表述更加醒目直白。图表既是对科技报告重要内容的描述，又是对文字描述的一种补充与完善，但从科技报告抽样调查结果来看，存在较多图表格式问题，占比达到 46%，例如科技报告全文图表格式不统一，图与表题目名称放置不当，图表格式不规范、不够清晰等质量问题。

3）目录格式问题。目录是将有关文献依据一定的分类和顺序编辑排列起来的概括性描述文献研究内容的一种工具，其准确与否对于科技报告质量来说同样重要。目录既具有揭示功能，又具有检索功能，科研工作者可以依照目录对科技报告内容进行大致了解，之后可根据兴趣与研究需要依照目录查阅相关内容。从抽样调查结果来看，目前主要存在科技报告目录不完整以及部分章节目录标注不匹配等质量问题，占比达 14%。

在深入考察了科技报告的撰写要素以及科技报告质量基本情况后，可以发现目前我国科技报告质量问题主要集中在内容质量、撰写水平、技术水平、格式规范四个方面。这些影响因素的识别与探讨均为后期的科技报告质量评价指标体系的设计与筛选提供了研究基础。

7.3　评价指标等级

科技报告质量评价应该从不同层次、不同角度综合评价，即构建科技报告质量分类评价指标体系进行综合评价。在设计科技报告质量评价指标体系时，首先基于前期文献与资料分析筛选能够较为全面反映科技报告质量特征以及满足科技报告质量评价目标的指标要素，通过头脑风暴小组讨论以及专家评议等方式，对指标体系进行筛选改进，形成较为系统合理的科技报告质量评价体系。

本节的实证研究依照第六章提出的科技报告分类评价指标设计原理，经过两轮专家评审意见以及小组讨论，形成科技报告质量评价指标等级体系。

在设计科技报告质量分类评价指标等级时，结合科技报告质量特征以及科技报告质量现状，采用层次分析法构建科技报告评价指标体系的层次结构模型，即涵盖目标层、准则层、指标层的三级科技报告质量评价指标体系。

1）目标层（M 层）。目标层为科技报告质量评价的最高层次，即科技报告质量评价目标。在科技报告评价具体实践中，各单位可根据机构自身的具体目标设计此层。

2）准则层（Z 层）。准则层一般是由目标层下属的若干个准则层构成。由科技报告特点和科技报告质量影响因素判断各指标间的影响与隶属关系对其进行聚类分层，从而形成科技报告质量评价指标的准则层。研究者依据科技报告的形成、呈交、验收与利用阶段，分别对其不同阶段内的科技报告文本质量评价机制进行探讨，即在科技报告撰写阶段，科技报告提交检测与验收阶段，科技报告后期评估阶段应分别设计对应的科技报告质量评价指标体系：①科技报告撰写阶段，该阶段科技报告质量（注重文献层面）评价指标体系的准则层由完整性与准确性构成，科技报告完整性主要评价科技报告各撰写要素是否齐全，准确性则是评价科技报告各撰写要素是否恰当、正确地描述其具体内容。②科技报告提交检测与验收阶段，该阶段科技报告质量（注重专业层面）评价指标体系的准则层包括编写质量、内容质量与技术质量（或学术质量）。其中编写质量侧重于科技报告的编写格式规范性、写作能力等角度，由科技报告样本现状调研结果可知，编写质量是确保科技报告形成以及确保科技报告质量的基础。内容质量是从全局对科技报告文本内容质量进行评价，它是科技报告质量评价的重点。技术是一项科研活动的贡献与价值的直接体现，因此技术质量是科技报告质量评价的关键。③科技报告后期评估阶段，该阶段的目标层除包括编写质量、内容质量与技术质量外，还包括应用效果，即对科技报告所带来的整体社会效果与学术价值进行评价。

3）指标层（X层）。指标层是针对科技报告质量评价准则层的若干分支，即构成科技报告质量评价具体的可操作的指标。针对上述的评价阶段，科技报告质量评价的指标层构成也有所差异：①科技报告撰写阶段，该阶段评价指标体系的指标层对应上一目标层，针对科技报告不同类型分别包括引言、研究过程、结果、结论等设计指标；②科技报告提交检测与验收阶段，该阶段对应上一目标层具体包括格式规范性、写作水平、数据质量、内容创新性、内容完整性、内容精确性、技术创新性、技术系统性、技术动态性、技术可重复性；③科技报告后期评估阶段，对应上一目标层，其指标层包含形式规范性、写作水平、数据质量、内容创新性、内容完整性、内容精确性、技术创新性、技术系统性、技术动态性、技术可重复性、社会效益、学术价值。

依据科技报告质量评价基本原则以及科技报告质量评价层级结构，在本书构建的综合评价指标体系中，每个评价指标还应具备合理的判断标准，即科技报告质量评价的具体实施应依据一定的评价尺度。由此，研究者依据定性与定量结合的科技报告质量评价原则，对相关取值标准进行了界定。评价指标采取5阶等级制，即分别是优秀、良好、中等、及格、较差，其对应的评判分数分别为5分、4分、3分、2分、1分。

7.4　评价指标构成

依据科技报告质量评价指标设计原则以及科技报告质量评价指标体系的层级结构的描述，本节研究针对科技报告从撰写到提交、入库整个过程中所处的不同阶段分别构建了科技报告质量评价指标体系，具体包括如下几个方面。

（1）科技报告撰写阶段评价指标

该阶段主要是针对科研项目承担单位的科技报告负责人员撰写完成的科技报告所设计的评价指标体系。同时，由科技报告样本分析结果可知，科技报告撰写可能会因为科技报告类型不同而有所差异。因此，该阶段针对不同的科技报告类型分别设计出对应的科技报告质量评价指标体系，具体如图7-3所示。

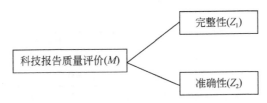

图 7-3 科技报告质量评价指标体系主体框架

该阶段科技报告质量评价指标的目标层和准则层不因科技报告类型不同而改变，主要是指标层因科技报告类型不同而有所差异，具体如表 7-7～表 7-12 所示。

表 7-7 实验/试验类科技报告评价指标

一级指标	二级指标	指标解释
完整性 Z_1	引言 X_1	该指标反映引言部分能够介绍科技报告研究背景、研究任务与需求、有关实验/试验原理与研究现状以及相关实验/试验数据等
	实验/试验环境描述 X_2	该指标反映实验/试验环境描述情况，一般包含实验/试验环境搭建、材料/设备/试剂/相关信息、实验/试验配置、实验/试验性能测试等
	实验/试验过程 X_3	该指标反映出实验/试验操作、现象观测等实验/试验的详细过程记录
	数据分析过程 X_4	该指标反映的是实验/试验的数据分析过程，包括数据采集方法、记录、分析等过程
	结果与讨论 X_5	该指标反映结果讨论涉及的内容，包括实验/试验数据分析结果、研究发现以及相关讨论
	结论 X_6	该指标反映结论描述的内容，包括对实验/试验结果的评价，实验/试验发现的应用前景讨论，实验/试验的创新、不足与相关建议
	参考文献 X_7	该指标反映参考文献引用的完备性
准确性 Z_2	引言 X_8	该指标反映引言部分能够准确、恰当地描述科技报告研究背景、研究任务与需求、有关实验/试验原理与研究现状以及相关实验/试验数据等
	实验/试验环境描述 X_9	该指标反映实验/试验环境、实验/试验环境搭建、材料/设备/试剂/相关信息、实验/试验配置、实验/试验性能测试等能够被准确、恰当地描述
	实验/试验过程 X_{10}	该指标反映实验/试验操作、现象观测等实验/试验过程能够被准确、恰当地描述
	数据分析过程 X_{11}	该指标反映实验/试验的数据分析过程能够被准确、恰当地描述
	结果与讨论 X_{12}	该指标反映实验/试验数据分析结果，研究发现以及相关讨论等能够被准确、恰当地描述
	结论 X_{13}	该指标反映实验/试验结果及评价，实验/试验发现的应用前景讨论，实验/试验的创新、不足与相关建议等能够被准确、恰当地描述
	参考文献 X_{14}	该指标反映参考文献能够被正确引用与标注

表 7-8 调查/考察/观测类科技报告质量评价指标

一级指标	二级指标	指标解释
完整性 Z_1	引言 X_1	该指标反映引言部分能够介绍科技报告研究背景、研究背景与前期调查、调查/考察/观测对象与现状分析，调查/考察/观测程序等
	调查/考察/观测过程 X_2	该指标反映调查/考察/观测的详细过程记录，包括相关操作方法、设备、器材信息、计划安排、现象观测与数据收集等
	数据分析与结果 X_3	该指标反映数据分析结果与讨论所涉及的内容，包括数据分析相关的信息以及结果与讨论等
	结论 X_4	该指标反映结论描述的内容，可包括对调查/考察/观测发现结果的评价，对其发现的意义的讨论，实验的创新、不足与相关建议等
	参考文献 X_5	该指标反映参考文献能够正确引用与标注

一级指标	二级指标	指标解释
准确性 Z_2	引言 X_6	该指标反映引言部分能够准确、恰当地描述调查/考察/观测发现研究背景、研究背景与前期调查、调查/考察/观测对象与现状分析，调查/考察/观测程序等
	调查/考察/观测过程 X_7	该指标反映调查/考察/观测的详细过程能够准确、恰当地描述
	数据分析与结果 X_8	该指标反映数据分析结果与讨论所涉及的内容能够准确、恰当地描述
	结论 X_9	该指标反映结论所涉及的内容能够准确、恰当地描述
	参考文献 X_{10}	该指标反映参考文献能够正确引用与标注

表 7-9　研究/分析类科技报告质量评价指标

一级指标	二级指标	指标解释
完整性 Z_1	引言 X_1	该指标反映引言部分能够介绍相关研究背景、对象、现状与研究目标、范围、路径等
	研究/分析过程 X_2	该指标反映出研究分析过程的详细记录，一般包括理论基础、研究配置、方法假设/公式/程序、内容安排以及详细的研究分析过程等
	结果 X_3	该指标反映结果涉及的内容，包括研究分析过程和对结果进行分析、计算、验证等
	结论 X_4	该指标反映结论描述的内容，可包括研究结果归纳及新颖性总结评价，指出不足，提出建议等
	参考文献 X_5	该指标反映参考文献引用的完备性
准确性 Z_2	引言 X_6	该指标反映引言部分能够准确、恰当地描述相关研究背景、对象、现状与研究目标、范围、路径等
	研究/分析过程 X_7	该指标反映出研究分析过程所涉及的内容能够准确、恰当地描述
	结果 X_8	该指标反映结果涉及的内容能够被准确、恰当地描述
	结论 X_9	该指标反映结论所涉及的内容能够被准确、恰当地描述
	参考文献 X_{10}	该指标反映参考文献能够正确引用与标注

表 7-10　工程/生产/运行类科技报告质量评价指标

一级指标	二级指标	指标解释
完整性 Z_1	引言 X_1	该指标反映引言部分能够介绍相关研究背景、现状与任务、研究目标、方法、研究安排与研究结果的效益等
	研究/分析过程 X_2	该指标反映出研究分析过程的详细记录，一般包括工程/生产/运行的工具、设备的基本信息、工程/生产/运行完成的标准和指标及详细的研究分析过程
	结论 X_3	该指标反映结论描述的内容，可包括对工程/生产/运行结果的逻辑性判断，提供对未解决问题的理解与讨论，平衡研究优势与不足等
	参考文献 X_4	该指标反映参考文献引用的完备性
准确性 Z_2	引言 X_5	该指标反映引言部分能够准确、恰当地描述相关研究背景、对象、现状与研究目标、范围、路径等
	研究/分析过程 X_6	该指标反映出研究分析过程所涉及的内容能够准确、恰当地描述
	结论 X_7	该指标反映结论所涉及的内容能够准确、恰当地描述
	参考文献 X_8	该指标反映参考文献能够正确引用与标注

表 7-11　技术进展类科技报告质量评价指标

一级指标	二级指标	指标解释
完整性 Z_1	引言 X_1	该指标反映引言部分能够介绍相关研究背景、对象、研究项目介绍、研究现状、合同规定的阶段或年度研究任务的目标等
	研究/分析过程 X_2	该指标反映出研究分析过程的详细记录,一般包括研究项目课题取得的阶段性研究成果、研究工作中的进展、工作中遇到的瓶颈或难以攻克的问题等
	成本估计 X_3	该指标反映出目前阶段内研究项目的成本评估的相关基本信息
	结论 X_4	该指标反映结论描述的内容,可包括对阶段性成果的总结、评价以及与年度计划有差别需要调整的部分与其调整内容及具体原因
	下一阶段研究规划 X_5	该指标反映下一阶段工作的安排,多涉及研究目标、研究任务与重点等
	参考文献 X_6	该指标反映参考文献引用的完备性
准确性 Z_2	引言 X_7	该指标反映引言部分能够准确、恰当地描述相关研究背景、对象、现状与研究目标、范围、路径等
	研究/分析过程 X_8	该指标反映出研究分析过程所涉及的内容能够准确、恰当地描述
	成本估计 X_9	该指标反映该部分能真实、客观、准确地描述相关成本评估的基本信息
	结论 X_{10}	该指标反映结论所涉及的内容能够准确、恰当地描述
	下一阶段研究规划 X_{11}	该指标反映该部分能够依据具体研究计划准确、恰当地描述
	参考文献 X_{12}	该指标反映参考文献能够正确引用与标注

表 7-12　最终科技报告质量评价指标

一级指标	二级指标	指标解释
完整性 Z_1	引言 X_1	该指标反映引言部分能够介绍相关研究背景、研究目标与任务需求、范围、研究现状、研究方法/路径/安排等
	研究过程 X_2	该指标反映出研究分析过程的详细记录,一般包括研究假设/研究程序以及依据技术节点或内容特征对研究过程的详细记录
	结论 X_3	该指标反映结论描述的内容,包括研究发现、创新点,以及存在的问题、经验和建议等
	参考文献 X_4	该指标反映参考文献引用的完备性
准确性 Z_2	引言 X_5	该指标反映引言部分能够准确、恰当地描述相关研究背景、对象、现状与研究目标、范围、路径等
	研究过程 X_6	该指标反映研究分析过程所涉及的内容能够准确、恰当地描述
	结论 X_7	该指标反映结论所涉及的内容能够准确、恰当地描述
	参考文献 X_8	该指标反映参考文献能够正确引用与标注

以上一系列表格分别针对科技报告撰写阶段不同类型的科技报告,设计了相应的质量评价指标体系,依据科技报告质量评价标准可针对上述指标体系统一设置科技报告质量评价标准,具体如表 7-13 所示。

表 7-13 科技报告质量评价参考标准

指标	评价参考标准	评价等级
完整性及下属各指标	非常全面地阐述了报告中各部分所涉及的必备内容要素	优秀，5 分
	全面地阐述了报告中各部分所涉及的必备内容要素	良好，4 分
	比较全面地阐述了报告中各部分所涉及的必备内容要素	中等，3 分
	报告中各部分所涉及的必备内容的要素完整性一般	及格，2 分
	未能全面地阐述报告中各部分所涉及的必备内容要素	较差，1 分
准确性及下属各指标	完全达到合同规定对内容、技术指标、撰写要求等方面的要求水平	优秀，5 分
	达到合同规定对内容、技术指标、撰写要求等方面的要求水平	良好，4 分
	能达到合同规定对内容、技术指标、撰写要求等方面的要求水平	中等，3 分
	在一定程度上达到合同规定对内容、技术指标、撰写要求等方面的要求水平	及格，2 分
	未能达到合同规定对内容、技术指标、撰写要求等方面的要求水平	较差，1 分

（2）提交检测与验收阶段评价指标

在科技报告的提交检测与验收阶段，相关管理组织机构对提交的科技报告进行验收检验，科技报告呈交时，科技报告管理部门会对其撰写格式规范进行审查；验收时，相关项目评价管理单位负责对科技报告进行审查验收，一般组织同行专家进行评审打分。科技报告的提交检测与验收阶段的质量评价指标体系具体如表 7-14 所示。

表 7-14 提交检测与验收阶段评价指标

一级指标	二级指标	指标解释	评价参考标准
编写质量 M_1	格式规范性 X_1	科技报告中如封面、名称、编号、密级、目次、图表清单等各项格式要素编写格式完整、准确，符合最新《科技报告编写规则》	完全符合编写规则，5 分
			符合编写规则，4 分
			比较符合编写规则，3 分
			基本符合编写规则，2 分
			不符合编写规则，1 分
	写作水平 X_2	该指标反映科技报告文字表达能力，科技报告结构合理，论证严谨，具有逻辑性，表述清晰，语法、字句等使用准确	非常强的文字表达能力，结构完全合理，论证深刻，逻辑性强，语法、字句使用非常准确，5 分
			较好的文字表达能力，结构比较合理，论证合理，比较具有逻辑性，语法、字句使用比较准确，4 分
			有一定的文字表达能力，结构基本合理，论证完整，有一定的逻辑性，语法、字句使用基本准确，3 分
			文字表达能力、结构、论证、逻辑性、语法、字句使用均一般水平，2 分
			文字表达能力、结构、论证、逻辑性、语法、字句使用水平相对较差，1 分
内容质量 M_2	数据质量 X_3	科技报告中数据均真实准确，时效性强，表述完整，操作、分析过程规范、准确	数据完全真实准确，时效性非常强，表述、操作、分析过程完全规范，5 分
			数据真实准确，时效性强，表述、操作、分析过程规范，4 分
			数据比较真实准确，时效性比较强，表述、操作、分析过程比较规范，3 分
			数据真实准确性一般，时效性一般，表述、操作、分析过程规范性一般，2 分
			数据不够真实准确，时效性差，表述、操作、分析过程不规范，1 分

一级指标	二级指标	指标解释	评价参考标准
内容质量 M_2	内容的创新性 X_4	科技报告突破、解决选题、理论或研究方法方面具有的能力与水平	在前沿选题、理论或方法上具有重大发现，填补该领域相关空白，达到或接近国际先进水平，5分
			在前沿选题、理论或方法上具有较大发现，填补该领域相关空白，具有国内领先水平，4分
			在选题、理论或方法上有一定发现，改善该领域已有相关内容，3分
			在选题、理论或方法上发现一般，进展一般，2分
			在选题、理论或方法上有新看法，但未深入研究，1分
	内容的完整性 X_5	科技报告全面阐述了报告中引言、正文、结论三部分以及各部分内容中所要求涉及的如研究背景、目的、范围、意义、国内外现状研究、研究内容、研究目标、方法、实验设计、研究思路、技术路线、创新点等所有的内容必备要素	非常全面地阐述了报告中各部分所涉及的必备内容要素，5分
			全面地阐述了报告中各部分所涉及的必备内容要素，4分
			比较全面地阐述了报告中各部分所涉及的必备内容要素，3分
			报告中各部分所涉及的必备内容要素完整性一般，2分
			未能全面地阐述报告中各部分所涉及的必备内容要素，1分
	内容的精确性 X_6	科技报告各部分内容要素均准确、恰当，达到合同规定对内容、技术指标等方面的要求水平	完全达到合同规定对内容、技术指标等方面的要求水平，5分
			达到合同规定对内容、技术指标等方面的要求水平，4分
			能达到合同规定对内容、技术指标等方面的要求水平，3分
			在一定程度上达到合同规定对内容、技术指标等方面的要求水平，2分
			未能达到合同规定对内容、技术指标等方面的要求水平，1分
技术质量 M_3	技术的创新性 X_7	科技报告各阶段或最终突破相关关键技术、核心技术、瓶颈技术的能力与水平	自主创新，填补该领域的技术空缺，达到或接近国际水平，5分
			自主创新，填补该领域的技术空缺，具有国内领先水平，4分
			模仿创新，优化该领域的技术，取得突破性进展，3分
			模仿创新，对该领域类似技术有新见解，取得一定进展，2分
			对该领域类似技术有新见解，但未深入研究，进展一般，1分
	技术的系统性 X_8	技术可以看作是各要素相互作用联系、有机结合发挥作用的一个系统，该指标反映技术因技术要素以及相互作用方式的多样性体现的复杂性，协作跨度	技术要素以及相互作用方式非常复杂，协作跨度非常大，5分
			技术要素以及相互作用方式复杂，协作跨度大，4分
			技术要素以及相互作用方式比较复杂，协作跨度比较大，3分
			技术要素以及相互作用方式复杂性一般，协作跨度一般，2分
			技术要素以及相互作用方式单一，无协作跨度，1分
	技术的动态性 X_9	技术往往处于不断的发展变化的状态，不会长期停留在某一个水平，该指标反映技术具有一定的发展潜力和趋势	该技术在相关领域具有非常大的发展潜力和趋势，5分
			该技术在相关领域具有比较大的发展潜力和趋势，4分
			该技术在相关领域具有一定的发展潜力和趋势，3分
			该技术在相关领域的发展潜力和趋势一般，2分
			该技术在相关领域没有发展潜力和趋势，1分
	技术可重复性 X_{10}	科技报告中各研究阶段、环节或者最终的技术、实验方案及结果等具有稳定性和可行性，在误差允许的范围内，按其研究框架可实现技术重现	在误差允许的范围内，能够完全重现该技术，5分
			在误差允许的范围内，能够重现该技术，4分
			在误差允许的范围内，在一定程度上能够重现该技术，3分
			在误差允许的范围内，该技术重现度一般，2分
			在误差允许的范围内，该技术重现困难，1分

（3）后期评估阶段评价指标

科技报告所产生的经济效益和社会效益等一般在项目结束并运行一段时间后（1~2 年后）进行系统地评价，该阶段除了对科技报告形式质量、内容质量、技术质量进行评价外，还可以依托第三方机构对科技报告应用效果进行评价打分。该阶段具体的科技报告指标体系如表 7-15 所示。

表 7-15　后期评估阶段评价指标

一级指标	二级指标	指标解释	评价参考标准
编写质量 M_1	格式规范性 X_1	科技报告中如封面、名称、编号、密级、目次、图表清单等各项格式要素编写格式完整、准确，符合最新《科技报告编写规则》	完全符合编写规则，5 分
			符合编写规则，4 分
			比较符合编写规则，3 分
			基本符合编写规则，2 分
			不符合编写规则，1 分
	写作水平 X_2	该指标反映科技报告文字表达能力，科技报告结构合理，论证严谨，具有逻辑性，表述清晰，语法，字句等使用准确	非常强的文字表达能力，结构完全合理，论证深刻，逻辑性强，语法、字句使用非常准确，5 分
			较好的文字表达能力，结构比较合理，论证合理，比较具有逻辑性，语法、字句使用比较准确，4 分
			有一定的文字表达能力，结构基本合理，论证完整，有一定的逻辑性，语法、字句使用基本准确，3 分
			文字表达能力、结构、论证、逻辑性、语法、字句使用均为一般水平，2 分
			文字表达能力、结构、论证、逻辑性、语法、字句使用水平相对较差，1 分
内容质量 M_2	数据质量 X_3	科技报告中数据均真实准确，时效性强，表述完整，操作、分析过程规范、准确	数据完全真实准确，时效性非常强，表述、操作、分析过程完全规范，5 分
			数据真实准确，时效性强，表述、操作、分析过程规范，4 分
			数据比较真实准确，时效性比较强，表述、操作、分析过程比较规范，3 分
			数据真实准确性一般，时效性一般，表述、操作、分析过程规范性一般，2 分
			数据不够真实准确，时效性差，表述、操作、分析过程不规范，1 分
	内容的创新性 X_4	科技报告突破、解决选题、理论或研究方法方面具有的能力与水平	在前沿选题、理论或方法上具有重大发现，填补该领域相关空白，达到或接近国际先进水平，5 分
			在前沿选题、理论或方法上具有较大发现，填补该领域相关空白，具有国内领先水平，4 分
			在选题、理论或方法上有一定发现，改善该领域已有相关内容，3 分
			在选题、理论或方法上发现一般，进展一般，2 分
			在选题、理论或方法上有新看法，但未深入研究，1 分
	内容的完整性 X_5	科技报告全面阐述了报告中引言、正文、结论三部分以及各部分内容中所要求涉及的如研究背景、目的、范围、意义、国内外现状研究、研究内容、研究目标、方法、实验设计、研究思路、技术路线、创新点等所有的内容必备要素	非常全面地阐述了报告中各部分所涉及的必备内容要素，5 分
			全面地阐述了报告中各部分所涉及的必备内容要素，4 分
			比较全面地阐述了报告中各部分所涉及的必备内容要素，3 分
			报告中各部分所涉及的必备内容要素完整性一般，2 分
			未能全面地阐述了报告中各部分所涉及的必备内容要素，1 分
	内容的精确性 X_6	科技报告各部分内容要素均准确、恰当，达到合同规定对内容、技术指标等方面的要求水平	完全达到合同规定对内容、技术指标等方面的要求水平，5 分
			达到合同规定对内容、技术指标等方面的要求水平，4 分
			能达到合同规定对内容、技术指标等方面的要求水平，3 分
			在一定程度上达到合同规定对内容、技术指标等方面的要求水平，2 分
			未能达到合同规定对内容、技术指标等方面的要求水平，1 分

一级指标	二级指标	指标解释	评价参考标准
技术质量 M_3	技术的创新性 X_7	科技报告各阶段或最终所突破相关关键技术、核心技术、瓶颈技术的能力与水平	自主创新，填补该领域的技术空缺，达到或接近国际水平，5分
			自主创新，填补该领域的技术空缺，具有国内领先水平，4分
			模仿创新，优化该领域的技术，取得突破性进展，3分
			模仿创新，对该领域类似技术有新见解，取得一定进展，2分
			对该领域类似技术有新见解，但未深入研究，进展一般，1分
	技术的系统性 X_8	技术可以看作是各要素相互作用联系、有机结合发挥作用的一个系统，该指标反映技术因技术要素以及相互作用方式的多样性体现的复杂性，协作跨度	技术要素以及相互作用方式非常复杂，协作跨度非常大，5分
			技术要素以及相互作用方式复杂，协作跨度大，4分
			技术要素以及相互作用方式比较复杂，协作跨度比较大，3分
			技术要素以及相互作用方式复杂性一般，协作跨度一般，2分
			技术要素以及相互作用方式单一，无协作跨度，1分
	技术的动态性 X_9	技术往往处于不断的发展变化的状态，不会长期停留在某一个水平，该指标反映技术具有一定的发展潜力和趋势	该技术在相关领域具有非常大的发展潜力和趋势，5分
			该技术在相关领域具有比较大的发展潜力和趋势，4分
			该技术在相关领域具有一定的发展潜力和趋势，3分
			该技术在相关领域的发展潜力和趋势一般，2分
			该技术在相关领域没有发展潜力和趋势，1分
	技术的可重复性 X_{10}	科技报告中各研究阶段、环节或者最终的技术、实验方案及结果等具有稳定性和可行性，在误差允许的范围内，按其研究框架可实现技术重现	在误差允许的范围内，能够完全重现该技术，5分
			在误差允许的范围内，能够重现该技术，4分
			在误差允许的范围内，在一定程度上能够重现该技术，3分
			在误差允许的范围内，该技术重现度一般，2分
			在误差允许的范围内，该技术重现困难，1分
应用效果 M_4	社会效益 X_{11}	科技报告获得的社会影响，政策支持、采纳、被批示，获奖情况，大众或者媒体的传播以及科技成果转化所获取的经济效益	
	学术价值 X_{12}	科技报告的浏览与下载情况，科技报告出版物的出版、发布、发行情况，科技报告引用量	

7.5 评价指标权重

目前用于科学评价的方法主要有模糊综合评价法、层次分析法、神经网络法、灰色系统评价方法、熵值法等，其具体可用于对评价指标权重的设置与进行最终综合评价。由7.4节所构建的科技报告质量评价指标体系与评价标准可知，同一评价对象具有多个评价指标，而各指标间的重要程度不同，需要对各指标进行权重设置。因此，研究者根据科技报告特征与实际操作情况选择采用较为成熟与稳定的层次分析法进行指标权重设置。层次分析法权重赋值主要由如下三个步骤构成，以实验/试验类科技报告为例进行具体的步骤说明。

1）建立层次结构模型，即依据各评价指标的特征与指标间的隶属关系将其划分为若干个子层级，具体如图7-4所示。

2）构建综合判断矩阵，通过两两对比尺度，对每一层指标之间的影响作用关系或重要程度进行对比，并对最终统计结果进行计算分析，形成综合判断矩阵。其中指标标度选择9分制，具体如表7-16所示。

3）依据矩阵理论，对相关研究问题的建模需要用到特征向量法，即把相关探讨对象转化为求某个非负矩阵最大正特征根对应的特征向量作为模型的解，随后将特征向量作归一化处理，得到权重向量 W（刘蕾，2010），即各指标的相对权重，并将指标层各指标的相对权重与其对应准则层指标的相对权重的乘积作为对总目标的加权权重。

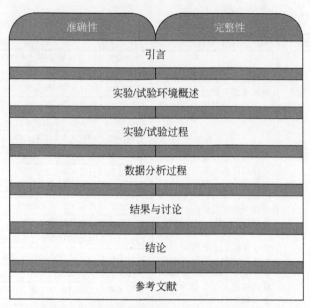

图 7-4　科技报告质量评价指标层级结构

表 7-16　评价指标标度参考表

含义	绝对重要	十分重要	比较重要	稍微重要	同样重要	重要程度介于两个等级之间
标度	9	7	5	3	1	8、4、6、2

　　基于上述步骤，本书邀请 8 位相关领域的专家对科技报告质量评价指标体系的权重进行综合评议。以一级指标为例，将 8 位专家确定的一级指标间的相对重要性矩阵数据进行统计，并采用几何平均法将其转化为综合判断矩阵，最终计算一级指标的权重值以及进行矩阵一致性检验（CR 值），原则上要求 CR<0.1。7.4 节中所构建的科技报告质量评价指标体系的各指标权重系数计算结果具体如表 7-17～表 7-24 所示。

表 7-17　实验/试验类科技报告质量评价指标权重

一级指标	权重系数	二级指标	相对权重	加权权重	一致性检验
完整性	0.4565	引言	0.0460	0.0210	0.0114
		实验/试验环境描述	0.1159	0.0529	
		实验/试验过程	0.1927	0.0880	
		数据分析过程	0.2236	0.1021	
		结果与讨论	0.1957	0.0893	
		结论	0.1922	0.0877	
		参考文献	0.0339	0.0155	
准确性	0.5435	引言	0.0357	0.0194	
		实验/试验环境描述	0.1063	0.0577	
		实验/试验过程	0.1824	0.0992	
		数据分析过程	0.2469	0.1342	
		结果与讨论	0.1889	0.1027	
		结论	0.2020	0.1098	
		参考文献	0.0378	0.0206	

表 7-18 调查/考察/观测类科技报告质量评价指标权重

一级指标	权重系数	二级指标	相对权重	加权权重	一致性检验
完整性	0.4264	引言	0.1232	0.0525	0.0211
		调查/考察/观测过程	0.2243	0.0956	
		数据分析与结果	0.3239	0.1381	
		结论	0.2499	0.1066	
		参考文献	0.0787	0.0335	
准确性	0.5736	引言	0.1223	0.0701	
		调查/考察/观测过程	0.2094	0.1201	
		数据分析与结果	0.3203	0.1837	
		结论	0.2747	0.1576	
		参考文献	0.0734	0.0421	

表 7-19 研究/分析类科技报告质量评价指标权重

一级指标	权重系数	二级指标	相对权重	加权权重	一致性检验
完整性	0.3216	引言	0.0905	0.0291	0.0139
		研究/分析过程	0.3224	0.1037	
		结果	0.2163	0.0696	
		结论	0.3035	0.0976	
		参考文献	0.0673	0.0216	
准确性	0.6784	引言	0.0793	0.0538	
		研究/分析过程	0.3044	0.2065	
		结果	0.2392	0.1623	
		结论	0.3006	0.2039	
		参考文献	0.0765	0.0519	

表 7-20 工程/生产/运行类科技报告质量评价指标权重

一级指标	权重系数	二级指标	相对权重	加权权重	一致性检验
完整性	0.2974	引言	0.1217	0.0362	0.0995
		研究/分析过程	0.4030	0.1199	
		结论	0.4152	0.1235	
		参考文献	0.0601	0.0179	
准确性	0.7026	引言	0.0852	0.0598	
		研究/分析过程	0.4095	0.2877	
		结论	0.4362	0.3065	
		参考文献	0.0692	0.0486	

表 7-21　技术进展类科技报告质量评价指标权重

一级指标	权重系数	二级指标	相对权重	加权权重	一致性检验
完整性	0.3349	引言	0.0603	0.0202	0.0093
		研究/分析过程	0.2335	0.0782	
		成本估计	0.1454	0.0487	
		结论	0.2335	0.0858	
		下一阶段研究规划	0.2598	0.0870	
		参考文献	0.0449	0.0150	
准确性	0.6651	引言	0.0638	0.0424	
		研究/分析过程	0.2055	0.1367	
		成本估计	0.1862	0.1238	
		结论	0.2200	0.1463	
		下一阶段研究规划	0.2693	0.1791	
		参考文献	0.0552	0.0367	

表 7-22　最终科技报告质量评价指标权重

一级指标	权重系数	二级指标	相对权重	加权权重	一致性检验
完整性	0.3285	引言	0.1247	0.0410	0.0015
		研究过程	0.3449	0.1133	
		结论	0.4495	0.1477	
		参考文献	0.0808	0.0266	
准确性	0.6715	引言	0.1092	0.0733	
		研究过程	0.3435	0.2307	
		结论	0.4635	0.3112	
		参考文献	0.0838	0.0563	

表 7-23　提交检测与验收阶段科技报告质量评价指标权重

一级指标	指标权重	二级指标	相对权重	加权权重	一致性检验
编写质量	0.135	格式规范性	0.5150	0.0695	0.0051
		写作水平	0.4850	0.0655	
内容质量	0.5188	数据质量	0.1736	0.0901	
		内容的创新性	0.3390	0.1759	
		内容完整性	0.2593	0.1345	
		内容精确性	0.2281	0.1183	
技术质量	0.3462	技术的创新性	0.3855	0.1334	
		技术的系统性	0.2427	0.084	
		技术的动态性	0.1193	0.0413	
		技术可重复性	0.2525	0.0874	

表 7-24　后期评估阶段科技报告质量评价指标权重

一级指标	指标权重	二级指标	相对权重	加权权重	一致性检验
编写质量	0.0961	格式规范性	0.5309	0.0510	
		写作水平	0.4691	0.0451	
内容质量	0.2861	数据质量	0.1986	0.0568	
		内容的创新性	0.3941	0.1128	
		内容完整性	0.2300	0.0658	
		内容精确性	0.1774	0.0508	0.0304
技术质量	0.1544	技术的创新性	0.4117	0.0676	
		技术的系统性	0.2577	0.0423	
		技术的动态性	0.1001	0.0164	
		技术的可重复性	0.2306	0.0379	
应用效果	0.4535	社会效益	0.6856	0.3109	
		学术价值	0.3144	0.1426	

7.6　评价推荐模型

依据本章科技报告质量评价指标体系的具体设计步骤，最终构建出科技报告质量综合评价模型。因科技报告质量受到多方面质量因素影响，在最终进行综合评价时难免会存在一定的主观性、模糊性与不确定性。

模糊综合评价法基于模糊数学理论，通过将不确定的模糊关系进行应用合成，难以定量测量的定性指标定量化，从而达到对评价对象的隶属等级进行综合评价的目的。为了尽可能客观、有效地得到实际结果，研究者在层次分析法的基础上结合采用模糊综合评价法进行最终的综合评价，评价的具体步骤如下。

1）确定科技报告质量评价对象集，可用 $P = \{P_1, P_2, \cdots, P_i\}$ 来表示对象 P_i 的 i 种评价因素，即高阶指标以及其下属的子指标。例如，提交检测与验收阶段的科技报告质量评价指标体系中的总目标 $P_i = \{P_{Z_1}, P_{Z_2}, P_{Z_3}, P_{Z_4}\}$，这里的 P_i（$i=1, 2, \cdots, j$）是指科技报告质量评价对象的指标因素，即该指标下一细分层级对应的评价指标因素。

2）选定科技报告评价标准集 $M = \{M_1, M_2, \cdots, M_n\} = \{M_n\}$ 用来表示某个评价指标所处的评价等级。其中，元素 M_n 是判断科技报告质量的评价标准或尺度；n 是科技报告评价标准集元素的个数。这一集合规定了科技报告质量评价中评语的选择标准或选择范围。一般推荐使用 3~5 个评价等级，本书选用 5 阶，即 $M = \{$优秀，良好，中等，及格，较差$\}$，分别对应的评判分数为 5 分、4 分、3 分、2 分、1 分。

3）确定科技报告质量评价因素权重集 V，结合层次分析法的权重系数，建立多层次综合模糊评判级，确定科技报告质量评价因素权重集 V。V 是评价标准集 M 中各评价标准与被评价事物的隶属关系，对于科技报告来说，这指的是在质量评价时，依次着重于哪些标准，V 在广义上被称为科技报告质量评价因素权重向量。

4）将科技报告的模糊评价指标体系通过问卷的方式发送给相关科技报告发表机构、领域专家、用户等，由其对某一科技报告进行模糊评估，并由评价的组织人员对评估结果进行汇总，从而得到对某一科技报告的综合评价意见。

5）问卷数据整理分析，例如基于一级指标权重计算出的最终模糊评价表，确定科技报告质量评价的最终模糊评价结果。

7.7　评价应用与结果解读

7.7.1　数据准备

研究者以国家科技报告服务系统为数据来源，随机抽取自动化技术、计算机学科的科技报告文本作为具体数据来源，从研究实践操作的可行性出发，分别随机选取该领域内的技术进展类科技报告与最终科技报告各 50 份，总共 100 份科技报告文本进行最终科技报告质量评价研究。

在研究步骤上，首先，基于相关科技报告质量研究现状，利用本书所设计的科技报告质量评价指标体系、各质量评价指标的评价标准以及基于层次分析法的模糊评价模型，分别设计技术进展科技报告与最终科技报告的专家综合打分表；其次，对相关专家反馈的专家结果进行整理以及最终的数据分析。在对收集到的科技报告专家打分问卷整理的基础上，分别选取 46 份完整的技术进展科技报告与 45 份最终科技报告的专家打分问卷进行评价数据处理。基于层次分析法对技术进展科技报告质量评价指标的设定，选取二级指标隶属于科技报告质量评价的加权权重，具体的权重指标设置如表 7-25 和表 7-26 所示。

表 7-25　技术进展类科技报告质量评价指标权重设置

一级指标	权重系数	二级指标	加权权重
完整性	0.3349	引言	0.0202
		研究/分析过程	0.0782
		成本估计	0.0487
		结论	0.0858
		下一阶段研究规划	0.0870
		参考文献	0.0150
准确性	0.6651	引言	0.0424
		研究/分析过程	0.1367
		成本估计	0.1238
		结论	0.1463
		下一阶段研究规划	0.1791
		参考文献	0.0367

表 7-26 最终科技报告质量评价指标权重设置

一级指标	权重系数	二级指标	加权权重
完整性	0.3285	引言	0.0410
		研究过程	0.1133
		结论	0.1477
		参考文献	0.0266
准确性	0.6715	引言	0.0733
		研究过程	0.2307
		结论	0.3112
		参考文献	0.0563

7.7.2 结果分析

依照前文探讨的模糊评价模型以及 7.5 节所采取的技术进展类科技报告质量评价指标权重对最终的数据进行处理，相关数据分析结果如表 7-27、表 7-28 所示。

表 7-27 技术进展类科技报告综评得分

评测目标	综合评价等级	综合评价得分
技术进展类科技报告	良好	3.4838

表 7-28 技术进展类科技报告评价等级隶属度

评价等级	隶属度
优秀，5 分	0.1947
良好，4 分	0.3256
中等，3 分	0.2968
及格，2 分	0.1346
较差，1 分	0.0483

按照最大隶属度原则可知，技术进展类科技报告整体最终评价结果为良好。同时，分别对技术进展类科技报告各级指标进行评价得分计算，具体结果如表 7-29 所示。

虽然技术进展类科技报告最终综合评价结果为良好，但是由表 7-29 可知，各要素间的最终得分还是存在些许差异，这也和科技报告质量现状调研结果所反映的整体情况较为相符。从最终处理结果来看，技术进展类科技报告整体完整性与准确性最终评价结果相差不大，但准确性的最终评价得分略低于完整性评价得分，这与科技报告准确性是建立在各项撰写要素完整性的基础上有关。从两者分别下属的二级评价指标的综合评价结果来看，引言、研究/分析过程与结论均为良好；成本估计与参考文献的评分结果则较低，均处于及格状态，这可能与相关国家标准中未对这两部分的撰写作强制要求有关，有些报告没有对成本估计进行介绍，或者是报告中尚未添加参考文献等。

表 7-29   技术进展类科技报告各评价指标综合得分

测评对象		得分
完整性 3.5932	引言	3.8696
	研究/分析过程	4.1304
	成本估计	2.6087
	结论	4.0435
	下一阶段研究规划	3.3478
	参考文献	2.4565
准确性 3.4286	引言	3.6087
	研究/分析过程	4.1087
	成本估计	2.6957
	结论	3.7609
	下一阶段研究规划	3.3043
	参考文献	2.4348

同样，依照数据分析过程对最终科技报告进行数据处理，相关数据分析结果具体如表 7-30、表 7-31 所示。

表 7-30   最终科技报告综评得分

评测目标	综合评价等级	综合评价得分
技术进展类科技报告	良好	3.7188

表 7-31   最终科技报告评价等级隶属度

评价等级	隶属度
优秀，5 分	0.1875
良好，4 分	0.4724
中等，3 分	0.2277
及格，2 分	0.0963
较差，1 分	0.0161

由表 7-31 以及按照最大隶属度原则可知，最终科技报告整体评价结果与技术进展类科技报告的评价结果较为类似，最终评价结果为良好。同时，分别对最终科技报告各级指标进行评价得分计算，具体结果如表 7-32 所示。

表 7-32   最终科技报告各评价指标综合得分

测评对象		得分
完整性 3.8098	引言	3.4000
	研究过程	4.2667
	结论	3.7778
	参考文献	2.6667
准确性 3.6743	引言	3.3778
	研究过程	4.0444
	结论	3.6667
	参考文献	2.6000

　　同技术进展类科技报告最终评价结果类似，最终科技报告的综合评价结果为良好，但是由表 7-32 可知，各要素间的最终得分也存在些许差异，这也和相关科技报告质量现状调研结果所反映的整体情况较为相符。从最终评价结果来看，最终科技报告完整性与准确性最终评价结果相差不大，但准确性的最终评价得分略低于完整性评价得分。同时，最终科技报告质量评价得分略高于技术进展类科技报告质量评价得分，这可能与相关科技报告撰写者或有关科技报告管理组织机构对于最终科技报告的重视程度较高有关。这也从侧面说明，在后续的科技报告质量管理工作开展中，对于技术进展类科技报告的质量管理工作也应同样重视。从二级评价指标——研究过程、结论的综合评价结果来看，研究过程与结论均为良好；引言的最终评分结果略低于前面两者，处于中等状态，这可能与标准中对引言撰写没有作强制要求有关；而参考文献最终评价得分相对最低，这可能与国家标准中未对其作强制要求有关，也可能是因报告引言中并未对相关研究现状进行介绍，没有引用文献。

　　从科技报告抽样评价结果总体来看，目前科技报告质量总体处于良好与中等之间，具体的写作要素间可能还有差异，个别要素的最终评价结果处于及格状态，仍需不断完善相关科技报告撰写标准，加大质量管理力度。

第八章 科技报告学术创新力评价策略与实施

在构建和应用传统的科技报告质量评价体系基础之上，随着科技报告网络服务模式的快速发展，特别是我国国家科技报告服务系统的开通运行，我们有了更多方法、更多渠道、更多维度和更多指标来对科技报告质量进行评价。本章从科技报告的学术创新力维度出发，提出评价科技报告学术质量的新方法，并通过实证研究总结评价的过程与步骤，从而为科技报告评价提供新的思路。

8.1 创新科技报告评价方法的背景与意义

目前我国正在加快建立国家科技报告相关制度，而提供给专业人员和社会公众用于检索国家科技计划项目所产生的科技报告的国家科技报告服务系统也已于2014年3月正式开通运行，这标志着我国科技报告制度建设取得了实质性进展。科技报告评价研究领域应抓住时机，总结在科技报告评价实践中出现的问题，通过创新科技报告评价方法，建立能够更好地培育我国科研领域原始创新的科研项目评价体系与方法。

传统的科研项目评价制度已经暴露出很多局限性，在一些情况下与鼓励科研人员学术创新的初衷背道而驰。当前项目评价过于强调成果数量。对于科研人员来说，增加论著等成果数量是顺利通过项目结题验收的重要途径之一。由此，出现了一些科研人员将一篇论文拆成多篇发表，以便应付科研绩效评价的现象。另外，科研人员单纯追求发表足够数量的论著报告，参加大量低水平的"学术"交流，即使这样仍然可以在有限的时间内顺利通过科研项目的结题验收，这无疑使科研项目的质量失去保障。

对科技报告进行评价应该避免以上弊端。为激励科研人员创造出高含金量的创新成果，应适当降低在成果数量上的要求，而更加强调成果的创新性。相应地，科技报告学术质量评价的设计应考虑以下方面：其一，改变评价的参照系。在衡量科技报告学术质量时，不局限于项目之间的比较，而将其放在国际学术发展前沿中判断其成果价值；其二，改进创新力评价方法。学术创新力是科学研究的活水之源，应该更多地用创新力指标表征科技报告的学术质量。本章结合以上两个方面，提出评价科技报告学术质量的新方法，并通过实证研究总结评价的过程与步骤。

8.2 科技报告学术创新力测度方法

长久以来，对于学术创新力的认识一直存在模糊性。很多研究中将创新力和影响力混为一谈，用影响力指标来说明创新力相当普遍。然而，影响力不能完全代表创新力（杨建林和苏新宁，2010）。具有影响的成果并不一定含有高创新性。同样，创新力高的成果，其影响力也不一定高。因此，创新力和影响力应该是科技报告学术质量评价的两个不同维度，有必要单独设立创新力指标，改进现行科研评价体系中以影响力测度为主导的现状，加强对科研成果创新的引导。

　　近年来出现的基于网络结构的创新潜力指标，可以与影响力指标结合使用，来测度科技报告的学术创新力（宋歌，2014）。结构洞理论创始人 Burt 就认为，占据结构洞的行动者易于出现创新想法，因为处于该位置的个体通过信息过滤获得了更多竞争优势与创新能力（Burt，2004）。而媒介角色理论认为群落间的边界跨越者通常是具有创造性的节点，因为这些从自己所在的子群连接到别的子群的节点能够从不同的群体中获得多方面的信息，综合不同的知识或思路形成新的创意。创新潜力指标正是基于关注异质资源占有的结构洞理论和边界跨越者的媒介角色理论提出的，分别为网络约束系数（net constraint index）和媒介角色系数（brokerage roles index）。前者的计算公式考虑了跨界类型、跨学科的数量和程度，作为综合评价指标，得出的是一个单一数值，便于在科研评价中计算排名。后者可以细分成果的跨界类型，确定其网络约束系数得分的实际意义，从而能够进一步确定创新点所在，对成果的创新潜力给出更加深入、具体的评价。

　　测度科技报告创新力，需要由创新潜力指标筛选出可能具有创新力的科技报告项目成果，并查看其影响力是否已经达到一定水平。如果达到，则说明该成果的创新潜力已实现为创新力，可以断定该成果是具有创新力的成果。如此，根据每个科技报告的创新成果数量和成果创新力高低来评价科技报告学术质量，实现对我国科技产出效果的评估。对于那些具备创新潜力，而影响力低的成果，可以认为有两种情况，一是成果不具备创新力，二是其创新力需要更长的时间才能彰显，需要跟踪评价。

8.3　科技报告创新力评价实证研究

8.3.1　数据来源及参照系

　　国家科技报告服务系统收录了国家自然科学基金项目的科技报告，研究者选择典型的基础学科门类化学科学部，以其 2010 年立项的面上项目为科技报告数据来源。鉴于研究者就是对评价方法的探索，适中的样本量便于操作，易于发现评价过程中出现的问题，因此随机选取 1009 个项目中约占 10%的 100 个项目为样本进行科技报告学术质量评价实证研究。由于化学科学部的项目成果主要发表在国际期刊上，为了能够较为全面地采集其高水平研究成果，利用 Web of Science 进行数据采集。

　　为衡量科技报告包含的项目成果的国际水准，建立以这 100 个项目的产出成果及其国际相关研究成果为节点的共被引网络。具体方法是，在 Web of Science 上检索引用了这些项目成果的所有论文，利用施引文献建立共被引网络。至此，学术质量评价就有了相关的国际研究作为参照。设立该参照系的优势在于：①可以比较不同科技报告的学术质量；②可以将科技报告所列成果与国际相关研究成果进行比较；③共被引网络以被评成果及其全部相关成果为网络节点，不存在由于某领域数据采集不全造成的评价偏差，或被大学科领域掩盖的情况；④可以选取某一个科技报告，或多个非相关领域的科技报告进行评价，大大增加了科研评价的灵活性；⑤由于共被引网络便于分群或聚类操作，因此，在需要时，便于学科门类内部的分类评价，使评价结果更为合理。

8.3.2 实证与结果

(1）建立共被引网络

共被引网络有 2124 个节点,节点的共被引强度分布如图 8-1 所示,呈现符合幂率的"长尾分布"。以 40 为阈值,截断"长尾",形成新的共被引网络,用来考察高影响力成果的创新潜力,从而得到创新力测度结果。共被引强度不小于 40 的共被引网络有 265 个节点,878 条边。其中,隶属这 100 个科技报告的科研成果有 12 篇,见图 8-2 中黑色节点。12 篇成果中有 4 篇属于批准号为 20976054 的项目,其他 7 篇分属不同项目,还有一篇同时为 2 个项目的成果,因此共有 10 个科技报告的项目成果具有国际高影响力。

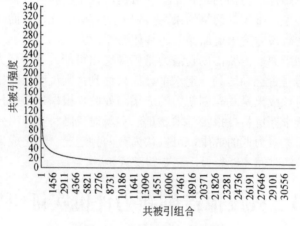

图 8-1　共被引强度分布图

图 8-2　高影响力成果的共被引网络

(2）指标计算及相关性分析

由于共被引网络是由"长尾分布"曲线中处于"龙头"位置的节点生成的,节点均具有高影响力,因此利用该网络计算创新潜力可以等同于创新力。为避免引用的累积效应影响成果间的国际比较,在指标计算结束以后,以立项时间为准,仅选择 2010 年及其以后发表的 128 篇成果进行指标值的比较,媒介角色系数的计算与比较同此。影响力指标采用科研评价中最常用的被引次数。网络约束系数计算公式如下。该指标值越高说明占有的结构洞越少，拥有越低的网络约束系数的节点，获取多样化知识的能力越强，是潜在的创新节点。

$$C_{ij} = \left(P_{ij} + \sum_q P_{iq} P_{qj} \right)^2, \ i \neq q \neq j \qquad (8-1)$$

$$C_i = \sum_j C_{ij} \qquad (8-2)$$

公式分两步（Burt，2004），第一步计算节点 i 与 j 相连受到的约束程度 [式（8-1）]；第二步计算节点 i 受到的约束总和 [式（8-2）]。其中，q 为与 j 相连的第三方，P_{ij} 为 i 在 j 上花费的时间、精力等占其到所有相连的节点花费的总时间、精力等的比例，可以把它称为比例强度（proportional strength）。P_{iq} 是在节点 i 的全部关系中，投入 q 的关系占总关系的比例。当 j 是 i 的唯一连接节点时，C_{ij} 取最大值 1；当 j 不通过其他节点与 i 间接相连时，C_{ij} 取最小值 P_{ij}^2。约束系数 C_i 即 i 到与其连接的所有节点的约束值之和。

将表征影响力与创新力的指标计算结果做相关性分析。由于两组数据为曲线相关，且均不符合正态分布，因此采用 Spearman 相关系数。分析结果见表 8-1。$P=0.003$ 远小于 0.01，因此，网络约束系数与被引次数的相关性显著，相关系数为-0.243。其中，相关系数为负，与网络约束系数越小表示创新潜力越大，被引次数越大表示影响力越大的情况相符。而相关系数的绝对值较小，说明影响力指标与创新力指标的测度结果有出入，变动方向有差异，两种指标不能相互替代。

表 8-1　创新力指标与影响力指标相关性分析

			网络约束系数	被引次数
Spearman 的 rho	网络约束系数	相关系数	1	-0.243[**]
		Sig.（单侧）	—	0.003
		N	128	128
	被引次数	相关系数	-0.243[**]	1
		Sig.（单侧）	0.003	—
		N	128	128

**表示 0.01 水平上相关性显著；—表示缺省值。

为了更清楚地了解两个指标的差异，将它们的排序结果进行对比，见表 8-2。可见，有些创新力高的成果，其影响力相对较低，也有的成果影响力很高，而创新力较低，还有相当一部分成果的创新力与影响力相当。例如，创新力排名第 1 的成果，其影响力排第 11 位，而影响力最高的成果，其创新力排名第 79 位。

表 8-2　创新力与影响力测度结果

创新力排名	约束系数	影响力排名	被引次数	成果	项目批准号
1	0.048 237	11	908	He ZC, 2011, V23, P4636, ADV MATER	20973122
2	0.147 93	3	1841	Liang YY, 2010, V22, pE135, ADV MATER	
3	0.150 901	22	633	Price SC, 2011, V133, P4625, J AM CHEM SOC	

续表

创新力排名	约束系数	影响力排名	被引次数	成果	项目批准号
4	0.152 264	20	681	Chu TY，2011，V133，P4250，J AM CHEM SOC	
5	0.154 945	34	475	Pan DY，2010，V22，P734，ADV MATER	
6	0.157 991	23	631	Li YF，2012，V45，P723，ACCOUNTS CHEM RES	
7	0.159 791	17	725	Dou LT，2012，V6，P180，NAT PHOTONICS	
8	0.161 104	7	1276	He ZC，2012，V6，P591，NAT PHOTONICS	
9	0.161 369	29	542	Zhou HX，2011，V50，P2995，ANGEW CHEM INT EDIT	
10	0.166 568	37	463	Huo LJ，2011，V50，P9697，ANGEW CHEM INT EDIT	
11	0.169 485	48	393	Amb CM，2011，V133，P10062，J AM CHEM SOC	
12	0.172 229	44	420	Small CE，2012，V6，P115，NAT PHOTONICS	
13	0.174 974	10	920	Li G，2012，V6，P153，NAT PHOTONICS	
14	0.2011	30	539	Piliego C，2010，V132，P7595，J AM CHEM SOC	
15	0.208 111	64	288	Li XH，2012，V24，P3046，ADV MATER	
16	0.213 684	95	185	Shen JH，2011，V47，P2580，CHEM COMMUN	20976054
17	0.214 095	21	648	Baker SN，2010，V49，P6726，ANGEW CHEM INT EDIT	
18	0.218 173	14	755	You JB，2013，V4，NAT COMMUN	
19	0.219 559	71	259	Wang XS，2010，V132，P3648，J AM CHEM SOC	
20	0.219 605	61	306	Cho EJ，2010，V328，P1679，SCIENCE	
21	0.228 094	67	275	Shen JH，2012，V48，P3686，CHEM COMMUN	20976054
22	0.241 934	90	194	Chu LL，2010，V12，P5060，ORG LETT	
23	0.249 829	31	492	He YJ，2010，V132，P1377，J AM CHEM SOC	
24	0.251 696	112	140	Zhang CP，2011，V50，P1896，ANGEW CHEM INT EDIT	20972179
25	0.254 492	272	68	Li Y，2011，V23，P776，ADV MATER	

进一步分析科技报告项目成果的排名情况。如果以创新力排名，有 4 项成果进入 Top 20%，即前 25 名，如果以影响力排名，则仅有 2 项。因此，以创新力进行排名能够更加凸显这些科技报告项目成果在该研究领域做出的贡献。全部 12 篇成果的排名情况见表 8-3。

表 8-3　创新力与影响力排名对比

创新力排名	影响力排名	成果	项目批准号
1	11	He ZC，2011，V23，P4636，ADV MATER	20973122
16	95	Shen JH，2011，V47，P2580，CHEM COMMUN	20976054
21	67	Shen JH，2012，V48，P3686，CHEM COMMUN	20976054
24	112	Zhang CP，2011，V50，P1896，ANGEW CHEM INT EDIT	20972179
33	15	Zhang H，2010，V4，P380，ACS NANO	20975060
53	126	Shen JH，2012，V36，P97，NEW J CHEM	20976054

续表

创新力排名	影响力排名	成果	项目批准号
55	98	Zhou KF, 2011, V35, P353, NEW J CHEM	20976054
77	108	Feng XM, 2011, V21, P2989, ADV FUNCT MATER	20974046
92	52	Xu JJ, 2010, V4, P5019, ACS NANO	20972035, 20974029
110	89	Ye Q, 2011, V40, P4244, CHEM SOC REV	20973188
120	115	Sun L, 2012, V2, P4498, RSC ADV	20971040
128	128	Zhou GH, 2011, V17, P3101, CHEM-EUR J	20972054

（3）创新力分析

为分析成果创新力所具有的实际意义，将成果按照网络结构自然分群。图 8-3 标注了 12 篇成果所属的项目及网络约束系数，节点标注格式为"项目批准号，网络约束系数"。规模较大的 5 个研究领域用 A～E 标识，可以发现高创新力成果出现在两种网络位置上，一种是子群的核心位置，另一种是子群的交汇处，而且后一种情况的成果数量更多。它们在学科领域中处于优势位置，占有更丰富、更多元的学科知识。而低创新力成果均位于网络边缘或子群边缘，并且与其他子群无交汇。下面对这三种情况进行解释。

1）处于子群核心的成果。项目批准号为 20973122 的文献（1）在包括参照系在内的所有成果中创新力排名第一位，即约束系数最低，为 0.048 237。如图 8-3 所示，它处于规模最大的子群 A 的核心，是创新力、影响力双高成果，在该子群的众多研究成果间形成结构洞，在子群内占有最多的结构洞资源。文献（7）的情况与此类似，虽然子群 E 的规模相对较小，但是 0.251 696 的约束系数也显示出其高水平的创新力。可以说，处于子群核心位置的高创新力成果对本领域的学术创新和领域影响力起到决定性的作用。而这一类成果在现有的以影响力指标为度量的科研评价中就有着良好的显示度，只是其创新力有待进一步阐明。

2）处于子群交汇处的成果。文献（2）和文献（3）促成了领域 B 和 C 之间的知识流动，在网络中起到桥连接的作用，约束系数分别为 0.228 094 和 0.213 684。同类典型成果还有文献（5）和文献（6），它们在领域 D 的主要研究领域与其子领域之间起到连接作用，约束系数分别为 0.283 835 和 0.433 249。处于子群交汇处的成果的特点是，它们虽然并未成为某研究领域的核心成果，但是其影响力也相对较高，并且处于不同研究领域的交叉点上，被广泛传播、引用，是具有创新力的成果。这些成果的创新力在现有的科研评价体系中易被低估。例如，项目批准号 20976054 的 4 篇成果大多属于此种情况。

3）处于网络或子群边缘的成果。12 个科研成果中有 4 个网络约束系数为 1，即不具备创新力。它们虽然也具有较高的影响力从而进入高影响力共被引网络，但是它们处于子群的边缘位置，在控制知识流方面比较被动，占据的结构洞资源贫乏。可以解释为由于研究内容单一、狭窄，因此不具备创新前景，或者由于创新本身过于超前，目前不具有现实意义，创新力还未彰显。

成果的创新类型可以利用媒介角色理论进一步分析。该理论将跨界者分为五类，见

图 8-4。图中节点 v 是分析对象，轮廓线代表子群边界。其算法原理较为简单，即计算网络中每个节点分别"扮演"这五种角色的频数（Gould and Fernandez，1989）。前两种角色是协调同一子群中信息交流的。其中，"圈内协调人"是指在同一子群内传递信息的中介角色，占据某科学的内部结构洞；而如果同一子群的两个节点通过子群外一点沟通信息，则该节点称为"圈外中间人"。后三种媒介角色是用来描述协调不同子群间成员信息交流的。一种是控制本子群信息流，作为"发言人"与其他子群交流信息；另一种作为其子群的"守门人"，控制群外信息的流入；最后是"联络人"，协调不同子群成员的信息交换，但是其本身不属于其中任何一个子群。

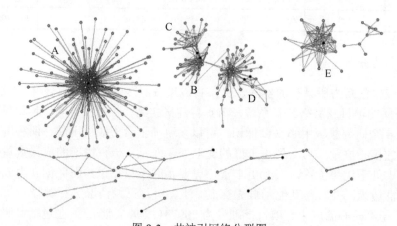

图 8-3　共被引网络分群图

注：A、B、C、D、E 表示不同领域。

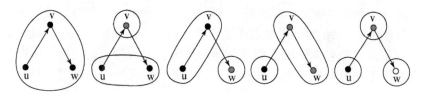

图 8-4　媒介的五种角色

注：v、u、w 表示子群节点，其中 v 为研究对象。

在研究中，仅用到其中四种角色，因为共被引网络为无向网络，"发言人"和"守门人"作用相同，可以合称为"代表"。在"圈内协调人""圈外中间人""代表""联络人"中，"圈外中间人"作为外部节点中介处于同一群体中的两个节点，这在科学知识交流中是低效的表现，因此这种情况在科学研究中很少出现。最终的计算结果见表 8-4，可以得出以下几点：①共被引网络中不存在"圈外中间人"，符合一般的知识流动规律；②在四种角色中，出现最多的为圈内协调人，说明大多研究成果促进的是本领域的学术创新，这与人们的认知相符；③扮演"联络人"角色的成果较少，可见成为自身领域之外的两个领域的知识桥的情况比较少见，应予关注，可能有较为重要的发现，从而促进学科领域的发展；④不少成果作为"代表"沟通本领域与相关领域的知识流，促进各研究领域相互渗透，是常见的成果创新类型。

表 8-4　媒介角色系数计算结果

成果	协调人	代表	联络人	中间人	项目批准号
He ZC，2011，V23，P4636，ADV MATER	6658	0	0	0	20973122
Liang YY，2010，V22，pE135，ADV MATER	339	0	0	0	
He ZC，2012，V6，P591，NAT PHOTONICS	188	0	0	0	
Chu TY，2011，V133，P4250，J AM CHEM SOC	171	0	0	0	
Price SC，2011，V133，P4625，J AM CHEM SOC	144	0	0	0	
Pan DY，2010，V22，P734，ADV MATER	120	102	22	0	
Li YF，2012，V45，P723，ACCOUNTS CHEM RES	96	0	0	0	
Dou LT，2012，V6，P180，NAT PHOTONICS	94	0	0	0	
Cho EJ，2010，V328，P1679，SCIENCE	75	0	0	0	
Shen JH，2011，V47，P2580，CHEM COMMUN	70	53	6	0	20976054
Wang XS，2010，V132，P3648，J AM CHEM SOC	63	0	0	0	
Zhou HX，2011，V50，P2995，ANGEW CHEM INT EDIT	45	0	0	0	
Chu LL，2010，V12，P5060，ORG LETT	45	0	0	0	
Zhang CP，2011，V50，P1896，ANGEW CHEM INT EDIT	32	0	0	0	20972179
Peng J，2012，V12，P844，NANO LETT	31	18	2	0	
Senecal TD，2011，V76，P1174，J ORG CHEM	22	0	0	0	
Zhu SJ，2011，V47，P6858，CHEM COMMUN	21	8	0	0	
Small CE，2012，V6，P115，NAT PHOTONICS	18	0	0	0	
Li G，2012，V6，P153，NAT PHOTONICS	17	0	0	0	
Huo LJ，2011，V50，P9697，ANGEW CHEM INT EDIT	15	0	0	0	
Morimoto H，2011，V50，P3793，ANGEW CHEM INT EDIT	15	0	0	0	
Li Y，2011，V23，P776，ADV MATER	13	22	4	0	
Sun YM，2012，V11，P44，NAT MATER	13	0	0	0	
Liu TF，2011，V13，P2342，ORG LETT	13	0	0	0	
Amb CM，2011，V133，P10062，J AM CHEM SOC	11	0	0	0	
Shen JH，2012，V48，P3686，CHEM COMMUN	9	19	0	0	20976054

为了解跨界成果占有资源的情况，得到创新力成果的创新点，评价成果在学术创新方面做出的具体贡献，需要将这些节点的自我中心网络从整体网络中提取出来进行媒介角色分析与内容分析。一个节点及其所有邻点所构成的网络称为这个节点的自我中心网络（ego-networks）。图 8-5 是文献（1）的自我中心网络，直观地展示了其作为"圈内协调人"的创新类型。文献（1）占有领域 A 中最多的结构洞，该领域中所有其他节点都与其存在共被引关系，而与其共被引的很多节点之间没有关联，形成网络空洞。图 8-6 为文献（2）和文献（3）的自我中心网络，它们不仅占有本领域，还占有本领域和其他领域之间的结构洞。图 8-6 中深灰色节点标识出了异质资源文献，可结合内容分析解析文献的创新力。其他成果均可做此分析。

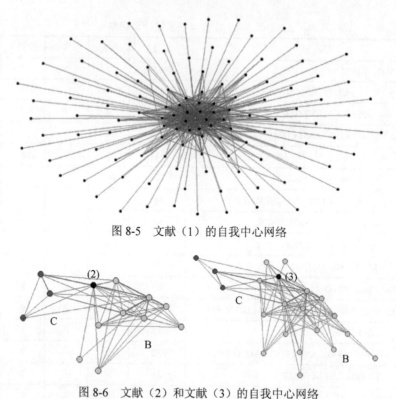

图 8-5　文献（1）的自我中心网络

图 8-6　文献（2）和文献（3）的自我中心网络

注：B、C 表示不同领域。

8.4　科技报告创新力评价方法总结

对于一份科技报告的项目成果，其中可能只有一篇，也可能存在多篇代表作。凡是通过被引次数和网络约束系数计算，证明其具有影响力或创新力的成果均可作为代表作参与评价，其他成果可作为结项时的参考，而不进入学术质量评价流程。一个项目具有多篇代表作的，其各篇代表作的评价指标测度结果应根据一定方式累加。采用此种方式对科技报告的专业层面质量进行衡量，能够实现以代表作遏制学术评价数量化和以科学计量方法辅助代表作评价，避免片面重数量轻质量，或者完全依靠数量而无视质量的问题（叶继元，2012；姜春林等，2014）。总结科技报告学术质量评价过程如下。

1）选取待评科技报告，根据其项目成果产出形式选择适当的数据来源，利用这些成果的施引文献建立共被引网络，形成由成果及其相关研究构成的参照系。

2）根据共被引强度的幂率分布特征，截取高影响力节点，形成高影响力成果共被引网络。

3）计算上述新生成的共被引网络中所有节点的网络约束系数，考察其被引次数，得到关于成果的创新力指标和影响力指标排名情况。

4）将具有多篇创新成果的项目和一篇创新成果挂靠多个项目的科技报告筛选出来，对其成果的创新力指标计算结果进行累加或消减，形成最终的科技报告创新力排名。

5）将影响力相对较低，而创新力很高的成果筛选出来进行媒介角色分析，确定创新类型，并提取自我中心网络，结合内容分析，定位创新点。

6）形成科技报告学术质量综合评价结果，即在定量分析的基础上采取定性描述的方式来表达，说明科技报告项目成果在学科领域的创新中发挥的具体作用，可能开创的新兴研究领域，在同类科技报告以及相关国际研究成果中的地位。

本章提出的科技报告创新力评价方法具有以下优点：实现注重学术质量且兼顾数量的科技报告评价方式；加强对创新力的评价，丰富现有的科研评价维度，使得评价结果能够更好地表征专业层面质量；提高"高创新力、较低影响力"成果的显示度，进一步激发科研人员尤其是基础学科科研人员的创造力，鼓励科学研究的多元发展，维护学术生态的多样性；创新力指标与影响力指标相互配合达成综合评价，改变以指标排名作为展示评价结果的单一方式，使得评价结果更加客观、具体；参照系为所要考察的成果提供全面的相关研究作为评价背景，增强评价方式的灵活性，可适应不同的评价目的。例如，无论是针对一个大学科门类的所有科技报告进行评价，还是选择其中一个学科领域，或者只选择个别科技报告，都可以进行评价；为交叉学科科技报告的评价提供思路。

鉴于本章研究为科技报告创新力评价方法的探索性研究，分析过程较为细致，在评价实践中，文中的部分分析过程可依实际需求简略。例如，利用网络约束系数得出具有创新力的成果后，可仅将在一般科研评价中容易忽略的高创新力、较低影响力的成果单独列出，进行媒介角色分析，明确其创新力的内涵，以便给出更为公正的评价。而对于高创新力、高影响力的成果，由于已为学术共同体熟知，可省略更为深入的分析，以简化评价过程。最后需要强调的是，该方法以文献计量为主，必须配合同行评议制度，共同为优化科技报告质量评价体系服务。

第九章 科技报告质量管理体系建设关键问题与推进策略

科技报告体系建设是一项庞大、复杂的系统性工程。在当前，我国科技报告质量管理体系和分类评价体系在建设、实施与落实过程中仍面临一系列关键问题和挑战，如何解决这些关键问题是当前我国科技报告质量管理与评价工作的核心。本章将在前几章研究基础上，根据我国科技报告工作发展现状和趋势，具体分析和梳理科技报告质量管理体系建设中的关键问题，并有针对性地提出科技报告质量管理体系建设的推进策略。

9.1 科技报告质量管理体系建设难点分析

由前几章的分析可见，与其他形式的科技成果或学术出版物的质量管理相比，科技报告质量管理体系本身具有复杂性、阶段性和多层次性。科技报告质量管理体系将科技报告质量的管理控制划分为事前规范、事中控制、事后评价三个阶段。在这三个阶段中，每个阶段均存在不同程度的难点，尤其以事中控制和事后评价更加复杂。

（1）事前规范

目前我国已经出台了一系列的有关科技报告编写的标准与规范，成为科技报告工作的基础，也是进行文献层面控制的关键。但是如何贯彻和落实这些标准与规范，使科研人员更好地遵守和应用，这将成为今后工作的难点。事前规范工作的质量直接影响着科技报告质量控制的后续工作。

（2）事中控制

事中控制主要涉及科技报告专业层面的质量控制，而专业层面涉及的控制主体、控制内容与控制方法等又有很大的灵活性和复杂性。科技报告涉及学科广泛且文献类型多样，不仅包括中期报告、最终报告等单一类型，还包括项目成果的多类型产出。科技报告质量管理体系是以科技报告为对象的科研项目控制，需要综合考虑项目不同阶段的产出以及产出的不同类型。在今后的工作中，需要进一步研究和开发针对不同类型的科技报告质量控制、评判方法。同时，专业层面控制还面临着如何遴选质量管理专家和选择评价方法的问题。总之，从专业层面对科技报告质量控制面临的难点较多，但事中控制也正是整个科技报告质量控制体系的关键所在，关系到对科技报告学术、技术和实用价值的综合把控。

（3）事后评价

事后评价主要涉及对科技报告所产生的经济效益、社会效益以及其他效益的事后跟踪评价。经济效益的度量是有一定难度的，经济效益本身就包含很多维度，既包括直接创造的价值，又包括间接产生的价值。在这方面国家并没有出台权威的度量范围和计算方法。同时，科技报告产生的社会效益具有滞后性和非显性等特点，往往社会效益会在科技报告产生很长一段时间后才显现。

此外，具体到科技报告质量评价体系的实施，还可能面临以下问题：①评价过程的主观性，由于不同的评价对象的观点不一致，针对一个评价指标也具有不同的意见，评价的标准不一致；②评价对象的类型多样性，科技报告具有多学科、多类型的特征，不同学科不同类型的科技报告的评价标准也不一致；③评价指标的多维性，科技报告的评价指标具有多个层次多个维度的特性，这可能会增加指标应用的困难度。

9.2　科技报告质量管理体系建设关键问题

基于上述难点的分析，可以确立一系列科技报告质量管理与评价体系建设关键问题，主要包括如下几点。

（1）如何使用户感知到科技报告的价值和作用

目前，欧美等发达经济体都已经建立了自己的科技报告体系，特别是美国的科技报告体系为其逐步成为首屈一指的科技强国提供了有力的支持。但从历史角度来看，科技报告在美国科技发展战略中也是逐步得到人们关注和重视的。例如，NTIS 作为美国政府级的科技报告管理服务机构，曾一度面临着被关闭的风险。NTIS 的生存危机直到美国全国图书馆和情报科学委员会（National Commission on Libraries and Information，NCLIS）向国会和总统递交评价报告，提议修正相关法律条文才得到缓解。有关报告指出 NTIS 的工作对美国经济和科技发展具有战略性意义，通过其科研成果的有效迅速传播，可促进美国企业稳固发展并拓宽国内外市场，对提高美国就业、生产及改善生活品质具有重大作用。NTIS 和 NCIS 的共同努力，最终使得 NTIS 的业务模型更加完善。由这一案例可以看出，科技报告体系的健全和完善是一个漫长的过程。我国的科技报告体系正值初建，更应该使有关部门和广大用户意识到科技报告蕴含的价值与作用，这里不仅包括科技管理部门、项目管理机构和科技报告撰写人，也同样包括社会公众。

（2）如何确保科研人员撰写和呈交高质量的科技报告

科研人员撰写和呈交高质量的科技报告是确保科技报告含金量的第一步，也是提升我国科技报告管理与服务水平的基础。在以往的科研项目管理体制下，科研人员较少被要求撰写科技报告，因此，科技报告对于科研人员是一个新事物，也是一项新挑战。从不适应到熟练需要一个过程，这个过程需要外部的引导规范，也需要科研人员的自我规范和自我驱动，从自身利益出发去撰写高质量的科技报告。我国已经相继公布了有关科技报告文献层面需要达到的标准和规范，专业层面控制和事后评价同样也是关键，从这个角度讲，必须激发科研人员的创新热情和提高科研人员的专业素质，将科技报告质量与科研人员/科研单位的考评、声誉、影响力等挂钩，这需要相应科技报告采认和激励机制的建立与保障，同时也需要我国宏观层面科研信用体系的完善。

（3）如何遴选科技报告质量控制主体和方法

科技报告质量控制主体的选择关系到专业层面质量控制的水准。现有体制下，科技报告的专业层面质量控制是和科研项目执行报告同时进行审定的，评审主体有限的资源、资质和时间可能会给科技报告专业层面质量控制带来难度。科技报告的类型繁多，涉及学科广泛，有的还包含交叉学科的知识，这就加大了科技报告专业层面质量控制的难度。另外，对科技报告质量控制方法的选择也至关重要，不同方法会带来不同的成本收益，也会带来不同的质量管理结果。上述这些问题直接关系到科技报告的专业内容是否科学与可靠。

（4）如何统筹协调各个层级组织对科技报告质量的管理

在宏观层面上，科技报告质量管理体系运转所面临的现实问题就是如何统筹协调各个层级组织对科技报告的管理工作，这是科技报告质量管理体系的骨架与支柱。目前，国家加强了对科技报告质量管理的重视，已经相继颁布了《关于加快建立科技报告制度的指导意见》《国家科技计划科技报告管理办法》等政策措施，地方/部门层级和基层科技报告管理中心也建立了相应的管理机制，但由于体系初建，如何统筹协调各个层级组织对科技报告质量的管理是今后一段时期内需要解决的问题。

（5）如何对科技报告进行事后跟踪控制

传统上各单位的科技报告质量审查大多只关注了科技报告在文献层面和专业层面的质量，为了有效发挥科技报告的增值效应，在未来应该加大科技报告事后跟踪控制的力度。事后跟踪控制有助于提高我国科技成果的利用率。国外科技报告体系中往往都有着一套事后跟踪控制机制，我国在科技档案领域，国家档案局也建立了相应的事后跟踪评价机制。对于广大用户来说，随着科技报告的推广和普及，效益层面的质量更能够加深其对于科技报告的价值和作用的认识，从而提高科技报告的感知质量。因此科技报告的交付和发布并不是科技报告质量工作的终点，而正是服务质量管理的起点。因此，事后跟踪控制机制将在科技报告管理体系中发挥越来越大的作用。

针对上述提出的关键问题，结合现阶段科技报告体系建设的实际情况，我国科技报告质量管理工作需要围绕科技报告质量管理制度、组织和工具三个主要方面推进：①科技报告质量管理制度的细化。包括指标体系的丰富和完善，增强其操作性与实用性；推动各机构质量控制指标体系的构建；提高基层科技人员的质量意识，更好履行科技报告呈交与审查职能。②科技报告质量监督体系的组建。需要建立起多层次质量保障体系，并明确组织关系与职能义务；建立起规范的科技报告保障组织机构；完善相关质量保障法律法规。③科技报告质量监控和评估工具的开发。包括科技报告资源库的建设及其互联共享，科技报告引证评价工具的开发等。

9.3　科技报告质量管理体系建设推进策略

由于科技报告质量管理是全过程管理、全要素管理和全员参与管理，加之科技报告从撰写、编辑、加工、呈交、审查、验收、入库到传播乃至服务的不同阶段具有不同的质量属性和质量要求，涉及科学技术部、项目管理专业机构、项目或课题承担单位等多个主体的协调，所以科技报告的质量需要分阶段、分主体进行综合治理。未来对于科技报告的管理需要上升到治理的高度。在科技报告质量领域，所谓治理，就是围绕科技报告的各类组织机构和个人对于科技报告进行管理活动的总和，并且能够使不同参与主体的利益诉求得到调和，并促成联合行动、持久行动的过程。在关于科技报告的质量治理体系的内容中，既包括权威正式的标准和规则，也包括具有共识的其他制度安排和行为规范。

因此，本部分提出的关于科技报告质量保障与提升的建议将定位于一套策略组合。作为策略组合，其内容不仅仅是一系列标准规范或参考意见的汇总，而是试图构建相互联系、相互影响的质量管理元素组合。策略组合的本质目标不是静态的管控，而是动态的协调。实施策略组合的主体不是单一机构，而是要依靠不同机构和组织个人的共同参与。

9.3.1　事前质量控制策略

前期的规范性策略主要起到事前控制的作用，其形态表现为一系列科技报告撰写标准规范，以及相关的操作性措施。前期规范策略是构建和明确科技报告质量内容的基础，也是下一阶段进行科技报告文献层面控制的关键。自 2012 年以来，我国已经陆续出台了一批"自上而下"的科技报告撰写编辑标准规范，而如何在不同区域以及不同行业/专业领域进行贯彻落实，并且在实践中充分考虑契合不同领域、不同层次、不同阶段的特点，这将是今后一段时期科技报告质量保障的关键。针对科技报告的前期规范性策略的实施，提出以下具体策略。

（1）进一步完善关于科技报告质量的政策规章制度文本体系

事前规范中的权威标准文本主要来自科学技术部及其下属的相关职能部门。在科学技术部印发的《中央财政科技计划（专项、基金等）科技报告管理暂行办法》中，规定在科技报告组织管理体系中，科学技术部的首要职责就是牵头拟定科技报告制度建设的相关政策，制定科技办公标准和规范。目前，我国从国家层面已相继出台了科技报告编写规则、编号规则、元数据规范、保密等级代码与标识等国家标准。

从完整性上看，上述已出台的标准规范已经涉及了科技报告质量标准体系的核心内容，但是仍有许多重要领域缺乏相关的标准规范。从当前我国科技报告发展的实践来看，未来需求最为急迫的是科技报告的审核标准规范。

从动态性上看，当前关于科技报告质量的前期规范文本还处在科技报告工作流程的起始阶段，随着科技报告质量管理工作的推进，围绕已经发布的标准规范文本，需要继续开发对于权威标准文本的解读文本（如标准规范说明）、操作文本（如操作手册）、模板和案例文本（如最佳实践和案例汇编）。在这其中一个较为可行的策略是根据已有标准规范，进一步开发具体的"操作手册"，在中央财政科技计划（专项、基金等）招投标、中标过程结束后，在科研项目正式开始前期就以必要说明资料的形式提供给中标方，使项目全程都能够按照标准关注科技报告的质量。并且在项目的中期，项目管理部门需要对项目承担单位质量规范标准的执行情况进行检查。

从层次性上看，还需要强化和健全"自上而下"和"自下而上"相结合的前期规范体系。所谓"自上而下",是指由科学技术部下发关于科技报告质量的权威标准规范;所谓"自下而上",是指由基层的项目承担部门、各领域/各区域的中层项目管理部门根据自身情况,对接上级要求,因地制宜地制定本地科技报告质量标准规范。参考美国关于信息质量管理的"最小质量元素"和"最低质量准入原则","自上而下"的权威统一规范,指出最低限度的质量标准,体现出一种"底线思维",不同阶段、不同层次的质量管理主体应在遵循最低质量准入原则的前提下,出台和执行自身的科技报告质量管理标准。这些标准在制定过程中需要结合本领域专家和科技报告管理单位等多方面的意见,在标准制定完成之后,需要报送项目管理部门或科技报告管理部门备案。在此基础上,经过一段时间的积累,可以在3~5年内形成不同行业(类似美国的国防、能源、航天等)各自的科技报告质量管理规范标准。

(2)加强前期系统宣传培训

各类"硬性"制度规范和强制性措施只能起到外在控制的作用,而要真正实现我国科技报告质量的提升,需要从根本上解决科技报告工作参与主体的内在动机、意识等问题,因此提高科研人员的科研素质和质量意识是提高科技报告质量的根本途径之一。解决意识和认识层面问题的重要手段就是教育培训和宣传推广工作。对于宣传推广工作,不宜脱离实际工作独立进行,也不宜搞一阵风式的、运动式的培训学习,而是应形成宣传推广工作的日常机制和长效机制。一个比较实用的做法是开发科技报告的培训课程,然后嵌入项目承担者的早期必要培训中。培训的形式和载体也可以采取多种形式,除了必要的当面教学或函授,也可以组织参观学习最佳实践单位,制作工作清单、资料包,制作网络课程或专题网站,以及设计具有交互功能的移动端应用等。

在教育培训课程的开发设计上,应当摆脱传统培训的僵化形式,可以充分借鉴吸收培训领域的先进技术和方式,特别是质量管理领域较为成熟的培训体系。科技报告质量培训也可以作为整体的科研项目质量管理培训的一部分。科技报告质量管理课件可以由科技报告管理部门统一设计,由专人负责宣讲,尽量将培训活动和培训内容嵌入整体的科研项目培训中。在科技报告教育培训体系的内容上,需要考虑培训对象的接受水平、接受程度和学习路径。不宜从一开始就深入到科技报告质量控制的规范细则,而是应首先强调科技报告和质量管理的基本内容与重要作用,从认识上培养科技报告质量观念,加强科研人员对科技报告质量的重视程度,为科技报告质量评价奠定基础。

有关科技报告的宣传与培训对象不应仅仅局限在科技报告管理部门、项目承担机构和科技报告撰写人,还应在全社会进行科技报告宣传,营造良好的科技报告工作氛围。面向社会的科技报告宣传可以和科普活动结合起来进行,通过宣传推广活动搭建普通民众接触科技报告的平台,加深大众对科技报告认识,促进科技报告质量的提高。

(3)超前管理和早期介入策略

前期规范控制的另一项内容就是超前管理和早期介入策略。所谓超前管理,主要是作为项目承担单位,在科技报告传统工作流程起点之前,就开始着手进行面向科技报告质量的控制工作,并对构成科技报告的原始要素进行规范。具体来讲,科技项目承担单位内设置的针对科技报告质量的专职部门、专门人员需要在科技报告生产初期就对项目数据、资料、文件等进行收集、审核、规范和研编,可以将科技报告管理与科研数据管理、科技档案管理工作有效对接整合。基于科研项目生命周期以及科研文档生命周期，特别是在生命周期前期对各类文献资料类信息载体进行管理，可为科技报告管理打下基础。

早期介入是指作为科研管理部门，可以将科技报告管理制度嵌入整体的科研项目管理制度中，管理部门发布的相关标准规范与指导意见需要覆盖撰写科技报告的早期原材料和基础性工作。科研项目中的档案管理、信息管理、知识管理职能岗位需要在项目启动阶段就在项目组内明确和贯彻科技报告撰写的要求，及时保障项目中隐性知识的显性化规范记录，从源头上保障科技报告的质量。

（4）加强对科技报告质量的统筹协调管理

只有对科技报告质量进行各个层级的严格把控，才能最终形成高质量的科技报告资源。应明确不同控制主体的权利与责任，特别是需要强化项目承担单位和科技报告撰写人对科技报告质量的前端把控作用。科技报告撰写人应明确根据任务书或科研合同按时保质地完成合格的科技报告，项目承担单位则应建立完善的科技报告工作机制和质量保障措施。项目主管机构应对不宜公开的科技报告及时做好核实和管理工作，科技报告管理部门应在下发科研任务或者任务书时，明确规定呈交科技报告的具体要求。只有各个层级互相配合、统筹协调才能切实保障好科技报告的质量。

9.3.2 事中质量控制策略

事中控制是保证科技报告质量的关键，也是科技报告质量层面的重要保障。科技报告质量管理的事中评价和科研项目的中期管理有部分的重合。在这一阶段中，科研项目一方面产出早期报告和中期阶段性报告，另一方面也为产生最终报告打下基础。在事中质量控制活动中，各层次、各类质量管理手段全面介入，质量管理职能的设置、协调和落实成为关键。对于科技报告的管理职能设置要能够覆盖科研项目中产生的不同类型科技报告，需要综合考虑项目不同阶段的产出以及产出的不同类型。针对科技报告的中期质量评价，提出以下具体策略。

（1）处理好项目验收和科技报告验收的关系

科研项目验收和科技报告验收是相辅相成、相互印证、互相整合的关系，同时要避免重复验收、重复评审等。针对究竟是科技报告验收在前还是科研项目验收在前的问题，需要把科技报告验收工作提前到科研项目的事中控制环节，并且需要考虑到科技报告的类型。具体来说，科研项目审核和科技报告审核相结合的核心思想就是把科技报告审核纳入科研项目的考评机制中。在科研项目中期检查时间点上，需要对项目中产生的初步报告、进展报告和中期报告进行检查。审查的结果应当作为项目最终结项的依据。而科研项目完成后，科技报告应作为结项的必须材料提交给科研管理部门。在未来，科技报告应该作为科研项目预期产出的默认设置。科技报告未能符合质量要求的所在项目不予结项。另外，科技报告的内容应反映评审专家对项目的整体最终评审意见，或是项目根据专家意见进行修订、补充和完善的结果。因此，最终科技报告的提交时间可以稍晚于科研项目结项时间（图9-1）。

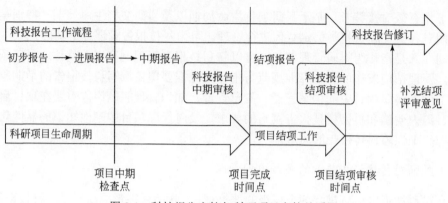

图 9-1　科技报告审核与科研项目审核关系图

（2）在科研项目承担单位中设置对接科技报告质量要求的专门职能岗位

事前规范阶段所制定的各类标准和制度在落实过程中，应当安排专人专岗执行。借鉴企业项目知识管理的经验，可以在科研项目承担机构或科研团队中配置知识管理专员。知识管理专员可以不设置单独的岗位，而是作为一项职能赋予特定科研项目参与成员。知识管理专员的职能是对包括科技报告在内的项目涉及的各类文献资料、产出知识资产及其原材料进行管理，如科研项目中的文献管理、科研数据管理、科技档案管理以及科技报告管理。知识管理专员可作为科研项目承担机构或团队与科技报告管理部门的接口人，负责传递、推广和落实科技报告质量规范。如果科研项目承担单位隶属于科研院所或高校，可以由科研团队与大学图书馆、研究型图书馆等建立联系，由所在机构文献情报服务机构负责承担知识管理专员的职能，这样可以实现科技报告质量管理职能的集约化管理（图 9-2）。

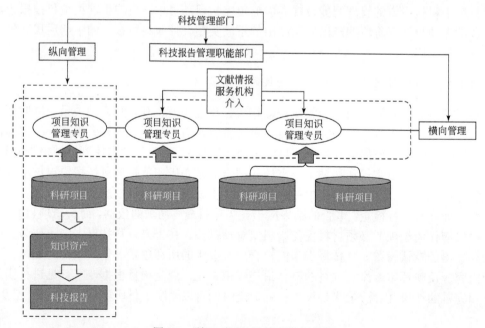

图 9-2　科研项目知识管理组织架构

（3）建设科技报告系统平台和工具

随着 E-Science 浪潮下数字化科研基础设施的完善，构建科技报告信息管理系统成为未来的必然发展趋势。统一的科技报告管理系统的架构应该是一套基于"云端-项目承担机构客户端"的后台操作系统。在该平台上，用户可以完成科技报告的提交、编辑、审核等操作，后台管理员还可以实现评审专家管理、专家发现、专家指派等功能。同时，该平台还应承担信息服务的职能，能够提供关于科技报告的最新、最权威的标准规范。

在项目承担单位内部，同样要求科技报告质量管理的信息化保障，其具体表现为将科技报告管理系统和工具嵌入项目承担单位的知识库系统中，并且在未来与项目知识管理平台整合，实现科研数据自动积累采集、科研报告模板生成、科研成果存储和链接等功能，通过系统操作规范科技报告的工作流程，从而最大程度实现科技报告管理的数字化和自动化。面向科技报告的信息化基础设施将是项目承担单位进行科技报告质量自控自查的保障（图 9-3）。

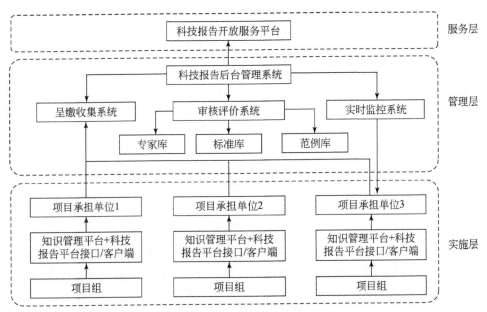

图 9-3　科技报告管理平台基础设施

（4）完善科技报告同行评议机制与同行评议数据库

美国的《关于信息质量同行评议的最终公告》指出，同行评议作为信息发布前的审查形式之一，是信息发布前的一项重要质量保障措施。我国也在科技项目评审中普遍使用同行评议形式对科技成果的专业质量和水平进行评定。科技报告作为科技项目中产生的成果，不但要在科技项目同行评议机制的基础上进行评定，还要针对科技报告的特点建立专门的科技报告同行评议机制。应当坚持以下原则：一是盲审与公开评审专家名单相结合；二是披露与回避制度相结合；三是评审专家异地选择与本地挑选相结合；四是支持原创性和创新性。对于同行评议专家的选择，应当建立同行评议专家数据库，尽量选择学科匹配度高的同行专家，也可以由项目负责人推荐国际评审专家，再由科技管理部门商定，或者可利用学术交流网络建立评审专家数据库等。

（5）开发科技报告质量审查监控系统

科技报告是全面翔实记录科研项目全过程的特种文献，部分科技报告内容可能会涉及国家或者商业秘密信息，需要对科技报告进行严格的密级和受限范围限定。因此，科技报告要根据《中华人民共和国保守国家秘密法》《科学技术保密规定》等相关政策法规进行密级审查。除此之外，还要针对科技报告是否符合《科技报告编写规则》进行格式审查；针对科技报告内容是否翔实、客观、可读等进行内容审查。当前对于科技报告的质量审查是依靠多级审查方式来实现的，为了有效保证不同审查主体和审查环节之间的有序衔接，消除因为审查环节衔接问题而出现的质量隐患，需要加快开发和建立科技报告质量审查监控系统。

9.3.3　事后质量控制策略

项目事后质量评价与管理控制是科技报告的文献层面质量、专业层面质量以及效益层面质量的集成管理，因此其难度也较大。科技报告的效益层面质量的显现、衡量和评价需要较长时间的跟踪。同时科技报告产生的效益层面质量具有滞后性和非显性等特点，这为科技报告的事后质量控制工作带来了很大的不确定性。按照全面质量管理理论中的 PDCA 循环方法，从宏观层面来说，对于科技报告的管理部门，事后质量管理并非科技报告质量管理工作的终点，而是下一轮科技报告质量管理周期的起点，本轮的科技报告质量及其评价结果将作用于未来的科技报告质量。针对科技报告的事后质量控制，提出以下具体策略。

（1）加快建立科技报告采认机制和激励机制

在过去很长一段时间内，我国科研管理部门和科研承担机构内部所进行的产出统计、成果奖励、职称评定、年度考核等在实质上起到了促进科研成果数量和质量提升的效果。但是传统上这些考核并没有将科技报告纳入其中，导致了这种成果导向的评价和激励工具在科技报告上出现"失效"。这也造成了科研人员自身和项目承担单位对科技报告的认识与认可程度不够，削弱了科研项目承担机构的科技报告质量意识。

因此，需要建立和完善科技报告采认机制，将科技报告最终的完成情况作为研究项目验收的考核指标，这实际上也是完成了对科技报告的一次事后系统性全面性质量评价。科技报告的采认机制有利于实现科技报告质量管理的闭环，其反馈和激励不仅有利于促进科技工作者作风建设并形成质量导向的科研氛围，而且有利于科技研究投资主体更好地推进和监督科技报告建设，促进科技报告"高产出—高质量—高利用率"的良性循环。

要建立健全科技报告激励机制，需要将科技报告最终的完成情况作为研究项目验收的考核指标；进行科技报告评比，对优秀的科技报告撰写者予以激励和表彰；提供科技报告撰写和管理的专项经费；将科技报告作为科研职称考核的一项重要内容；再次申请科研项目要以合格的科技报告为依据；保障科技报告撰写人员的知识产权。具体策略可以包括如下方面。

首先，科技报告应该纳入科技学术成果评价范畴和绩效考核体系。经过严格质量审查并被采纳的科技报告，虽非正式出版物，但具有极高的学术价值，应视为高水平的科技成果产出，可进一步组织科技报告评奖评优或建立相应激励机制，并纳入相应的学术绩效考核体系。科技报告学术评价体系的建成也有利于调动科技工作者撰写科技报告的积极性。

其次，科技报告作为国家战略资源，其流转、共享和利用可产生一定的经济效益，而版权收益反馈可进一步激励科技报告投资主体和科技报告知识产权归属人呈交高质量科技报告。据统计，美国 NTIS 每年用于数据库版权的支出占机构总支出的比例为 16% 左右。

最后，科技报告在科研学术领域采认流程的终点应该对接下游产业应用和成果转化流程的起点。具体可行的策略如下：完成质量评价和认证的科技报告，可以由专家推荐进入成果转化平台，并且基于科技报告内容开发出相关的知识库和专家库，对接匹配产业界和生产部门的需求库，从而把广大的生产部门纳入下游的质量评价大循环中来（图 9-4）。

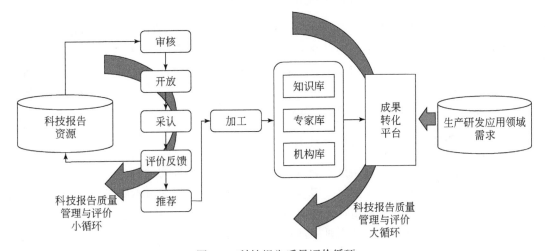

图 9-4　科技报告质量评价循环

（2）建立多方共同参与的科技报告长效动态评价机制

未来的科技报告质量内涵将从着重于当前的文献层面质量和专业层面质量转向更加重视效益层面质量，需要考察科技报告的增值效应，这就要求在未来增大对科技报告质量的长效跟踪控制的力度，特别是考察科技报告的利用率和成果转化率。当前我国已有的科技报告质量控制与审查机制所侧重的仍旧是信息质量本身，或者是来自专家的感知质量。而质量内涵中最为重要的用户感知质量仍缺乏相应机制加以保障。随着科技报告的推广和普及，提升效益层面的质量更能够加深各类用户对于科技报告的价值和作用的认识。

此外，除了科技报告本身形式和专业层面的质量，科技报告作为产品，其产品交付质量和产品服务质量也是整体感知质量的重要组成部分。未来需要借鉴产品服务质量管理的方法技术，其中较为具体实用的办法是设置科技报告的服务级别、服务目录和服务清单，在不同服务层次、服务对象上，设计不同的服务指标。

服务质量管理中重要的元素就是来自用户的体验、评价和反馈。因此科技报告的服务质量管理需引入除实施机构、管理机构以外的第三方监督管理主体，代表科技报告用户、受众及消费者的利益，参与对科技报告产生的经济效益、社会效益和其他效益进行的事后综合评价。

（3）建立科技报告质量第三方监督机制和事后动态控制机制

科技报告的质量管理与评价第三方的组成可包括科技报告的直接受用机构、社会公众，以及科研同行。由于第三方组成的多元性，可以开发多元的评价渠道和集成的评价平台，应充分开发在线评价的功能，发挥在线评价的作用。同时，也要设计和组织一系列线下活动，如定期（年度、季度）组织优质科技报告的评比、发布和推广工作。科技报告第三方监督机制的建立可以提高科研经费使用的透明度，提高科技报告质量管理的效能，从而提升科技报告质量控制体系建设的水平。

（4）完善与科技报告挂钩的科研信用制度和奖惩机制

科研信用制度和奖惩机制的建立是国际上通行的科研管理做法，这在一定程度上会激发科技人员从自身利益出发撰写和呈交高质量的科技报告。科研信用制度和奖惩机制的建立需要有政策方面、管理层面和技术方面的支持与配合，同时还需要根据相关政策法规向社会公布。从制度保障的角度来讲，科研信用制度和奖惩机制的建立是提高科技报告质量的基础性制度，有助于营造良好的科研氛围。

（5）构建科技报告质量评价指标数据库

科技报告质量评价指标体系是一个复杂多样的系统，根据其结构、内容、层次上的不同，可以进一步开发不同形式的科技报告质量评价指标体系；同时不同类型以及不同领域的科技报告的指标也会各有侧重。构建质量评价指标数据库，将不同划分标准的质量评价指标进行系统组织和收录，在使用时灵活调用和组织，可以完整、系统而又有针对性地实现对科技报告的质量评价。

（6）提高科技报告质量评价指标的可用性

可用性是指特定的用户在特定环境下使用产品并达到特定目标的有效性、效率和用户主观满意度。对科技报告而言，科技报告撰写者不希望耗费过多精力，不希望科技报告成为科技工作者的文书负担；科技管理者则希望尽可能提升科技报告质量和被利用率，进而提升科技项目的效率。因此，科技报告质量评价体系通常是建立在最低质量水平基础上的质量准入机制或质量采纳机制。

一般而言，领域和学科差异、科研投资主体目标差异、科研投入成本-收益差异以及时效性差异、社会影响差异都会影响科技报告的质量要求。美国科技信息质量保障体系主张将科技报告采纳质量评价标准下放到科技投资机构，但跨机构的科技信息交换的质量标准则要统一要求；同时对科技信息例外（非常重要的科技信息、敏感科技信息等）实施专门的例外处置条例。

中国科技报告质量评价体系需要进一步构建多级、多层的质量评价体系：国家科技管理部门以及相关机构负责建立科技报告采纳和交换的质量准入通用标准，地方、专属机构以及不同的学科专属委员会（学术共同体）建立自身推荐质量标准，进而建立既具有学术公信力，又具有可操作性的科技报告质量评价体系。

（7）建立科技报告质量保障体系

科技报告质量保障体系是确保科技报告质量的利益主体和制度体系的联合体，包括组织机构、制度框架和运行机制。科技报告质量保障体系的组织结构建设可依托现有的三级科研管理体系，理顺质量保障体系的组织关系与完善职能义务，建立起规范的科技报告保障组织机构，并通过加强培训科研计划管理人员提升科技报告质量管理能力；加强培训，提升基层科技人员的科技质量意识，提高科技修养，更好地履行科技报告呈交与审查职能。

制度框架则需要进一步完善科技报告相关质量标准和服务规范，同时建立专门的科技报告质量保障制度和法律法规体系。据统计，美国建立的科技报告专项保障基金常占科研项目总经费的10%。有些部门设立了科研项目质量调节基金（浮动拨付）占科研项目总经费的5%左右。

在运行机制中，则要实现科技报告质量规范的优化与创新。例如，目前国外正在建设的科技报告电子呈交的质量标准规范；要配套推进质量审查与同行评议机制，建立完善的专家库、评审系统和质量评审申诉机制等。

（8）开发和建设科技报告资源库与质量评价工具

科技报告资源是国家战略资源，是科学研究和科研管理的重要参考工具。对于科技工作者而言，科技报告可获得性、资源定位以及质量推荐机制不足，弱化了其科技报告利用动机。国外科技报告评价工具开发虽然起步较早，但主要以目录、文摘和摘要为主，有些领域专门编制了以专家评议和推荐为特征的科技报告通报与导读体系，但更有效的引证分析与文献评价方法却并未在科技报告领域推广。开发科技报告引证数据库或相关评价工具，不仅能够提供快速获取高质量科技报告的一种途径，也能方便科技报告工作的学术评价。

同时，科技报告服务系统中的科技报告标引和加工体系仍需进一步完善。国外非常注重科技报告的标引和加工质量，开发了面向一般科技工作者的辅助标引和质量控制工具，如科研报告模板、叙词表、编码推荐系统、标准来源机构推荐表、参考文献工具以及主题分类指南。上述工具的开发不仅有利于提升科技报告加工质量，提高科技报告定位准确率，而且能减轻科技管理机构的审查负担。

此外，可配套发展科技报告出版物，加强其宣传推广。一方面重要科技报告可转入出版流通市场；另一方面可通过二次出版物加强宣传和推广，常见的如通报、快报、文摘以及评论等。

总之，科技报告质量评价工具的开发既能提升科技工作者对科技报告的利用率，也能丰富科技报告质量评价的手段。

（9）明确"高低两极"的质量管理标准

明确科技报告质量的高级管理主体职能和明确最低质量标准是一个统一的过程。科学技术部及其下属科技报告管理职能部门在制定科技报告质量标准规范时，可采用"最小质量元素"和"最低质量准入原则"，这种标准的适用性和有效性较好，能够发挥具体实施部门的能动性。

1）明确科技报告质量控制主体和管理方法。在科技报告质量评价体系中，最高一级的管理主体主要负责评价组织、评价机制、评估流程的设计。高级管理主体需要理顺和协调不同主体间的权利义务关系，同时还需要推动相关科技报告专职管理部门健全相关质量标准和质量规范，完善和强化科技报告专职管理部门的职能与权限。

由于长期以来科技报告的专业层面审核是和科研项目执行报告/结项材料同时进行审定的，因此科技报告的管理部门要和科研项目管理部门在职能上充分整合。另外，对科技报告质量控制方法的选择也至关重要。而选择何种质量管理与评价方法，同样需要从科研管理的整体宏观视角加以考虑。

2）确立科技报告最低质量准入原则。科技报告质量评价以最终得到的质量评价指数为依据，对科技报告的质量进行评判。一般性的评价工作是为了对几个可选方案的可行性与最优性做出比较以获得最佳方案来解决事件，但是科技报告的评价有其自身的特点。科技报告评价需要尽可能避免科研项目的重复，由于科技报告所记录的科研项目具有唯一性，因此多个科技报告很难具有可比性。根据科技报告评价的这种特点，应当制定审核验收科技报告的最低质量标准作为科技报告的通用标准，根据科技报告的类型与专业领域制定不同的最低标准。制定最低质量标准可以降低科技报告质量评价的难度。

（10）做好"供需两端"科技报告质量管理

1）从科技报告的生产端入手提高科技报告的产品质量。基层科研人员和科研项目团队是产生高质量科技报告的源头，撰写质量是后续科技报告产品质量和服务质量的基础。由于在传统上我国科研承担单位不重视科技报告的撰写，或者把撰写的主要精力聚焦在学术论文上，也缺乏撰写高质量科技报告的内生动力，因此需要加以引导、规范和培养，帮助科研人员逐步认识和熟悉科技报告，特别是需要设计基于科技报告的激励措施，进而形成科研人员的自我规范和自我驱动。在这一过程中，一项具体实用的策略是将培养科研人员的科技报告"撰写习惯"与"使用习惯"结合起来。如果单纯地督促甚至强制科研人员撰写高质量科技报告，会让科研人员无法体会到这项工作的实质价值，进而出现逆反心理。其实，科研人员不仅是科技报告的撰写者和生产者，也是科技报告的使用者和受益者，如果将"输出"和"输入"相结合，即在科研工作中，有意识地推动科研人员获取、利用和学习高质量的科技报告，让科研人员真正从科技报告使用中受益，就能使科研人员意识到自身工作的实际意义和价值，从而将心比心地提高科技报告的生产质量。

因此作为项目承担单位，今后不仅要负责科技报告的呈交等"输出"工作，也需要从科技报告服务平台中收集整理高质量、高相关度的科技报告传递给本单位的科研人员，推进本单位科技报告的利用，这在客观上也有助于宣传推广科技报告的作用，提高科研人员对高质量科技报告的认识，从而推动科技报告质量的提升。

2）从科技报告的需求端入手提高科技报告的感知质量。随着国家科技报告制度的建立和作用的发挥，用户对于科技报告质量的感知范围和感知深度将进一步加强。未来在科技报告的质量评价标注体系中，除了文献层面的硬性指标控制、来自专家视角的技术内容层面把关，以及长远的社会经济效益层面衡量标准之外，还应建立需求导向、用户导向的质量保障与评价机制。

一段时期以来，科技报告的质量审核机制的构建在很大程度上沿用的是"科技档案管理"思维，即从思想上认为科技报告更多的是一种对于科研项目过程和成果的文献记录，是科技档案的一种，因此注重其事中质量控制，把"呈交""归档""入藏"作为科技报告工作流程的终点，缺乏事后控制，更忽视了之后更为长期和重要的"利用"情况。在考虑科技报告的评价主体时，以往也大多关注同行专家、管理职能部门的角色，而广大的项目承担部门和科研团队只被赋予了按时保质提交科技报告的义务，却忽略了其感知、体验、利用科技报告的权益。这样无疑会导致整个科技报告质量管理机制设计的片面性。因此，科技报告的"供需两端"实质上也是统一的整体，重视"供需两端"的作用有助于形成科技报告质量管理的大循环。在这一过程中，一项具体实用的策略就是做好针对科研承担单位特别是一线科研人员（科技报告直接撰写者）本身的科技报告服务工作，同时收集用户对科技报告服务和内容的需求反馈，切实提高科技报告的感知质量。

参 考 文 献

白春礼. 2015-01-29. 发挥科研机构优势 建设高端科技智库. 光明日报，第 2 版.

常金玲. 2006. 基于 PDCA 的信息系统全面质量管理模型. 情报科学，24（4）：584-587.

陈爱香. 2009. 论研究与开发经费投入. 中国集体经济，（10）：92-93.

陈敬全. 2014-06-23. 欧盟科技管理新动向. 学习时报，第 7 版.

陈山虹，徐春华. 2015. 基于层次分析法剖析档案信息评价指标. 兰台世界，（5）：17-18.

陈晓莉. 2004. 行政公文写作常见错误探析. 办公室业务，（6）：42-44.

陈信东. 1990. 学术论文与研究报告的区别. 农业图书情报学刊，（2）：22-24.

陈卫红. 2008. 美国科技文献资源体系建设及启示. 航天器工程，17（4）：72-76.

陈以增，唐加福，任朝辉，等. 2003. 基于质量屋的顾客需求权重确定方法. 系统工程理论与实践，23（8）：
36-41.

成邦文. 2002. OECD 的科技统计与科技指标. 中国科技信息，（5）：18-22.

程虹，范寒冰，罗英. 2012. 美国政府质量管理体制及借鉴. 中国软科学，（12）：1-16.

初景利. 1998. 应用 SERVQUAL 评价图书馆服务质量. 大学图书馆学报，16（5）：43-44.

楚明超. 2013. 美国 NTIS 介绍及其对我国科技报告制度建设的启示. 科技管成果理与研究，（8）：32-34.

党秀云. 2003. 公共部门的全面质量管理. 中国行政管理，（8）：31-33.

党亚茹，赵铨劼. 2007. 基于美国《科学与工程指标》的中外科技比较. 科技管理研究，27（4）：71-74.

邓卫华. 2002. 质量体系认证与全面质量管理（TQM）. 冶金标准化与质量，40（2）：31-33.

东方历史评论. 2016. 美国科学 200 年：从漫长的平庸到物理学家的战争. http：//www. duyidu. com/a1
61150554 ［2017-10-01］.

董晖. 2011. 美国关于科技资源共享的法律和法规. 全球科技经济瞭望，26（4）：31-36.

杜淼. 2012. 两类层次分析法的转换及在应用中的比较. 计算机工程与应用，48（9）：114-119.

国家科技评估中心. 2001. 科学基金资助与管理绩效国际评估报告. http：//www. ncste. org/cbw16/index. jhtml
［2017-10-01］.

国家科技报告服务系统. 2014. 科技报告撰写样例. http：//www. nstrs. org. cn/testTree/testTree. aspx
［2017-10-01］.

郭金玉，张忠彬，孙庆云. 2008. 层次分析法的研究与应用. 中国安全科学学报，18（5）：148-153.

龚旭. 2005. 中美同行评议公正性政策比较研究. 科研管理，26（3）：1-7.

龚旭，赵学文，李晓轩，等. 2004. 关于国家自然科学基金绩效评估的思考. 科研管理，25（4）：1-6.

范文，赵今明. 2014. 中国科技报告体系建设研究. 安徽科技，（1）：9-11.

范闰翩. 2013. 企业质量信用及影响因素研究. 杭州：浙江大学博士学位论文.

范晓虹，刘志江. 1999. 信息服务质量评估刍议. 图书情报工作，（1）：11-16.

冯敏. 2005. 基于数据包络分析（DEA）的组织信息质量评价. 上海：华东理工大学硕士学位论文.

冯平. 1995. 评价论. 北京：东方出版社.

高巍, 李玉凤. 2017. 科技报告工作省市协同推进机制研究——以山东省为例. 图书馆理论与实践, (2): 54-58.

郭根山. 2006. 高校社科项目实施全面质量管理的几点思考. 科技进步与对策, 23 (12): 174-177.

郭学武, 朱江. 2011. 开放科技报告服务体系建设刍议. 情报理论与实践, 34 (9): 82-84, 126.

韩启德. 2009-10-12. 学术共同体当承担学术评价重任. 光明日报, 第10版.

韩兴国, 赵遐. 2011. 质量机能展开 (QFD) 在银行质量管理中的扩展应用模式. 经济研究导刊, (9): 66-67.

贺德方. 2013a. 科技报告资源体系研究. 信息资源管理学报, (1): 4-9, 31.

贺德方. 2013b. 中国科技报告制度的建设方略. 情报学报, 32 (5): 452-458.

贺德方, 曾建勋. 2014. 科技报告体系构建研究. 北京: 科学技术文献出版社.

贺德方, 胡红亮, 周杰. 2009. 中国科技报告体系的建设模式研究. 情报学报, 28 (6): 803-808.

何青芳, 陆琪青. 2005. 中外科技报告的检索方法与获取途径. 现代情报, 25 (9): 116-118.

何影. 2016. 建立健全高校哲学社会科学特点的分类评价体系. 知与行, (7): 159-160.

胡明晖. 2016. 美国科学基金会变革性研究资助政策及对我国的启示. 中国科学基金, (2): 159-162.

胡群, 刘文云. 2009. 基于层次分析法的 SWOT 方法改进与实例分析. 情报理论与实践, 32 (3): 68-71.

侯国清. 2002. 美国科学与工程的几项指标. 全球经济瞭望, (9): 37.

黄赐英. 2006. 全面质量管理理念在高等教育质量管理中的应用. 长沙: 湖南师范大学硕士学位论文.

黄琳. 2007. 顾客感知与服务质量 "双因素" 研究. 科技与管理, 9 (4): 73-74, 89.

黄宁燕, 孙玉明. 2009. 法国科技文献的档案管理体系调查. 科技管理研究, 29 (9): 88-89.

霍振礼. 2005. 也从科技文件与科技档案的关系谈起——没有理由淡化科技档案概念. 档案学通讯, (4): 24-27.

霍振礼, 李碧清. 2001. 科技档案的质量控制. 中国档案, (6): 30-36.

霍振礼, 鲁梅君, 乔永芝. 2005. 不可淡化我国的科技档案概念和科技档案管理研究. 档案与建设, (1): 11-14.

蒋明. 2005. 基于双因素理论的服务质量研究. 技术与市场, (10): 59-61.

加小双, 张斌. 2016. 欧美科技档案管理的经验借鉴. 档案学研究, (1): 25-31.

姜振儒, 张荣凤, 胡国华. 1997. 论灰色文献及其作用. 中国图书馆学报, 23 (1): 85-88.

蒋岚, 唐宝莲. 2013. 探索科技报告管理的创新模式. 黑龙江档案, (4): 26-27.

姜春林, 张立伟, 张春博. 2014. 科学计量方法辅助代表作评价的探讨. 情报资料工作, (3): 31-36.

康桂英. 2007. 按需出版技术在高校图书馆的应用研究. 图书馆工作与研究, (3): 38-40.

科学技术部. 2014a. 《创新的基本概念与案例》正式出版. http://www. most. gov. cn/cxdc/cxdcgzdt/2014 01t20140124_111682. htm [2017-10-01].

科学技术部. 2014b. 美国政府科技报告管理现状. http://www. most. gov. cn/ztzl/jlkjbg/kjbgxxjl/201409/t201 409 12_115511. htm [2017-10-01].

克里斯廷·格罗鲁斯. 2002. 服务管理与营销: 基于顾客关系的管理策略. 2版. 韩经纶译. 北京: 电子工业出版社.

蓝华, 杨钰红, 黄海宁. 2011. 科技学术期刊3维度过程质量控制分析. 编辑学报, 23 (5): 382-383.

兰继斌, 徐扬, 霍良安, 等. 2006. 模糊层次分析法权重研究. 系统工程理论与实践, 26 (9): 107-112.

李若筠. 2007. 国家自然科学基金委员会管理科学部资助项目评估研究. 管理学报, 4 (1): 5-15.

李顺才, 常荔, 邹珊刚. 2001. 企业知识存量的错层次灰关联评价. 科研管理, 22 (3): 73-78.

李治宇. 2011. 农村社区信息化管理研究. 北京：中国农业科学院硕士学位论文.

林耕，傅正华. 2005. 美国技术转移立法给我们的启示. 中国科技论坛，（4）：140-144.

林培锦. 2011. 权力与利益视角下的学术同行评议制度优化研究. 科技进步与对策，28（11）：99-103.

刘蕾. 2010. 机器学习在糖果形状检测中的应用. 软件工程师，（1）：46-47.

刘海航，黄碧云，张畅. 2003. 欧洲灰色文献系统. 图书馆杂志，22（3）：22-23.

刘洁. 2004. 完善科技报告管理体系——科研院所开发隐性知识的有效途径. 科技管理研究，24（1）：78-80.

刘静颐，周衍琪，朱桂玲，等. 2015. 国内外科技统计指标体系的现状研究. 商，（5）：120-121.

刘树梅. 2006. 科技统计与评价在科技政策及管理应用中的实证研究. 南京：河海大学博士学位论文.

刘顺利，吴峰，任雁，等. 2015. 省级科技报告制度的建设方略. 科技管理研究，35（18）：22-26.

刘志壮. 2009. 科技论文写作的技巧与规范. 湖南科技学院学报，30（5）：210-212.

刘耘. 2006. 电信企业消费者行为预测模型及应用. 通信企业管理，（8）：68-69.

卢宝锋. 2012. 英国试点允许公众参与专利审查. 电子知识产权，（1）：45.

卢银娟，王颖，石侠民，等. 2006. 科技情报研究专家咨询评价方法. 张家界：中国科学技术情报学会情报研究与竞争情报学术研讨会.

罗彪，杨婷婷，王海风. 2014. 我国自然科学基金绩效评估框架构建——基于各国基金绩效评估实例比较研究. 华南理工大学学报（社会科学版），16（4）：1-8，28.

罗晖. 2001. 美国关于科技资源共享的法律和法规. 全球科技经济瞭望，26（4）：31-36.

罗纳德·S. 伯特. 2008. 结构洞：竞争的社会结构. 任敏，李璐，林虹译. 上海：格致出版社，上海人民出版社.

马健. 2010. 科研项目评价制度的缺陷及其完善. 自然辩证法研究，26（10）：120-124.

马强. 2011. 浅论科学与技术的关系. 山西师范大学学报（自然科学版），25（51）：105-106.

马峥. 2013. 我国科技期刊质量评价的发展之路. 评价与管理，11（2）：12.

毛刚，贾志雷，侯人华. 2013. 情报学视角下的科技报告研究. 情报杂志，（12）：62-66.

孟靓. 2013. 质量功能展开与试验设计的集成应用研究. 天津：河北工业大学硕士学位论文.

潘启树，徐若冰，李煜华，等. 2001. 科学论文质量的模糊综合评价模型研究. 哈尔滨工业大学学报，33（5）：612-616.

裴雷，孙建军. 2014. 中国科技报告质量评价体系与推进策略. 情报学报，33（8）：813-822.

裴雷，王宪磊. 2007. 美国信息资源相关政策与法律的制定与实施. 武汉：信息化与信息资源管理学术研讨会.

彭安芳，车丽，裴雷. 2013. 公共卫生网站信息资源评价模型设计与应用. 医学信息学杂志，34（7）：7-13.

乔振，薛卫双，魏美勇，等. 2017. 基于 PDCA 循环的科技报告全面质量管理. 中国科技资源导刊，49（2）：18-24.

邱进友，何灵芝，杨慧玲. 2015. 基于 Delphi 法的网络信息资源质量评价指标筛选. 河南图书馆学刊，35（2）：86-88.

任惠超，刘亮，史学敏. 2016. 国家科技报告质量评价指标体系研究. 中国科技资源导刊，48（1）：42-49.

商宪丽. 2012. 电子政府信息资源管理的发展和趋势分析. 吉林省经济管理干部学院学报，26（1）：62-67.

申志东. 2013. 运用层次分析法构建国有企业绩效评价体系. 审计研究，（2）：106-112.

石蕾，袁伟，刘瑞，等. 2012. 中美科技报告制度建设对比分析与对策研究. 管理现代化，（4）：120-122.

石颖. 2014. 美国科技报告制度的经验与启示. 科技管理研究，（10）：34-37.

斯欣宇. 2004. PDCA 循环理论在质量管理工作中的运用. 中国检验检疫，（6）：35-36.

宋歌. 2010. 社会网络分析在引文评价中的应用研究. 图书情报工作, 54 (14): 16-19, 115.

宋歌. 2014. 网络结构视域下的创新潜力指标研究. 图书情报工作, 58 (3): 64-71.

宋立荣. 2008. 基于网络共享的农业科技信息质量管理研究. 北京: 中国农业科学院博士学位论文.

宋立荣. 2012a. 网络信息资源中信息质量评价研究述评. 科技管理研究, 32 (22): 51-56.

宋立荣. 2012b. 信息质量管理成熟度模型研究. 情报科学, (7): 974-979.

宋立荣, 彭洁. 2012. 美国政府"信息质量法"的介绍及其启示. 情报杂志, 31 (12): 12-18.

宋永涛, 苏秦, 姜鹏. 2011. 关系质量对质量管理实践和绩效的调节效应. 科研管理, 32 (4): 69-75, 85.

宋忠惠, 郑军卫, 齐世杰, 等. 2017. 基于典型智库实践的智库产品质量控制与影响因素研究. 图书与情报, (1): 128-134.

苏秦. 2005. 现代质量管理学. 北京: 清华大学出版社.

苏屹, 李柏洲, 喻登科. 2012. 区域创新系统知识存量的测度与公平性研究. 中国软科学, (5): 157-174.

孙光国, 杨金凤, 郑文婧. 2013. 财务报告质量评价: 理论框架、关键概念、运行机制. 会计研究, (3): 27-35, 95.

唐宝莲, 宋峥嵘, 张肖会. 2014. 科技报告制度建设探析. 江苏科技信息, (18): 1-2.

万小丽, 朱雪忠. 2008. 专利价值的评估指标体系及模糊综合评价. 科研管理, 29 (2): 185-191.

王大明. 2002. 20 世纪美国科学大厦的建筑工程师——万尼瓦尔·布什. 自然辩证法, 24 (6): 60-69.

王建英, 马立毅. 2005. DOE 报告研究和利用初探. 科技情报开发与经济, 15 (4): 176-178.

王如心. 2007. QFD 质量机能展开的含义与功能. 全国商情 (经济理论研究), (4): 26-27.

王维亮. 2011. 美国政府四大科技报告实用指南 (2011 年新版). 北京: 中国宇航出版社: 327-332.

王文静. 2014. 宏观和微观不同视角下的研究与开发——基于《弗拉斯卡蒂手册》与《国际企业会计准则》的比较. 中国统计, (8): 24-26.

王艳, 贺德方, 彭洁, 等. 2014. 发达国家科学基金绩效评估体制及其启示. 科技管理研究, 34 (9): 21-25.

王元泉. 2004. 服务质量管理研究. 北京: 首都经济贸易大学硕士学位论文.

王志娟, 法志强, 郭洪波. 2012. 科技期刊同行评议形式的不足与完善. 中国科技期刊研究, 23 (2): 300-302.

王子琛. 2013. 科技统计的基本规范《弗拉斯卡蒂手册》简介. 中国统计, (2): 31-32.

魏丽坤. 2006. Kano 模型和服务质量差距模型的比较研究. 世界标准化与质量管理, (9): 10-13.

文庭孝. 2008. 科学评价的规范体系研究. 科学学研究, 26 (S1): 30-36.

肖舒文, 真溱, 汤珊红. 2016. 兰德公司的高质量研究和分析标准. 情报理论与实践, 39 (2): 145.

熊三炉. 2008. 关于构建我国科技报告体系的探讨. 情报科学, 26 (1): 150-155.

许涤龙, 张芳. 2003. 统计信息质量的评价标准与模糊评价方法. 统计与信息论坛, 18 (5): 12-16.

许燕, 杜薇薇. 2016. 欧盟科技报告的政策与管理. 科技管理研究, 36 (19): 45-51.

阎波, 吴建南, 马亮. 2010. 科学基金绩效报告与绩效问责——美国 NSF 的叙事分析. 科学学研究, 28 (11): 1619-1628.

严成樑, 沈超. 2011. 知识生产对我国经济增长的影响——基于包含知识存量框架的分析. 经济科学, (3): 46-56.

严丽. 2005. 灰色文献形态析义. 现代情报, 25 (7): 43-45.

杨建林, 苏新宁. 2010. 人文社会科学学科创新力研究的现状与思路. 情报理论与实践, 33 (2): 5-8.

叶海. 2011. 高等学校大型活动项目过程管理研究. 南京: 南京理工大学硕士学位论文.

叶继元. 2010. 人文社会科学评价体系探讨. 南京大学学报 (哲学·人文科学·社会科学), 47 (1): 97-110,

160.

叶继元. 2012. 代表作制有益遏制学术评价数量化. http：//www. edu. cn/te_bie_tui_jian_1073/201203 29/t20120329_759742. shtml［2017-10-01］.

叶庆君. 2009. 航天项目全面质量管理能力评价指标体系研究. 中国科技信息, (23)：36-37.

于良芝. 2003. 图书馆学导论. 北京：科学出版社.

于良芝, 谷松, 赵峥. 2005a. SERVQUAL 与图书馆服务质量评估：十年研究述评. 大学图书馆学报, 23 (1)：51-57.

于良芝, 王雅尊, 洪秋兰. 2005b. SERVQUAL 与我国高校图书馆服务质量评价——关于 SERVQUAL 适用性的定量研究. 图书情报工作, 49 (6)：90-94.

袁清昌, 姜媛, 高巍. 2015. "科技报告""科技报告制度"和"科技报体系"概念辨析. 中国科技资源导刊, 47 (3)：84-87, 105.

张爱霞. 2007. 美国能源部科技报告管理和服务现状分析. 图书情报工作, 51 (1)：89-92.

张爱霞, 沈玉兰. 2007. 美国政府科技报告体系建设现状分析. 情报学报, 26 (4)：496-502.

张爱霞, 杨代庆, 沈玉兰, 等. 2009. 科技报告编写规则国家标准的编制研究. 图书情报工作, 53 (13)：108-111.

张锦. 1999. 灰色文献控制观. 情报资料工作, (4)：8-10.

张新民. 2013. 我国科技报告制度体系框架设计研究与实施进展. 中国科技资源导刊, 45 (3)：1-6, 40.

张卫东, 张帅, 刘梦莹. 2012. 科技档案资源集成化服务研究. 档案学通讯, (6)：45-48.

张文敏. 2009. 网络科技论文的质量控制研究. 武汉：湖北工业大学硕士学位论文.

张永林, 王辉. 2008. 我国统计使用的研究与开发活动指标研究. 商场现代化, (3)：315.

赵婷婷. 2003. 大众化时代的高等教育分类评价体系. 现代大学教育, (2)：7.

赵武, 张颖, 石贵龙. 2007. 质量机能展开 (QFD) 研究综述. 世界标准化与质量管理, (4)：56-61.

钟灿涛. 2013. 开放与保密：科技信息传播控制及其对创新的影响——以美国科技信息传播控制机制为例. 科学学研究, 31 (3)：335-343.

中国社会科学院外事局. 2001. 美国人文社会科学现状与发展. 北京：社会科学文献出版社：377-378.

周杰. 2013. 科技报告资源的构成及产生机理研究. 情报学报, 32 (5)：466-471.

周萍, 刘海航. 2007. 欧盟科技报告管理体系初探. 世界科技研究与发展, 29 (4)：94-100, 89.

朱剑. 2012. 重建学术评价机制的逻辑起点——从"核心期刊"、"来源期刊"排行榜谈起. 清华大学学报(哲学社会科学版), 27 (1)：5-15.

朱丽波, 裴雷, 孙建军. 2015. 科技报告质量评价体系指标研究. 图书情报工作, 23 (12)：80-84.

朱智勇. 2007. 我国产品质量监督检查法律制度研究. 郑州：郑州大学硕士学位论文.

邹大挺, 沈玉兰, 张爱霞. 2005. 关于建设中国科技报告体系的思考. 情报学报, 24 (2)：131-135.

花田岳美. 1991. 日本における《灰色文献》の現況. 情报の科学と技術, 41 (12)：895-901.

Almind T C, Ingwersen P. 1997. Informetric analyses on the world wide web: Methodological approaches to webometrics. Journal of Documentation, 53 (4)：404-426.

Barnes S J, Vidgen R T. 2000. WebQual: An Exploration of Web-Site Quality. Vienna, Austria: The 8th European Conference on Information Systems (ECIS 2000).

Barnes S J, Vidgen R T. 2003. An integrative approach to the assessment of e-commerce quality. Journal of Electronic Commerce Research, 3 (3)：114-127.

Basu P, Bao J, Dean M, et al. 2014. Preserving quality of information by using semantic relationships. Pervasive and Mobile Computing, 11 (4): 188-202.

Brünger-Weilandt S, Geiß D, Herlan G, et al. 2011. Quality-Key factor for high value in professional patent, technical and scientific information. World Patent Information, 33 (3): 230-234.

Burt R S. 2004. Structural holes and good ideas. American Journal of Sociology, 110 (2): 349-399.

Ciftcioglu E N, Yener A, Neely M J. 2013. Maximizing quality of information from multiple sensor devices: The exploration vs exploitation tradeoff. Journal of Selected Topics in Signal Processing, 7 (5): 883-894.

Crosby P B. 1989. Let's Talk Quality. New York: McGraw-Hill.

Davis J R, Lagoze C. 1994. A Protocol and Server for a Distributed Digital Technical Report Library. Ithaca: Cornell University.

Delone W H, Mclean E R. 1992. Information systems success: The quest for the dependent variable. Information Systems Research, 3 (1): 60-95.

DOD. 2003. DOD Guidelines on Data Quality Management. http: //mitiq. mit. edu/ICIQ/Documents/IQ%20 Conference%201996/Papers/DODGuidelinesonDataQualityManagement. pdf [2017-10-01].

Eleanor T L, Richard T W, Goodhue D L. 2007. WebQual: An instrument for consumer evaluation of web sites. International Journal of Electronic Commerce, 11 (3): 51-87.

EPA. 2003. A Summary of General Assessment Factors for Evaluating the Quality of Scientific and Technical Information. http: //www. epa. gov/stpc/pdfs/assess 2. pdf [2017-10-01].

Esler S L, Nelson M L. 1998. Evolution of scientific and technical information distribution. Journal of the American Society for Information Science, 49 (1): 82-91.

Esther N, Yu P, Hailey D, et al. 2011. The changes in caregivers' perceptions about the quality of information and benefits of nursing documentation associated with the introduction of an electronic documentation system in a nursing home. International Journal of Medical Informatics, 80 (2): 116-126.

Feigenbaum A V. 1961. Total Quality Control. New York: McGraw-Hill.

Freeman L C. 1978. Centrality in social networks: Conceptual clarification. Social Networks, (1): 215-239.

Ge M, Helfert M. 2007. A Review of Information Quality Research-Develop a Research Agenda. MIT, Cambridge: The 12th International Conference on Information Quality.

Gibbons M, Limoges C, Nowotny H, et al. 1994. The New Production of Knowledge: The Dynamics of Science and Research in Contemporary Societies. London: SAGE Publications.

Gillies D, Thornley D, Bisdikian C, et al. 2010. Probabilistic approaches to estimating the quality of information in military sensor networks. The Computer Journal, 53 (5): 493-502.

Goodhue D L. 1995. Understanding user evaluations of information systems. Management Science, 41 (12): 1827-1844.

Gould R V, Fernandez R M. 1989. Structures of mediation: A formal approach to brokerage in transaction networks. Sociological Methodology, 19: 89-126.

Hauser J R. 1993. How Puritan-Bennet used the house of quality. Sloan Management Review, 34 (3): 61-70.

Ingwersen P. 1998. The calculation of web impact factors. Journal of Documentation, 54 (2): 236-243.

Jarke M, Vassiliou Y. 1997. Data Warehouse Quality: A Review of the DWQ Project. Cambridge: The 2nd Conference on Information Quality.

Juran J M. 1967. Management of Quality Control. New York：McGraw-Hill.

Juran J M，Gryna J，Bingham S. 1974. Quality Control Handbook. New York：McGraw-Hill.

Kano N，Nobuhiku S，Takahashi F，et al. 1984. Attractive quality and must-be quality. Journal of the Japanese Society for Quality Control，14（2）：147-156.

Kaye E，Mack W. 2013. Parent perceptions of the quality of information received about a child's cancer. Pediatric Blood and Cancer，60（11）：1896-1901.

Lin N. 1976. Foundations of Social Research. New York：McGraw-Hill.

Madnick S E，Wang R Y，Lee Y W，et al. 2009. Overview and framework for data and information quality research. Journal of Data and Information Quality，1（1）：1-22.

Miller H. 1996. The multiple dimensions of information quality. Information Systems Management，13（2）：79-82.

Matzat U. 2009. Quality of information in academic e-mailing lists. Journal of the American Society for Information Science and Technology，60（9）：1859-1870.

Nelson M L. 2005. Final Report the Development of the NASA Technical Report Server（NTRS）. Hampton：NASA Langley Research Center.

Nelson M L，Gottlich G L，Bianco D J. 1994. World Wide Web Implementation of the Langley Technical Report Server. Hampton：NASA Langley Research Center.

Nickum L S. 2006. Elusive no longer? Increasing accessibility to the federally funded technical report literature. The Reference Librarian，45（94）：33-51.

Nielsen J. 1993. Usability Engineering. Boston：Academic Press.

NSF. 2002. NSF Information Correction Form. https：//www. nsf. gov/policies/dataqualform. pdf［2017-10-01］.

NTIS. 2016. NTRL. http：//www. ntis. gov/products/ntrl. aspx［2017-10-01］.

Noe P，Anderson F R, Shapiro S A，et al. 2003. Learning to Live with the Data Quality Act. Environment Law Reporter News and Analysis，33（3）：10224-10236.

OSRD. 1946. Summary technical report of NDRC. Master subject index. Washington D. C. ：Office of Scientific Research and Development，National Defense Research Committee. Also identified by report number：AD 221610.

OSTI. 2016. OSTI History. https：//www. osti. gov/home/history. html［2017-10-01］.

Parasuraman A，Ziethaml V A，Berry L L. 1988. SERVQUAL：A multiple-item scale for measuring consumer perceptions of service quality. Journal of Retailing，62（1）：12-40.

Pinelli T E，Barclay R O，Kennedy J M. 1996. U. S. Scientific and Technical Information Policy//Hernon P，Charles R，Harold C. Federal Information Policies in the 1990s：Views and Perspectives. Norwood：Ablex Publishing Corporation.

Raan A F J V. 2004. Sleeping beauties in science. Scientometrics，59（3）：467-472.

Radziwill N. 2006. Foundations for quality management of scientific data products. Quality Engineering，13（2）：7-21.

Reeves C A，Bednar D E. 1994. Defining quality：Alternatives and implications. Academy of Management Review，19（3）：419-445.

Rich A. 2004. Think Tanks，Public Policy，and the Politics of Expertise. Cambridge：Cambridge University Press.

Richmond B. 1998. CCCCCCC. CCC（Ten Cs） for evaluating internet resources. Teacher Libratian，25：20-21.

Shill H B. 1996. NTIS: Potential roles and government information policy frameworks. Journal of Government Information, 23（3）: 287-298.

Smith A G. 2003. Classifying Links for Substantive Web Impact Factors//Jiang G H, Rousseau R, Wu Y S. Proceedings of the 9th International Conference on Scientometrics and Informatrics. Dalian: Dalian University of Technology Press: 305-311.

Stewart I. 1948. Organizing Scientific Research for War: The Administrative History of the Office of Scientific Research and Development. Boston: Little, Brown and Company.

Stoker D, Cooke A. 1994. Evaluation of networked information sources. Essen Symposium,（1）: 287-312.

Study boom. 2016. Scientific Report-Core Principles and Major Steps. https: //studyboom. com/wiki/Report ［2017-10-01］.

Stvilia B, Twidale M B, Smith L C, et al. 2008. Information quality work organization in Wikipedia.Journal of the Association for Information Science and Technology, 59（6）: 983-1001.

Truman H. 1945. Executive Order 9568-Providing for the Release of Scientific Information. http: //www. presidency. ucsb. edu/ws/?pid=60663 ［2017-10-01］.

Wang R Y. 1998. A product perspective on total data quality management. Communications of the ACM, 41（2）: 58-65.

Wang R Y, Strong D M. 1996. Beyond accuracy: What data quality means to data consumers. Journal of Management Information Systems, 12（4）: 5-33.

Ware M, Mabe M. 2012. The STM report: An overview of scientific and scholarly journal publishing. http: //www. stm-assoc. org/2012_12_11_STM_Report_2012. pdf ［2017-10-01］.

William J. Breen. 1984. Uncle Sam at Home: Civilian Mobilization, Wartime Federalism, and the Council of National Defense, 1917-1919. Westport, CT: Greenwood Press.

Weinberg A M, et al. 1963. Science, Government, and Information: The Responsibilities of the Technical Community and the Government in the Transfer of Information. Washington D. C.: The President's Science Advisory Committee.

Yoo B, Donthu N. 2001. Developing a scale to measure the perceived quality of an Internet shopping site（SITEQUAL）. Quarterly Journal of Electronic Commerce, 2（1）: 31-47.

Zeithaml V A, Parasuraman A, Berry L. 1990. Delivering quality service: Balancing customer perceptions and expectations. New York: The Free Press.

Zmud R W. 1978. An empirical investigation of the dimensionality of the concept of information. Decision Sciences, 9（2）: 187-195.